PowerPoint
2003

Guide de formation avec exercices et cas pratiques

PowerPoint 2003

2003

Guide de formation avec exercices et cas pratiques

Catherine Monjauze, Patrick Morié

Tsoft
EDITEUR

EYROLLES

ÉDITIONS EYROLLES
61, bd Saint-Germain
75240 Paris Cedex 05
www.editions-eyrolles.com

TSOFT
10, rue du Colisée
75008 Paris
www.tsoft.fr

Avant-propos

Conçu par des formateurs expérimentés, cet ouvrage vous propose des outils pour apprendre à utiliser efficacement le logiciel Microsoft PowerPoint 2003.

Fiches pratiques La première partie, *Guide d'utilisation*, présente sous forme de fiches pratiques les fonctions de PowerPoint 2003 et leur mode d'emploi. Ces fiches peuvent être utilisées soit dans une démarche d'apprentissage pas à pas, soit au fur et à mesure de vos besoins, lors de la réalisation de vos propres présentations. Une fois les bases du logiciel maîtrisées, vous pourrez également continuer à vous y référer en tant qu'aide-mémoire. Si vous vous êtes déjà aguerri sur une version plus ancienne de PowerPoint ou sur un autre logiciel de présentation, ces fiches vous aideront à vous approprier rapidement PowerPoint 2003.

Cas pratiques La seconde partie, *Cas pratiques*, vous propose de mettre vos connaissances en application en réalisant quatorze cas pratiques sous forme d'exercices guidés pas à pas. Cette partie vous aidera à mettre en œuvre la plupart des fonctions étudiées dans la première partie, tout en vous préparant à concevoir vos propres présentations. Cette approche est idéale pour ceux qui préfèrent explorer directement les possibilités du logiciel de présentation PowerPoint.

– Ces cas pratiques constituent autant d'étapes d'un parcours de formation ; la réalisation du parcours complet permet de s'initier seul en autoformation.

– Un formateur pourra aussi utiliser cette partie pour animer une formation à la conception et à l'utilisation d'une présentation avec PowerPoint 2003. Mis à disposition des apprenants ce parcours permet à chaque élève de progresser à sa vitesse et de poser ses questions au formateur sans ralentir la cadence des autres élèves.

Les fichiers nécessaires à la réalisation de ces cas pratiques peuvent être téléchargés depuis le site Web *www.editions-eyrolles.com*. Il vous suffit pour cela de taper le code **11419** dans le champ <RECHERCHE> de la page d'accueil du site, puis d'appuyer sur [↵]. Vous accéderez ainsi à la fiche de l'ouvrage sur laquelle se trouve un lien vers le fichier à télécharger, *InstallExosPowerPoint2003.exe*. Une fois ce fichier téléchargé sur votre poste de travail, il vous suffit de l'exécuter pour installer automatiquement les fichiers associés aux cas pratiques dans un dossier nommé *Exercices PowerPoint 2003*, créé à la racine du disque *C:* de votre ordinateur.

Les cas pratiques sont particulièrement adaptés en fin de parcours de formation, à l'issue d'un stage d'initiation ou d'un cours de formation en ligne (e-learning) sur Internet, par exemple.

Téléchargez les fichiers des cas pratiques depuis www.editions-eyrolles.com

SOMMAIRE

PARTIE 1
GUIDE D'UTILISATION

PRISE EN MAIN DE POWERPOINT

1

INTRODUCTION

PowerPoint est un programme de présentation assistée par ordinateur (PréAO) : il permet de créer des diapositives affichant des informations de manière claire et synthétique.

Une diapositive affiche généralement des textes, illustrés ou non de dessins, d'images, de tableaux, de graphiques, de diagrammes, d'organigrammes, de photos (numériques ou scannées), de séquences vidéo et de sons. Vous pouvez définir des transitions entre les diapositive ainsi que des animations sur chacune d'elle.

Une série de diapositives constitue une présentation. Une présentation peut être imprimée sur divers supports. Elle peut également être affichée sous forme d'un diaporama sur l'écran d'un ordinateur (écran principal et/ou deuxième écran) ou à l'aide d'un projecteur.

Enfin, une présentation pourra être diffusée de diverses manières : transmise par messagerie, emportée sur CD-Rom, diffusée sur un intranet ou sur le Web.

1 - SUPPORTS UTILISABLES

Une présentation peut être imprimée sur divers supports, en vue d'être projetée ou distribuée : diapositive 35 mm, transparent, papier (en couleur ou en noir et blanc).

2 - TYPES DE SORTIES IMPRIMÉES

Une présentation peut être imprimée sous diverses formes :
– Diapositives : une diapositive par page.
– Documents : deux, trois, quatre, six ou neuf diapositives par page, en portrait ou paysage.
– Pages de commentaires : une page affichant la diapositive dans sa partie supérieure et les commentaires du présentateur en dessous.
– Plan : le plan de la présentation, affiché de manière structurée, sans les illustrations.

3 - MODES D'AFFICHAGE

Mode Normal

Ce mode affiche une diapositive à la fois. La partie gauche de la fenêtre affiche un volet présentant deux onglets : le plan de la présentation ou les diapositives en miniatures. Cela favorise la réorganisation du contenu et permet d'importer des plans saisis dans d'autres applications. Les deux volets plan/miniatures, facilitent le déplacement entre les diapositives.

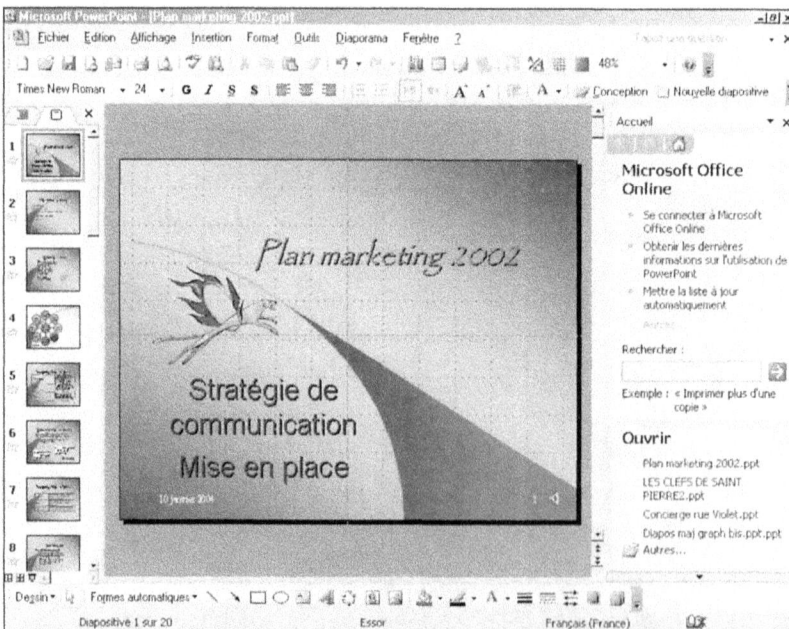

INTRODUCTION

La partie inférieure de la fenêtre affiche un autre volet, destiné à du texte, des commentaires. La partie droite affiche le volet Office qui donne un accès direct aux fonctionnalités les plus courantes en fonction du contexte en cours : ici, les différentes mises en page disponibles.

Mode Page de commentaires

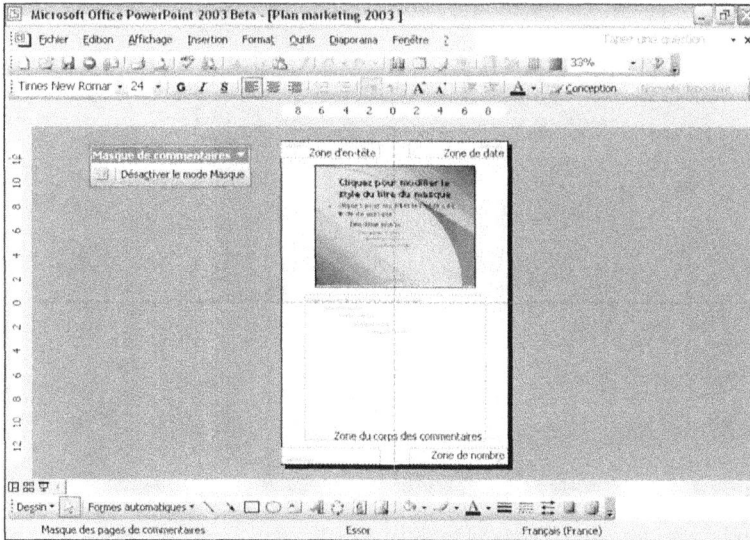

Ce mode permet d'associer du texte à chaque diapositive. La diapositive apparaît dans la partie supérieure et les commentaires en dessous. Une fois imprimé, ce type de document pourra servir de guide au présentateur ou être distribué à l'assistance. Les commentaires pourront être insérés au cours de votre travail ou pendant la diffusion du diaporama.

Mode Trieuse de diapositives

Ce mode affiche une miniature de toutes les diapositives. Il offre une vue globale de la présentation qui facilite la réorganisation des diapositives et permet d'en masquer certaines, d'ajouter des transitions entre elles et de définir le minutage d'un diaporama automatique.

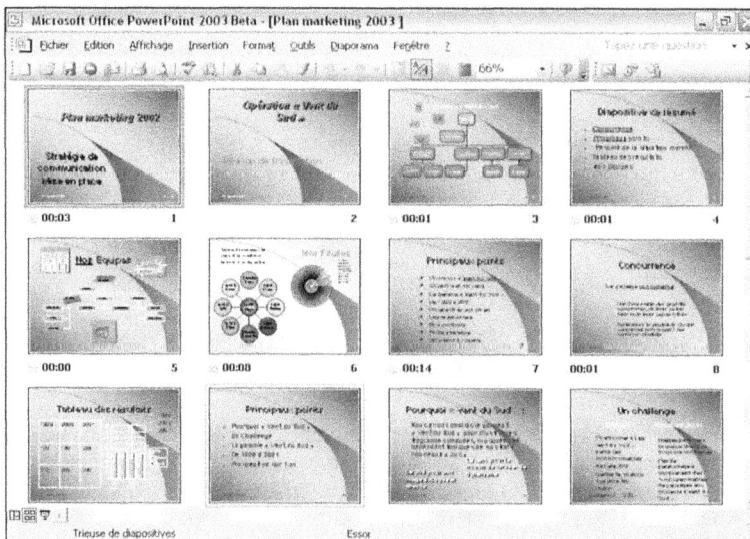

4 - AUTRES MODES DE TRAVAIL

Mode Masque

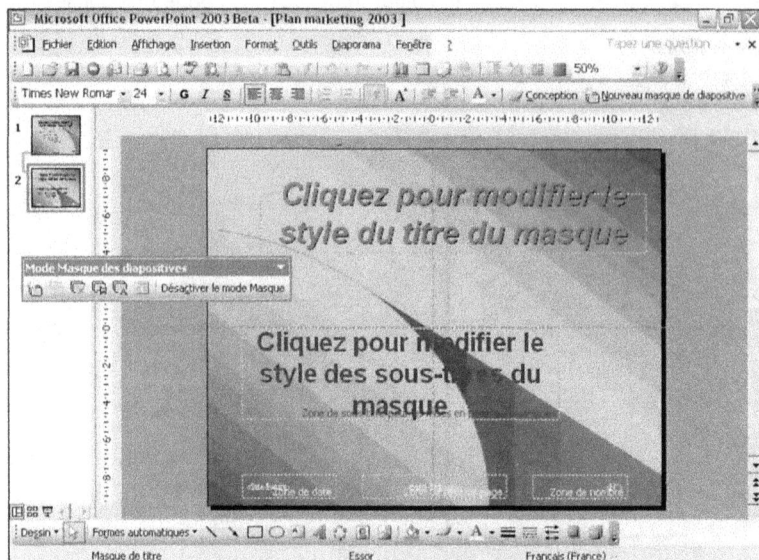

Ce mode définit les mises en forme de l'ensemble de la présentation (couleur, taille et police des caractères, type de puces, etc.). Ces mises en forme seront donc présentes sur toutes les diapositives, documents ou pages de commentaires, assurant ainsi la cohérence du diaporama. C'est aussi dans ce mode que vous ajouterez les éléments (pied de page, logo) devant apparaître sur chaque diapositive, document ou page de commentaire.

Mode Diaporama

C'est dans ce mode que vous visualiserez la présentation, sur l'ordinateur, ou projeté sur un écran par l'intermédiaire d'un vidéo projecteur connecté à votre matériel. Le passage à la diapositive suivante peut être automatique, après un certain délai, ou être manuel.

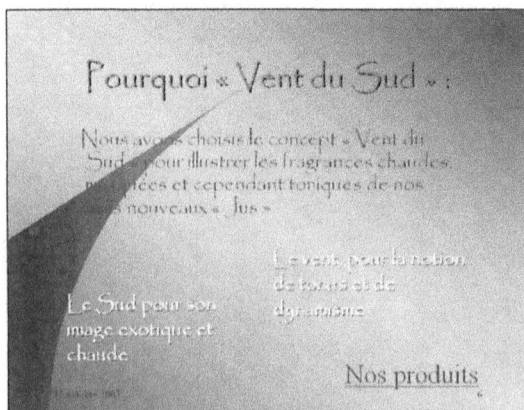

Les diapositives peuvent être agrémentées d'animations et d'effets sonores. Les transitions entre elles peuvent être accompagnées d'effets spéciaux. Un discours peut également être enregistré et intégré au diaporama. Une fois au point, le diaporama pourra être diffusé de diverses façons : par messagerie, enregistré sur une disquette ou gravé sur un cd-rom à emporter, diffusé sur un intranet ou sur le Web.

5 - CONSEILS POUR RÉALISER UNE PRÉSENTATION PERCUTANTE

La projection d'une présentation implique l'utilisation d'un processus en quatre étapes : planifier, préparer, pratiquer et présenter.

Définir l'objectif

– Quel sera votre public ? Connaissez-vous son expérience, ses besoins, ses désirs et ses objectifs ? Que sait-il du sujet, quelle information voulez-vous lui faire passer ?
– Définissez votre objectif : votre intention est-elle d'informer, de persuader, de motiver ?
– Planifiez le contenu de la présentation en fonction de votre objectif. Prenez en compte l'intérêt et le niveau de compréhension du public.

Préparer

– Demandez-vous en quoi *cette* information est importante pour *ce* public.
– Centrez la présentation sur un message et structurez-la avec des points clés appuyés par des preuves, des images, des exemples illustrés.
– Préparez une introduction percutante. Utilisez une question, attirez l'attention du public sur ce qui représente le point clef de votre présentation, intriguez le.
– Déterminez les idées clés du message et appuyez-les par des preuves telles que des chiffres, des démonstrations ou des illustrations (images, vidéo). Veillez à ce que ces idées clés appuient toutes un message cohérent.
– N'oubliez pas qu'un public ne peut généralement retenir que quatre à six points différents, et qu'il importe donc de choisir soigneusement les idées clés.
– Préparez une conclusion synthétique et percutante, reprenant les objectifs et qui produira une impression durable. Vous pourrez conclure en résumant, en réitérant le message, ou interpellant le public. Une conclusion qui reprend l'introduction peut aussi faire son effet. Quel que soit le type de conclusion choisi, n'oubliez pas de dire au public que maintenant « *la balle est dans son camp* ».

Pratiquer

Répétez votre présentation devant un collègue ou un public restreint et demandez-leur d'apporter leurs commentaires sur le contenu et le style de la présentation. Pensez à ces quelques points :

– Votre message est-il clairement et simplement exprimé ?
– Vos éléments textes, vidéo, images... renforcent-ils vos arguments ?
– Votre prestation correspond-elle aux attentes de votre public ?
– Votre conclusion est-elle marquante ?
– Que restera-t-il de votre message dans l'esprit du public à la fin de votre présentation ?

Surtout :

– *Entraînez-vous* : si possible, répétez plusieurs fois, en essayant de nouvelles idées ou techniques pour faire passer le message ; choisissez les techniques avec lesquelles vous vous sentez à l'aise : l'assurance est le meilleur remède à la nervosité.
– Pensez à minuter votre présentation afin de rester dans le temps alloué.
– Gardez un temps pour les questions.

Présenter

– *Soyez professionnel* : Vous apportez à votre public une information qui lui est nécessaire, et que vous maîtrisez. C'est une responsabilité et une opportunité.
– *Restez vous-même et détendez-vous.* Créez un contact visuel avec le public. Vous ferez une première et bonne impression.
– *Parlez avec naturel,* d'un ton un peu plus soutenu que la conversation normale. Insistez, sur les points importants. Marquez une pause avant et après les arguments clés.
– *Faites participer le public* à la présentation. Suscitez les réactions, posez des questions pour vérifier que l'on vous suit bien et établissez ainsi une logique d'interaction.

LANCER/QUITTER POWERPOINT

Au lancement de PowerPoint, une présentation vierge s'affiche. Elle ne contient qu'une diapositive affichant deux zones de texte vides : les emplacements pour un titre et pour un sous-titre.

1 - LANCER POWERPOINT

Avec le menu Démarrer

démarrer   Cliquez sur ce bouton à l'extrémité gauche de la barre des tâches.

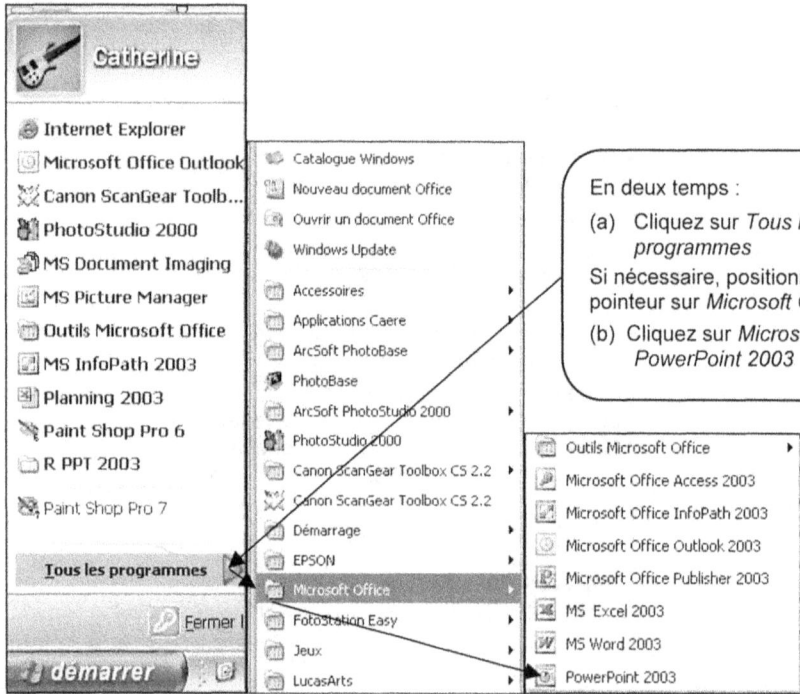

En deux temps :

(a) Cliquez sur *Tous les programmes*

Si nécessaire, positionnez le pointeur sur *Microsoft Office*

(b) Cliquez sur *Microsoft PowerPoint 2003*

• Cliquez sur *Tous les Programmes*

Positionnez le pointeur sur *Microsoft Office*. Dans le menu qui s'affiche, cliquez sur *Microsoft PowerPoint 2003*

Avec un raccourci posé sur le bureau de Windows
Ce type de raccourci n'existe pas par défaut et doit avoir été créé par l'utilisateur.

Double-cliquez sur l'icône du raccourci, sur le bureau.

A partir d'un fichier PowerPoint existant

Cliquez sur l'icône du fichier, PowerPoint ouvrira la présentation.

2 - OUVRIR UNE PRÉSENTATION RÉCEMMENT UTILISÉE

démarrer   Cliquez sur ce bouton à l'extrémité gauche de la barre des tâches.

- Cliquez sur *Mes documents récents*

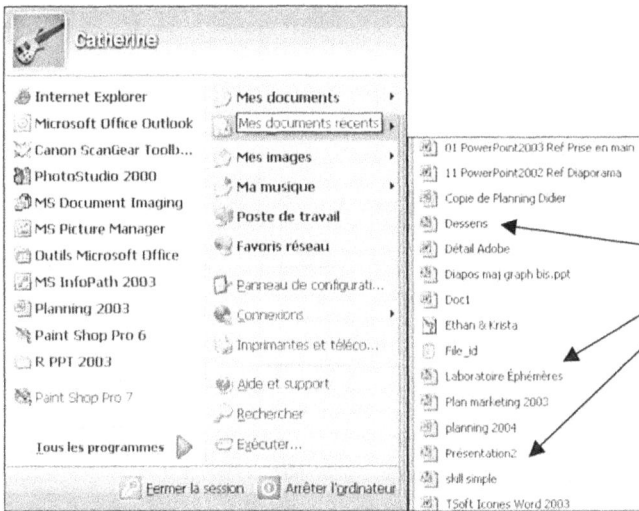

- Dans la liste qui s'affiche, cliquez sur le nom de la présentation à ouvrir (avec l'icône PowerPoint)

3 - OUVRIR UNE PRÉSENTATION AVEC LE POSTE DE TRAVAIL

Double-cliquez sur l'icône du Poste de travail sur le bureau de Windows.

Puis :

- Double-cliquez sur l'icône de l'unité de disque contenant la présentation

Ou

- Ouvrez le dossier *Mes documents*

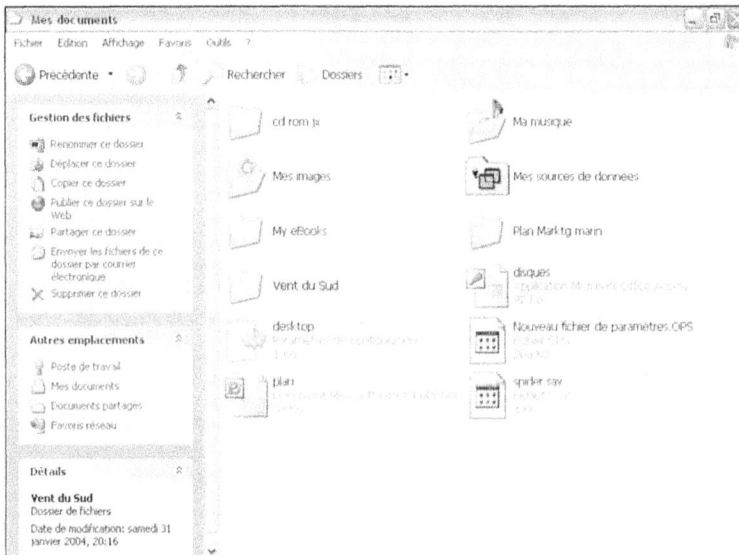

- Double-cliquez sur le dossier contenant la présentation

La fenêtre du dossier s'ouvre et affiche son contenu :

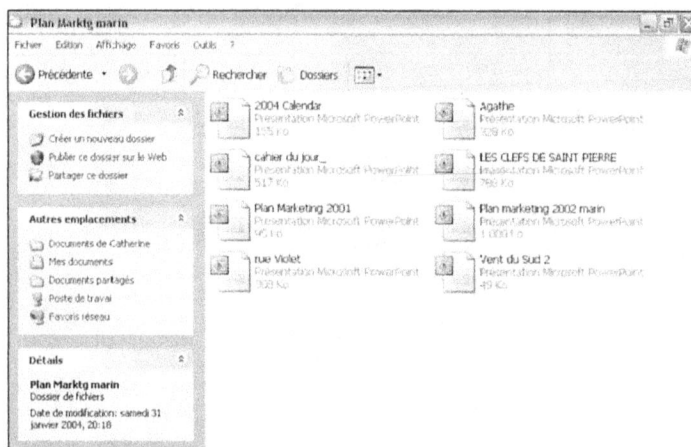

- Double-cliquez sur l'icône de la présentation à ouvrir

4 - OUVRIR UNE PRÉSENTATION AVEC L'EXPLORATEUR WINDOWS

démarrer Cliquez sur ce bouton à l'extrémité gauche de la barre des tâches.

- *Tous les programmes/Accessoires/Explorateur Windows*

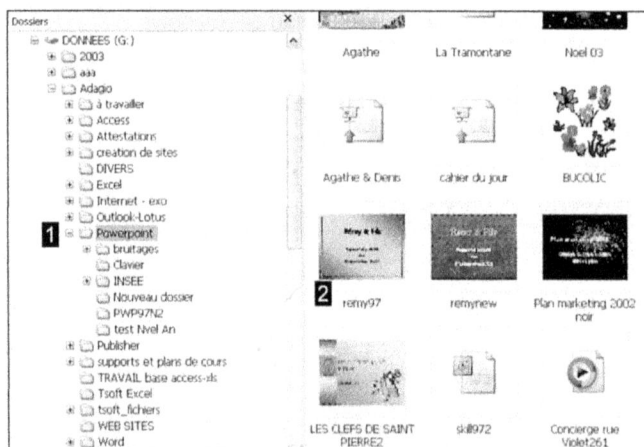

- Dans la partie gauche de la fenêtre, cliquez sur le dossier (**1**) contenant la présentation
- Dans la partie droite de la fenêtre, double-cliquez sur l'icône (**2**) de la présentation à ouvrir

5 - QUITTER POWERPOINT

- *Fichier/Quitter*, ou cliquez sur la case de fermeture de PowerPoint à l'extrémité droite de sa barre de titre, ou appuyez sur Alt - F4

 — Case de fermeture

Si des modifications ont été apportées à la présentation et n'ont pas été enregistrées, PowerPoint affichera un message d'alerte.

LA FENÊTRE DE POWERPOINT

1 - LES ÉLÉMENTS DE LA FENÊTRE

L'affichage décrit ici correspond au mode Normal.

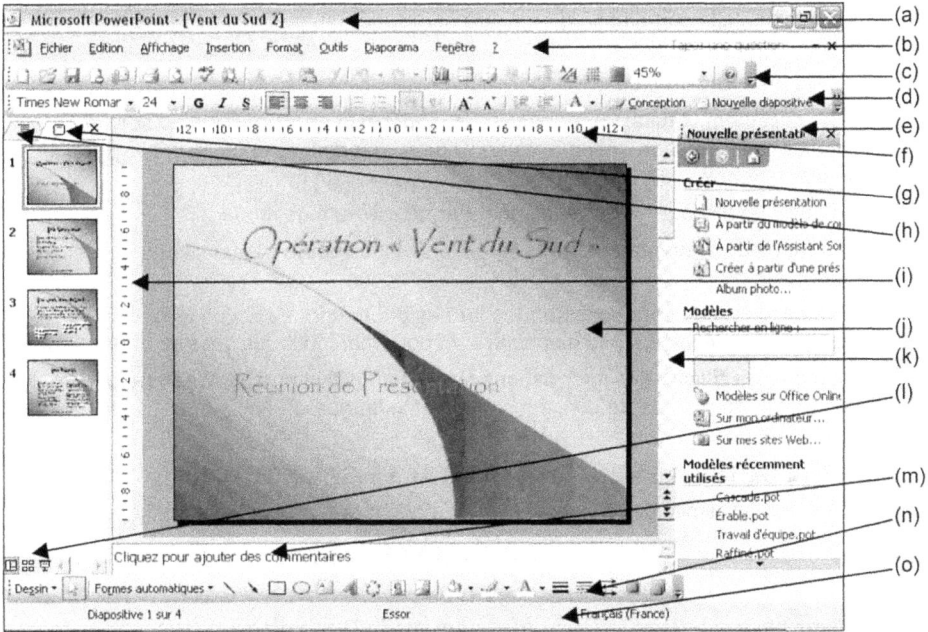

(a) Barre de titre : elle affiche le nom de la présentation en cours ou le terme *[Présentation]* si celle-ci n'a pas encore été enregistrée. Si, à la suite d'un dysfonctionnement du système, la présentation a été récupérée à partir d'un enregistrement automatique, le nom de la présentation sera suivi du terme [Récupéré]. A l'extrémité droite de la barre de titre, trois boutons permettent de masquer l'application (réduction à un bouton dans la barre des tâches), de réduire/restaurer la taille de sa fenêtre et de quitter PowerPoint.

(b) Barre de menus : les menus regroupent les commandes par thèmes. À l'extrémité droite, une zone de recherche rapide toujours présente et un bouton qui permet de fermer la présentation.

(c) Barre d'outils *Standard* : elle permet de passer les commandes les plus courantes en cliquant sur des boutons.

(d) Barre d'outils *Mise en forme* ou autres barres d'outils. Suivant la taille et les caractéristiques de votre écran, il se peut que sur certaines barres d'outils les derniers boutons ne soient pas visibles : rendre alors la barre d'outils flottante, ou bien cliquer sur la double flèche qui apparaît alors à l'extrémité droite de la barre d'outils pour accéder aux boutons non affichés.

(e) Le volet Office : affiché par défaut dans la partie droite de la fenêtre, le volet Office offre un accès direct aux fonctionnalités les plus courantes. Il existe seize volets dont *Mise en page*, et *Conception des diapositives*, etc. Vous en afficherez la liste en déroulant le menu situé en haut de ce volet.

(f) Règle horizontale : elle sert d'unité de mesure par rapport au centre horizontal de la diapositive. Pour l'afficher ou la masquer, passez la commande *Affichage/Règle*.

(g) Visualisation du plan et de la présentation miniatures. Il comporte deux onglets : On peut s'en servir pour se déplacer de diapositive en diapositive. Pour modifier la largeur de ce volet, faire glisser son bord droit.

(h) Plan de la présentation. Il peut être condensé (réduit aux titres des diapositives) ou développé (affichage du détail de toutes les diapositives).

Il comporte deux onglets : lecture du plan et visualisation des miniatures. On peut s'en servir pour se déplacer de diapositive en diapositive. Pour modifier la largeur de ce volet, faire glisser son bord droit.

(i) Règle verticale : elle sert d'unité de mesure par rapport au centre vertical de la diapositive.

(j) Diapositive en cours de création

(k) Barre de défilement vertical : pour passer de diapositive en diapositive au sein de la présentation, ou pour faire défiler le contenu de la diapositive en cours si elle est plus grande que la fenêtre.

(l) Barre d'outils d'affichage : Permet de changer rapidement de mode.

(m) Commentaires du présentateur. La taille de ce volet s'adapte par un cliquer glisser sur le bord supérieur.

(n) Barre d'outils *Dessin* : pour dessiner des formes géométriques et des formes automatiques prédéfinies sur la diapositive, et pour manipuler les dessins et les images.

(o) Barre d'état : elle affiche des informations sur la diapositive en cours (son numéro d'ordre, le nom du modèle de conception actif et la langue utilisée).

2 - LA BARRE DE DÉFILEMENT HORIZONTAL ET SES BOUTONS

Les boutons à son extrémité gauche permettent de changer de mode d'affichage.

(a) (b) (c)

(a) Mode Normal.
(b) Mode Trieuse de diapositives.

(c) Mode Diaporama.

3 - DÉTAIL DE LA BARRE D'ÉTAT

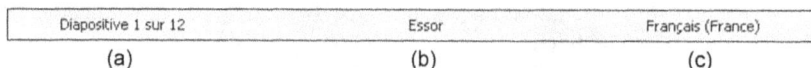

Diapositive 1 sur 12	Essor	Français (France)
(a)	(b)	(c)

(a) Numéro de la diapositive affichée.
(b) Modèle de conception utilisé.

(c) Langue de travail.

4 - LA BARRE D'OUTILS STANDARD

(a) (b) (c) (d) (e) (f) (g) (h) (i)   (j) (k) (l) (m) (n) (o)   (p) (q) (r) (s)   (t) (u) (v) (w) (x)   (y)

(a) Créer une présentation.
(b) Ouvrir une présentation.
(c) Enregistrer la présentation.
(d) Autorisation (accès illimité)
(e) Envoyer un message électronique.
(f) Imprimer la présentation.
(g) Aperçu avant impression
(h) Vérifier l'orthographe.
(i) Bibliothèque de recherche.
(j) Couper.
(k) Copier.
(l) Coller.
(m) Reproduire la mise en forme.

(n) Annuler les dernières actions.
(o) Répéter les dernières actions annulées.
(p) Créer un graphique.
(q) Créer un tableau.
(r) Dessiner un tableau.
(s) Lien hypertexte.
(t) Développer tout.
(u) Afficher/Masquer la mise en forme.
(v) Afficher/Masquer la grille.
(w) Couleur/Échelle de gris.
(x) Zoom.
(y) Compagnon Office ou aide.

LES MENUS

1 - MENUS RÉDUITS OU MENUS DÉVELOPPÉS

Lorsqu'on déroule un menu, il ne propose pas toutes les commandes disponibles, mais seulement celles qui sont généralement les plus utilisées. La totalité des commandes s'affiche si on laisse le menu développé quelques secondes ou si l'on clique sur la flèche à son extrémité inférieure. Lors d'une même session de travail, le menu court présente les commandes que vous aurez le plus souvent utilisées.

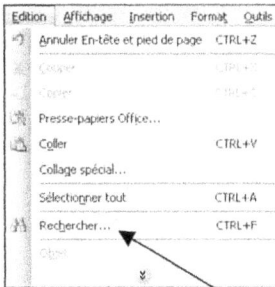

Menu réduit

Menu développé

2 - COMMANDES DANS LES MENUS

Dans les menus de PowerPoint, un certain nombre de symboles sont susceptibles d'être associés au nom des commandes. En voici la signification :

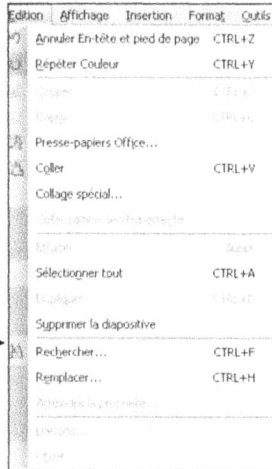

Cette commande est suivie de trois points : elle affichera un dialogue.

Cette commande est suivie d'une flèche : elle affichera un sous-menu.

Cette commande est précédée d'une coche : il s'agit d'une bascule et elle est activée.

Cette commande est suivie du terme Ctrl+X : elle possède un raccourci clavier : Ctrl combiné avec le **X**.

Cette commande est précédée d'une icône : elle possède son équivalent dans une barre d'outils.

Cette commande apparaît en grisé : elle n'est pas disponible dans le contexte en cours.

3 - MENUS CONTEXTUELS

Il s'agit de menus qui apparaissent lorsque vous cliquez avec le bouton droit de la souris sur un élément de la présentation et qui ont la particularité de n'afficher que les commandes applicables à cet élément, à cet instant précis du travail.

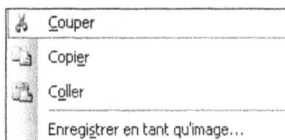

LES BARRES D'OUTILS

Les barres d'outils permettent de passer rapidement les commandes les plus courantes en cliquant sur des boutons. Certaines de ces barres d'outils sont contextuelles et s'affichent automatiquement quand elles peuvent être utiles.

Attention : suivant la taille et les caractéristiques de votre écran, il se peut que sur certaines barres d'outils les derniers boutons ne soient pas visibles. Rendez alors la barre d'outils flottante ou cliquez sur la double flèche qui se trouve à l'extrémité droite de la barre d'outils pour accéder aux boutons non affichés.

1 - AFFICHER OU MASQUER UNE BARRE D'OUTILS

Méthode 1

• Clic-droit sur l'une des barres d'outils affichées : un menu contextuel apparaît

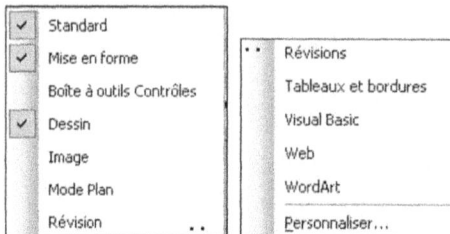

✓ Standard	
✓ Mise en forme	• • Révisions
Boîte à outils Contrôles	Tableaux et bordures
✓ Dessin	Visual Basic
Image	Web
Mode Plan	WordArt
Révision • •	Personnaliser…

Les barres d'outils dont le nom apparaît précédé d'une coche sont actuellement affichées.

• Cliquez sur le nom de la barre d'outils à afficher ou à masquer

Méthode 2

• *Affichage/Barres d'outils*

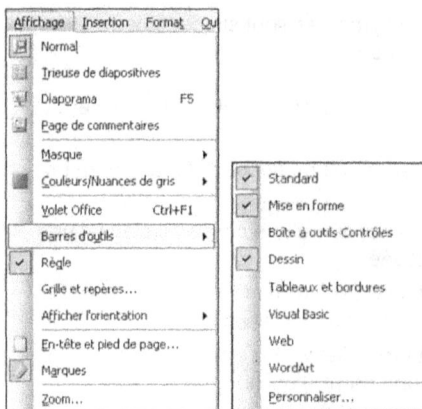

Affichage	Insertion	Format	Qu
Normal			
Trieuse de diapositives			
Diaporama	F5		
Page de commentaires			
Masque ▶			
Couleurs/Nuances de gris ▶		✓ Standard	
Volet Office Ctrl+F1		✓ Mise en forme	
Barres d'outils ▶		Boîte à outils Contrôles	
✓ Règle		✓ Dessin	
Grille et repères…		Tableaux et bordures	
Afficher l'orientation ▶		Visual Basic	
En-tête et pied de page…		Web	
Marques		WordArt	
Zoom…		Personnaliser…	

Les barres d'outils cochées sont celles actuellement affichées.

• Cliquez sur le nom de la barre d'outils à afficher ou à masquer

2 - PLACER UNE BARRE D'OUTILS LE LONG D'UN BORD DE LA FENÊTRE

Cliquez sur la petite barre verticale qui apparaît à l'extrémité gauche de chaque barre d'outils et faites glisser vers l'un des bords de la fenêtre.

3 - RENDRE UNE BARRE D'OUTILS FLOTTANTE

• Cliquez dans la barre de titre de la barre d'outils et faites-la glisser ailleurs

• Cliquez et faites glisser l'un des bords de la barre d'outils pour modifier sa forme

Une fois une barre d'outils rendue flottante, un double-clic dans sa barre de titre la replacera à sa position initiale, généralement en haut de la fenêtre.

LE VOLET OFFICE

Le volet Office, vous accompagnera, si vous le souhaitez, à chaque instant de votre travail en affichant, par catégorie, la liste des tâches disponibles à ce stade de vos manipulations.

Il existe seize catégories de volets, qui s'adapteront en fonction de la manipulation en cours et que vous pourrez faire défiler en utilisant les flèches *Avance/Recule*, ou sélectionner en utilisant le menu déroulant associé au titre du volet.

1 - AFFICHER LE VOLET OFFICE

- *Affichage/Volet Office*

2 - STRUCTURE DU VOLET OFFICE

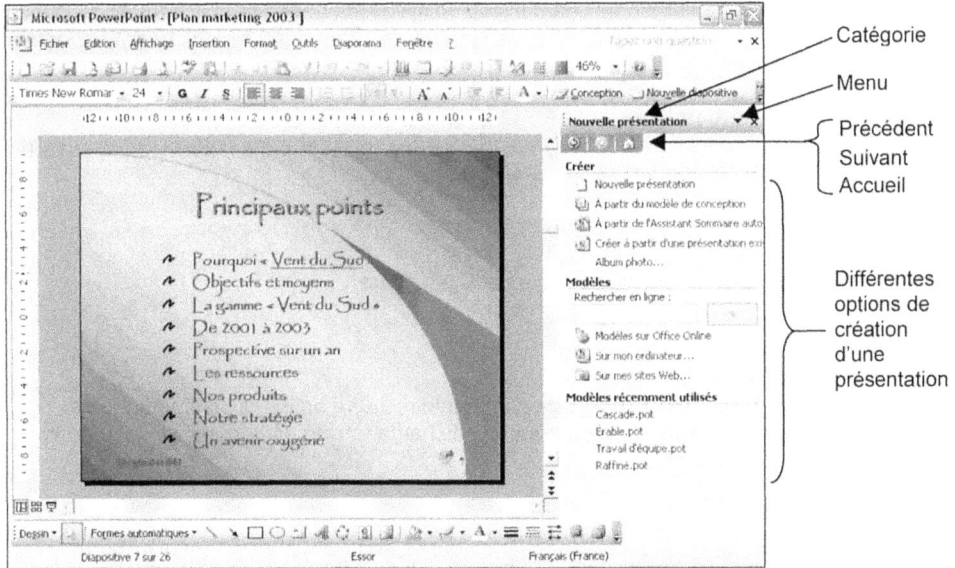

Quelques exemples de volets Office :

AFFICHAGE DE LA PRÉSENTATION

1 - MODES D'AFFICHAGE

Mode Normal

Affiche la diapositive sélectionnée, le plan de la présentation (le texte des diapositives sans les images) et les commentaires du présentateur. Cliquez sur ce bouton à l'extrémité gauche de la barre de défilement horizontal, ou *Affichage/Normal*.

Mode Trieuse de diapositives

Affiche des reproductions miniatures de toutes les diapositives. Cliquez sur ce bouton à l'extrémité gauche de la barre de défilement, ou *Affichage/Trieuse de diapositives*.

Mode Diaporama

Lance la présentation en affichant les diapositives les unes après les autres. Cliquez sur ce bouton à l'extrémité gauche de la barre de défilement, ou *Affichage/Diaporama*, ou appuyez sur F5.

Mode Page de commentaires

Affiche une diapositive miniature au-dessus d'une zone de texte dans laquelle on peut saisir des commentaires : *Affichage/Page de commentaires*.

2 - ZOOM

• Déroulez la liste <Zoom> dans la barre d'outils Standard

En mode Normal et Page de commentaires, une option supplémentaire est disponible : *Ajuster*. Elle permet d'afficher la totalité de la diapositive ou de la page de commentaires.

• Sélectionnez un pourcentage ou tapez-en un dans la zone de saisie qui se trouve au-dessus de la liste

Ou

• *Affichage/Zoom*

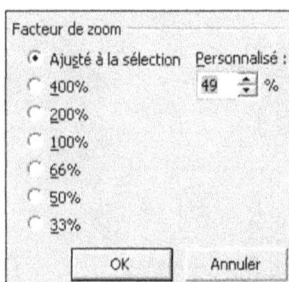

• Sélectionnez ou tapez un pourcentage
• Cliquez sur «OK»

3 - AFFICHAGE EN NUANCES DE GRIS OU EN NOIR ET BLANC

Permet d'afficher les diapositives en niveaux de gris ou en noir et blanc.

• *Affichage/Couleurs/Nuances de gris*

AFFICHAGE DE LA PRÉSENTATION

- Couleur
- Nuances de gris
- Noir et blanc intégral

- Cliquez sur une option

4 - AFFICHER LES RÈGLES

En mode Normal, on peut afficher une règle horizontale et une règle verticale. On pourra s'en servir pour créer des retraits de paragraphes.

- *Affichage/Règle*

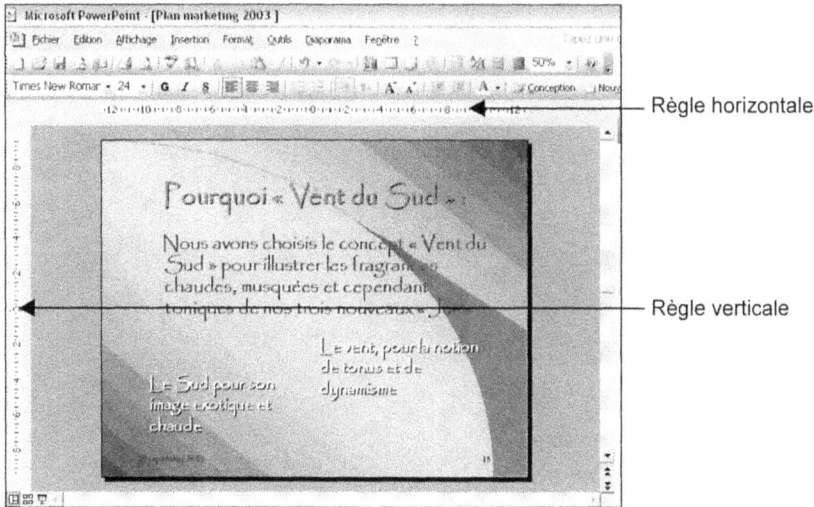

Règle horizontale

Règle verticale

5 - AFFICHER LA GRILLE OU LES REPÈRES

En mode Normal, on peut afficher une grille et des repères. La grille est un quadrillage de lignes horizontales et verticales. Si la grille est activée, les objets se calent automatiquement dessus. Les repères sont constitués d'une ligne pointillée verticale et d'une ligne pointillée horizontale que l'on peut déplacer en cliquant dessus et en les faisant glisser. On s'en sert pour vérifier l'alignement horizontal ou vertical des objets placés sur la diapositive.

- *Affichage/Grille et repères*

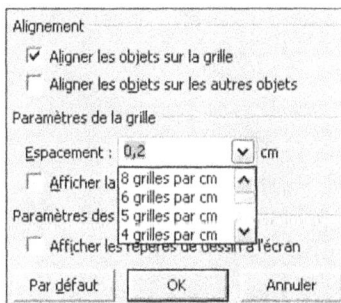

- Cochez ☒Afficher la grille à l'écran, ou ☒Afficher les repères de dessin à l'écran
- Cliquez sur «OK»

Notez que la grille et les repères peuvent être affichés simultanément.

UTILISER L'AIDE

PowerPoint vous propose d'obtenir de l'aide en deux temps : ouvrez le volet de l'assistance, par la touche F1 ou avec le bouton affichant un point d'interrogation.

- Vous obtenez un volet générique qui vous donne le choix entre recherches rapides (ou l'on retrouve le Compagnon Office), Table des matières classique, ou recherches «Online»

(a) Recherche rapide (toujours présente)
(b) Recherche rapide du volet Office
(c) Table des matières classique
(d) Office Online

1 - RECHERCHE RAPIDE

Vous pouvez taper votre question, soit :

(a) Directement dans la zone de recherche rapide toujours présente,
(b) Dans le volet office d'aide : « tapez une question »
(c) Puis, cliquez sur la catégorie correspondant à votre question

UTILISER L'AIDE

2 - TABLE DES MATIERES OU AIDE INTÉGRÉE

Cette aide est intégrée lors de l'installation du logiciel .et contient les principales réponses à vos questions. Elle est complémentaire du compagnon Office.

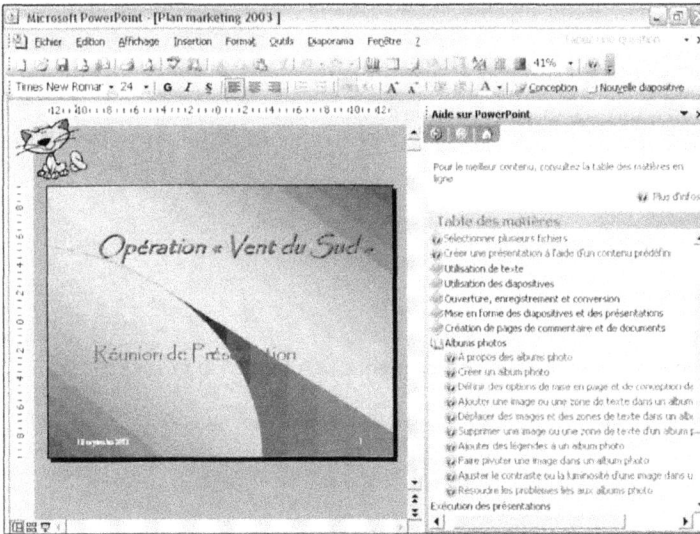

Utiliser le système d'aide classique ou le Compagnon Office

Pour demander de l'aide sur une fonctionnalité de PowerPoint, on peut utiliser soit le système d'aide classique proposant un sommaire et un index de mots-clés, soit le Compagnon Office.

Utiliser la table des matière

- Cliquez sur le sujet de votre choix : la liste des sujets se développe
- Cliquez encore sur l'article que vous recherchez ; un nouveau volet s'ouvre, en mosaïque, avec les réponses à votre recherche

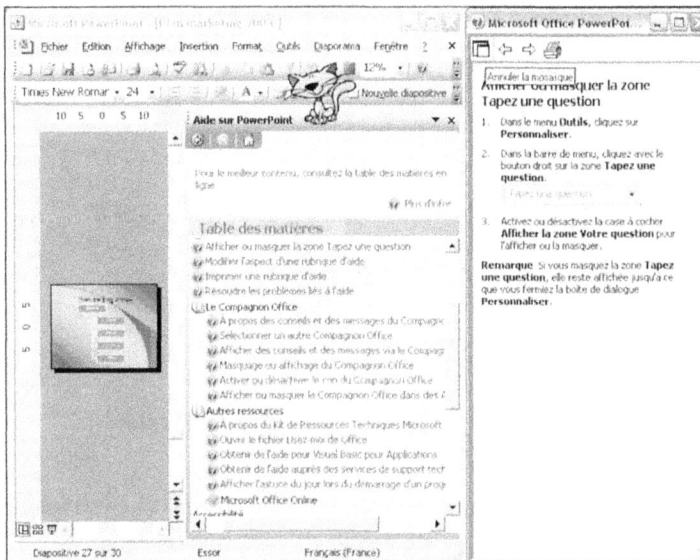

3 - LE COMPAGNON OFFICE

Le Compagnon Office est un système d'aide contextuelle. Il peut suggérer des rubriques d'aide en fonction du travail en cours, répondre à une question que vous tapez en langage naturel et afficher des conseils sur le travail en cours.

Afficher le Compagnon

- *?/Afficher le Compagnon Office*

Le compagnon Trombine va apparaître.

- Cliquez sur le personnage du Compagnon Office : il vous demande ce que vous souhaitez faire
- Posez votre question en termes clairs et validez
- Le Compagnon vous offre un choix de réponse dans le volet Office, par ordre de pertinence.

Masquer le Compagnon Office

- Clic-droit sur le Compagnon Office, puis cliquez sur *Masquer*

On peut déplacer le Compagnon n'importe où en cliquant dessus et en le faisant glisser.

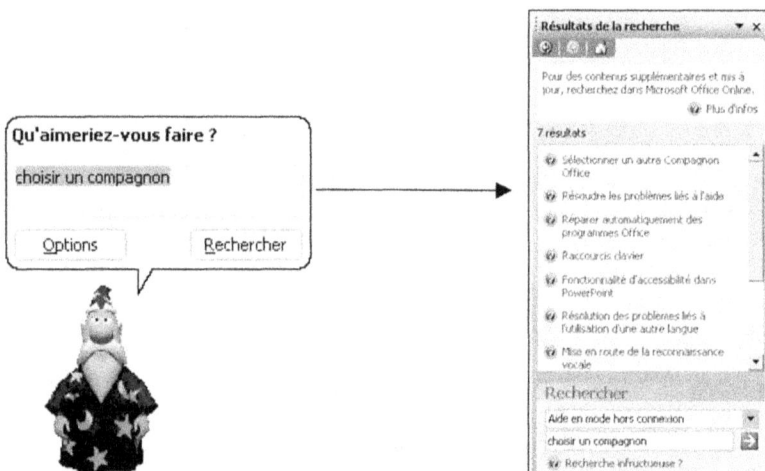

Choisir un compagnon, utiliser les options

- Cliquez sur «Options» dans la bulle associée au personnage

Ou

- Cliquez sur le compagnon avec le bouton droit de la souris

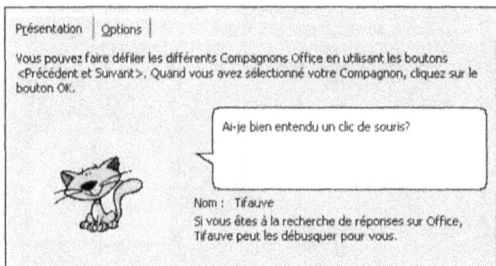

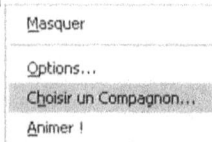

- Utilisez les boutons *Suivant* et *Précédent* pour faire défiler les Compagnons et en choisir un

L'onglet *Option* vous permet de désactiver/activer le compagnon, autoriser les sons, accepter les avertissement, et différents réglages du compagnon.

UTILISER L'AIDE

3 - UTILISER OFFICE ONLINE

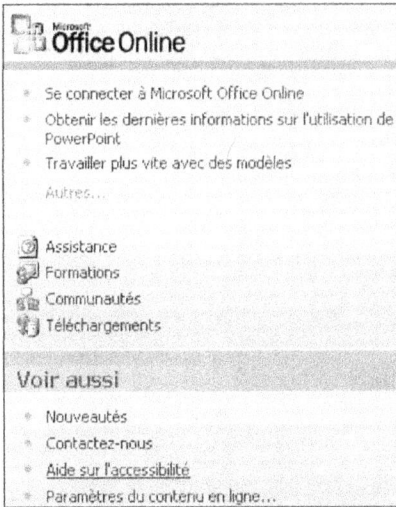

Office Online vous permet, si vous êtes connecté à Internet, d'aller directement sur le site de Microsoft, et vous aurez ainsi accès à de nombreux compléments proposés en téléchargement (filtres de conversion, clip arts, etc.), ainsi que des correctifs réglant certains bugs, des mises à jour, de nouveaux modèles prédéfinis, concernant toutes sortes de sujets (calendriers, planning, factures, diagrammes...).

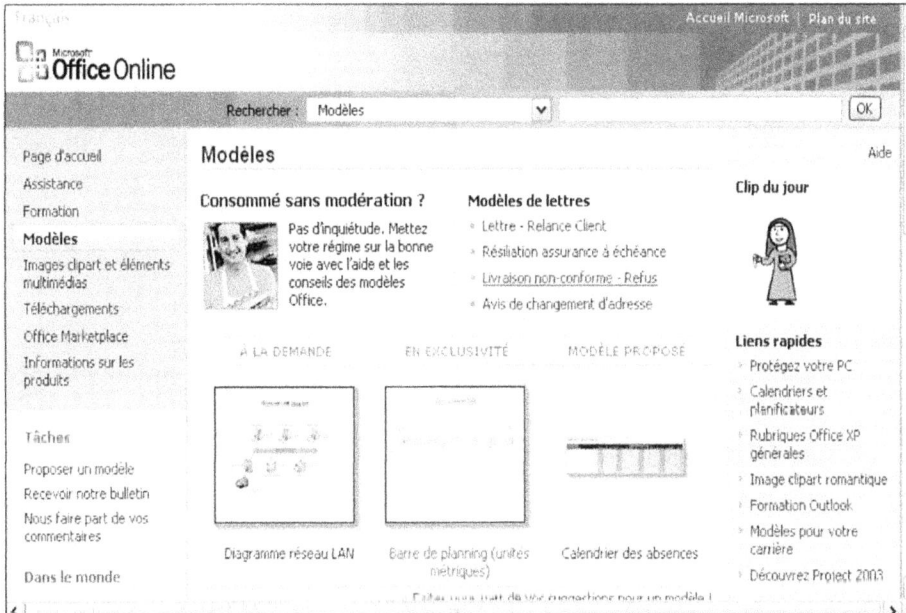

Vous pourrez aussi télécharger de nouvelles images, son, vidéo et enrichir ainsi votre bibliothèque multimédia.

Une connexion Internet s'effectue et Internet Explorer est lancé. Le site s'affiche après quelques instants. Un autre site Internet de Microsoft est consacré à PowerPoint et peut être trouvé à l'adresse suivante : *http://www.microsoft.com/France/powerpoint*.

6 - DÉTECTER ET RÉPARER

PowerPoint 2003 sait se réparer lui-même en identifiant et en régénérant les fichiers système endommagés ou manquants. Lancez cette procédure si PowerPoint se met à avoir un comportement inhabituel. Attention : le CD-ROM d'installation d'Office 2003 vous sera généralement réclamé.

- *?/Détecter et réparer*

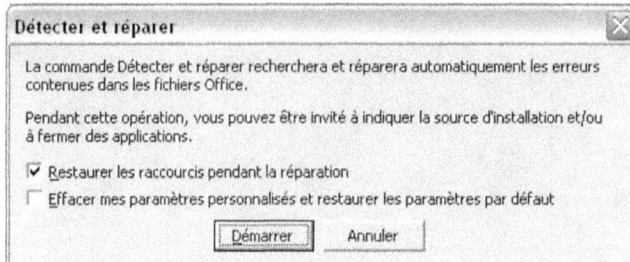

- Cliquez sur «Démarrer»

7 - COMMANDE D'ANNULATION

En cas de mauvaise manipulation, on peut toujours annuler les dernières actions effectuées.

Annuler la dernière action

 Cliquez sur ce bouton dans la barre d'outils *Standard*.

Annuler les dernières actions

- Cliquez sur la flèche associée au bouton précédent
- Dans la liste qui se déroule, cliquez sur l'action à partir de laquelle on souhaite tout annuler

Rétablir les dernières actions

Si vous avez annulé une ou plusieurs actions trop vite, vous pouvez encore revenir en arrière avec le bouton «Rétablir».

 Cliquez sur ce bouton dans la barre d'outils *Standard*.

- Cliquez la/les actions a rétablir

DÉMARRER UNE PRÉSENTATION

2

INTRODUCTION

Au lancement de PowerPoint, vous obtenez une présentation vierge. Le volet Office *Accueil* vous propose alors plusieurs choix.

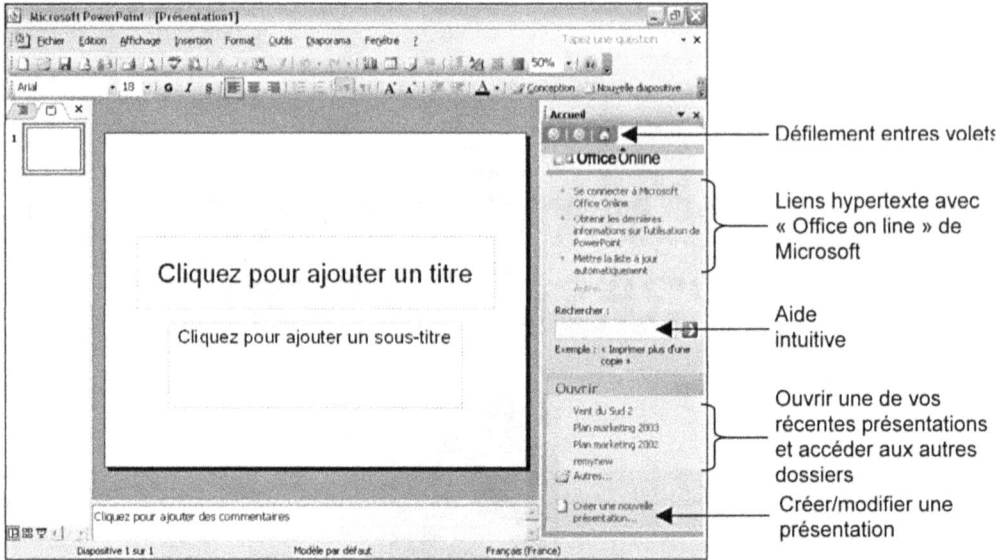

Défilement entres volets

Liens hypertexte avec « Office on line » de Microsoft

Aide intuitive

Ouvrir une de vos récentes présentations et accéder aux autres dossiers

Créer/modifier une présentation

Ouvrir une présentation existante

Cette commande vous permet d'ouvrir l'une des quatre dernières présentations sur laquelle vous avez travaillé ou bien d'aller chercher, dans l'Explorateur, une autre présentation, déjà existante.

Puis, le volet <Nouvelle présentation> vous offre alors les choix suivants :

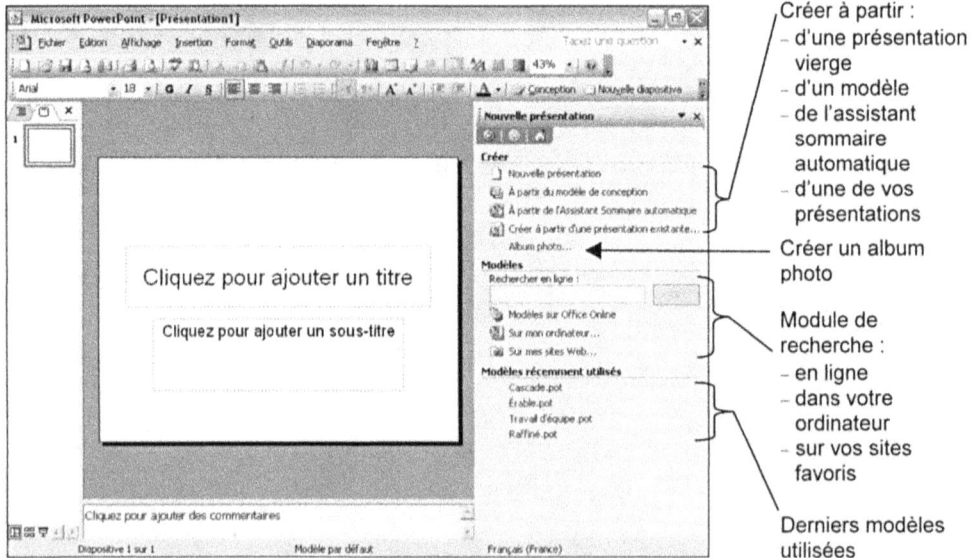

Créer à partir :
– d'une présentation vierge
– d'un modèle
– de l'assistant sommaire automatique
– d'une de vos présentations

Créer un album photo

Module de recherche :
– en ligne
– dans votre ordinateur
– sur vos sites favoris

Derniers modèles utilisées

Créer

PowerPoint vous propose de nombreuses façons de créer une présentation, de la plus assistée à la plus libre. Il vous permet ainsi de donner libre cours à votre créativité, au fur et à mesure de votre progression dans l'utilisation du logiciel.

INTRODUCTION

Vous pourrez :

Créer une présentation avec l'assistant Sommaire automatique

Cet assistant vous propose de choisir un thème dans une liste (présentation de produit, calendrier d'événements, etc.).

Une fois qu'il dispose d'un titre et d'un sujet, PowerPoint utilise les réponses données à l'assistant pour générer une présentation de plusieurs diapositives contenant des textes liés au thème sélectionné. Il ne reste plus qu'à personnaliser ces textes.

Certaines présentations proposées par l'assistant Sommaire automatique sont fournies par la société Dale Carnegie Training© et affichent des conseils, des idées et des suggestions pour améliorer l'impact de votre travail.

En fin d'opération, vous disposerez d'une présentation complète qui n'a plus qu'à être personnalisée par son contenu.

Créer une présentation à partir d'un modèle de conception

Vous ouvrez une liste de choix de mises en forme prédéfinies présentées sous forme de miniatures. Chaque modèle de mise en forme possède ses propres couleurs, emplacement, mise en forme des zones de texte et des objets, et de nombreuses autres caractéristiques pour la présentation.

En fin d'opération, vous disposerez d'une diapositive unique disposant de la mise en forme que vous avez choisie. Tapez son contenu, puis développez la présentation en insérant de nouvelles diapositives.

Créer une présentation vierge

Par défaut, vous ouvrez PowerPoint sur une présentation vierge à créer par vous même. Vous avez cependant le choix entre de nombreuses mises en pages, proposées dans le volet Office *mise en page des diapositives.*

Vous choisirez et organiserez donc couleurs, positionnement et animations. Les volets Office, conception de diapositives vous proposent un choix de modèles de conception, de jeux de couleurs ou de jeux d'animations.

Vous développerez la présentation en insérant de nouvelles diapositives qui, avec une mise en page personnalisée, auront la même conception. La présentation aura alors la mise en forme choisie et définie par vous.

En fin d'opération, vous disposerez d'une présentation dont la mise en forme sera totalement votre choix.

Créer une présentation à partir de l'une de vos propres compositions

L'une de vos anciennes mise en forme ou une mise en forme «entreprise», répondant à la Charte Graphique de votre société peut également être utilisée pour créer une nouvelle présentation, cohérente avec les présentations précédentes.

Créer un Album photo

Vous pouvez utiliser PowerPoint pour visualiser et présenter une série ou même une collection de photos. Les images pourront provenir d'un CD-Rom, d'un scanneur ou directement de votre appareil photo numérique.

– Vous pourrez choisir les mises en page,
– Sélectionner des encadrements,
– Utiliser les modèles de conception,
– Ajouter des légendes,
– Intercaler des zones de texte,
– Afficher vos photos en noir et blanc,
– Vous pourrez à tout moment mettre ajour cet album photo.

UTILISER L'ASSISTANT

L'assistant Sommaire automatique vous propose de sélectionner un thème dans une liste de sujets classiques. Une fois qu'il dispose d'un titre et d'un sujet, PowerPoint utilise les réponses données à l'assistant pour créer le plan d'une présentation de plusieurs diapositives. Vous n'avez plus ensuite qu'à personnaliser la présentation en tapant vos informations dans les espaces réservés au texte.

- Si le volet Office *Nouvelle présentation* n'apparaît pas, passez la commande *Fichier/Nouveau*
- Dans le volet Office, cliquez sur le lien *À partir de l'Assistant Sommaire automatique*

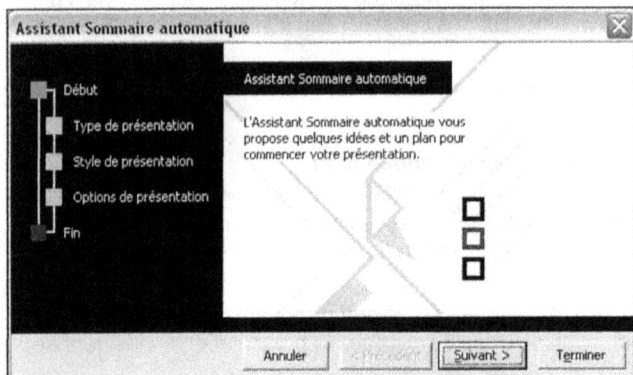

- Cliquez sur «Suivant»

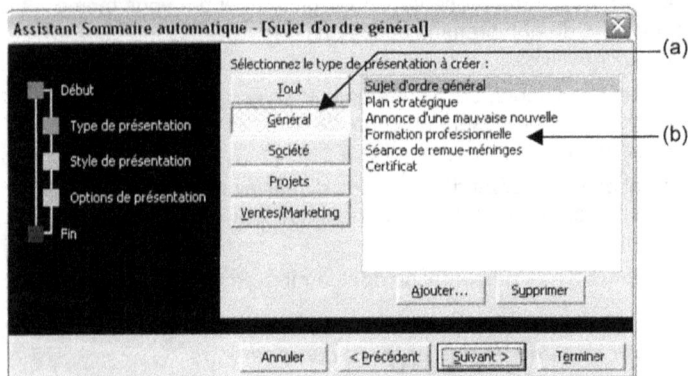

- Cliquez en (a) sur le bouton de catégorie correspondant au type de présentation que vous souhaitez créer
- Sélectionnez un type de présentation dans la liste (b)
- Cliquez sur «Suivant»
- Sélectionnez le type de support utilisé

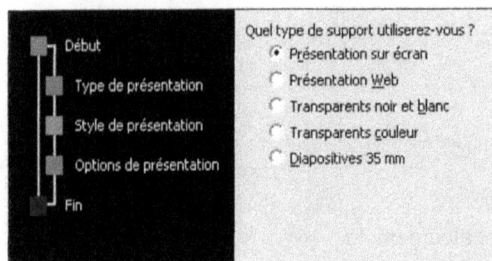

UTILISER L'ASSISTANT

- Cliquez sur «Suivant»
- Tapez le titre de la présentation, le contenu du pied de page, et indiquez les éléments à inclure sur chaque diapositive

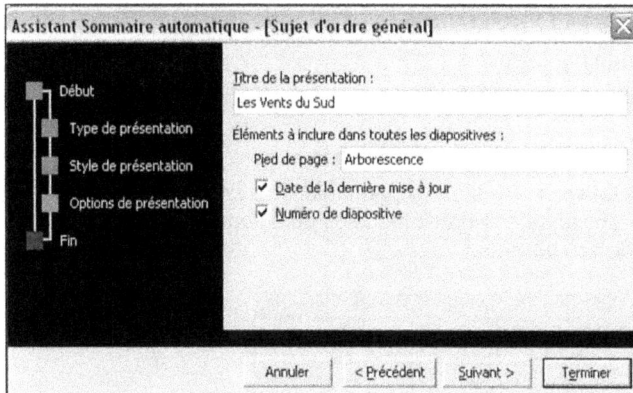

- Cliquez sur «Suivant»

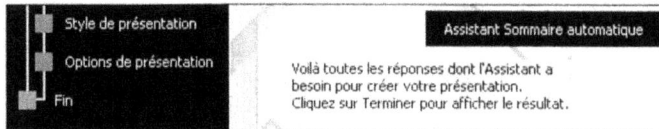

- Cliquez sur «Suivant»
- Cliquez sur «Terminer»

Une présentation complète est générée et elle s'affiche en mode Normal :

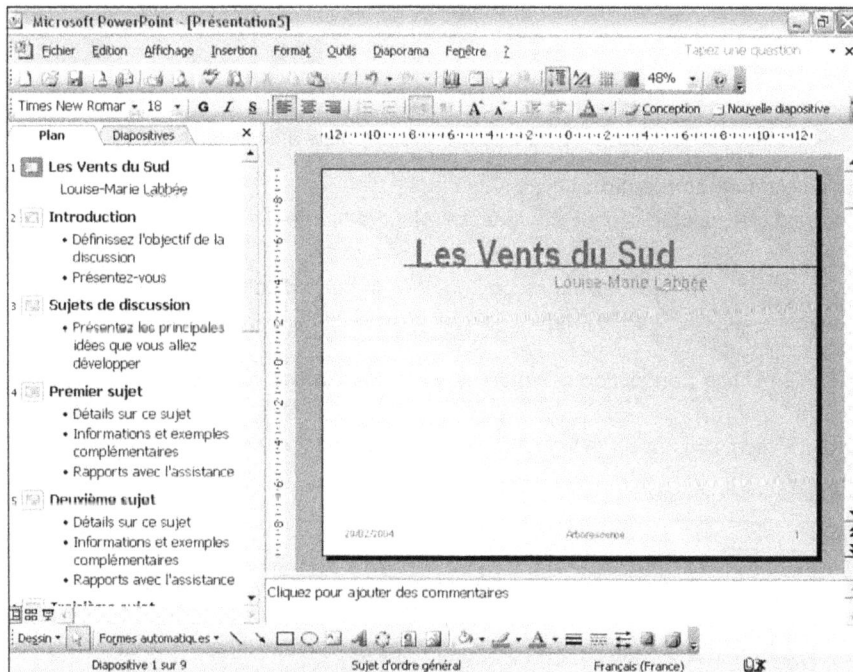

CRÉATION MANUELLE

L'assistance proposée par PowerPoint n'est pas toujours suffisante lorsqu'il s'agit de produire des présentations complexes. Il est donc possible de travailler à partir d'une diapositive vierge dont le jeu de couleurs, les polices et les autres caractéristiques sont définies par défaut de façon simpliste.

Au lancement de PowerPoint vous êtes, par défaut, sur une première diapositive vierge. Pour créer une présentation vierge par la suite :

- Si le volet Office *Nouvelle présentation* n'est pas affiché, passez la commande *Fichier/Nouveau*
- Dans le volet Office, cliquez sur le lien *Nouvelle présentation*

Une diapositive vierge s'affiche. Le volet Office qui apparaît alors est celui de la *Mise en page des diapositives*. Il vous propose de nombreux modèles de diapositives prédéfinies, que vous choisirez en fonction de vos besoins.

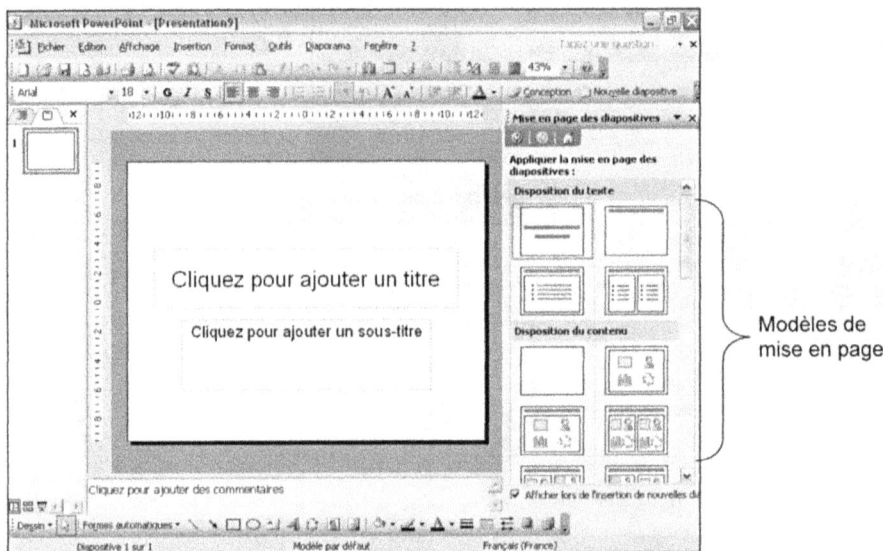

- Dans le volet Office, cliquez sur un type de diapositive : elle s'affiche aussitôt

Choisir un modèle de conception

- Dans la barre d'état, double-cliquez sur le terme *Modèle par défaut*

Ou

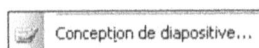 Cliquez sur ce bouton dans la barre d'outils *Mise en forme*, ou *Format /Conception de diapositive*.

Ou

- Affichez le volet Office *Conception des diapositives - Modèles de conception*

Puis,

- Dans le volet Office, cliquez sur la vignette associée au modèle choisi

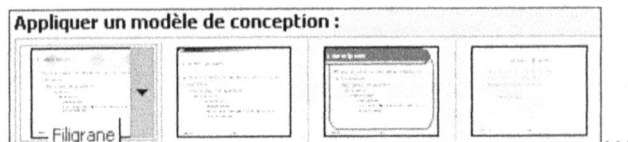

- Saisissez les informations dans les zones appropriées de la diapositive

Vous développerez ensuite la présentation en insérant de nouvelles diapositives.

CRÉATION MANUELLE

Insérer de nouvelles diapositives

| 🗋 Nou̲velle diapositive | Cliquez sur ce bouton dans la barre d'outils *Mise en forme*. |

Ou

- *Insertion/Nouvelle diapositive*, ou appuyez sur Ctrl-**M**
- Dans le volet Office, cliquez sur une mise en page pour la nouvelle diapositive et sélectionnez ensuite sa mise en page dans le volet office

Styles de diapositives proposés dans le volet Office :

| Disposition du texte |

Diapositive de titre : comporte un titre et un sous-titre.

Titre seul : diapositive ne comportant qu'un titre.

Liste à puces : comporte un titre et un emplacement pour une zone de texte organisée sous la forme d'une liste à puces.

Texte sur deux colonnes : comporte un titre et deux listes à puces placées côte à côte.

| Disposition du contenu |

Diapositive totalement vide.

Contenu : quatre objets.

Titre et contenu quatre objets.

Titre et deux contenus.

Titre, contenu et deux contenus.

Titre, deux contenus et contenu.

Titre et quatre contenus.

CRÉATION MANUELLE

Disposition du texte et du contenu

Titre, texte et contenu.

Titre et, texte sur contenus.

Titre, contenu et texte.

Titre et contenu sur texte.

Titre, texte et deux contenus.

Titre et deux contenus sur texte.

Titre, deux contenus et texte.

Autres dispositions

Titre, texte et image de la bibliothèque : comporte un titre, un emplacement pour une zone de texte et un emplacement pour une image de la bibliothèque.

Titre, image de la bibliothèque et texte : l'inverse de la diapositive précédente.

Titre, texte et graphique : comporte un titre, un emplacement pour une zone de texte et un emplacement pour un graphique de gestion.

Titre, graphique et texte : l'inverse de la diapositive précédente.

Titre, texte et clip multimédia : comporte un titre, un emplacement pour une zone de texte et un emplacement pour une séquence vidéo.

Titre, clip multimédia et texte : l'inverse de la diapositive précédente.

Titre, tableau : comporte un titre et un emplacement pour créer un tableau.

Titre et graphique ou organigramme.

Titre et diagramme.

SAISIR DU TEXTE

Plutôt que de saisir le texte de la présentation dans le volet de plan, vous pouvez utiliser le mode Normal qui permet aussi de le mettre en forme. Le texte est tapé soit dans un espace réservé qui sera fonction de la mise en page choisie pour la diapositive, soit dans une zone de texte que l'on crée et positionne soi-même.

1 - SAISIR DANS UN ESPACE RÉSERVÉ

- Passez en mode Normal et insérez une diapositive du type <Liste à puces>
- Cliquez dans un espace réservé ou zone de texte (cadre entouré de pointillés qui apparaît lors de la création d'une nouvelle diapositive et suivez les instructions « cliquez pour ajouter du texte ».
- Tapez votre texte, en utilisant les touches clavier suivantes :

  - ↵   Insère une nouvelle puce, une nouvelle ligne.
  - ← Suppr   Efface le caractère à gauche ou à droite du curseur.
  - Ctrl ←   Efface le mot précédent.
  - Ctrl Suppr Efface le mot suivant.

- Cliquez en dehors de l'espace réservé pour terminer

2 - CRÉER UNE ZONE DE TEXTE

    Cliquez sur ce bouton dans la barre d'outils *Dessin*, ou *Insertion/Zone de texte*.

- Cliquez dans la diapositive pour insérer le curseur là où doit débuter la saisie du texte ou bien faites un cliquer-glisser sur la diapositive pour délimiter la zone de saisie
- Tapez le texte : dans le premier cas la taille de la zone de texte s'adapte à son contenu
- Cliquez en dehors de la zone de texte pour terminer

Si vous n'écrivez pas et désélectionnez la zone, elle disparaît. Elle ne peut pas être vide.

3 - CHOISIR LE SENS DE LA SAISIE

    Utilisez dans la barre d'outils *Mise en forme* : ces boutons d'alignement : gauche à droite, ou droite à gauche.

Ou

- *Format/Orientation des paragraphes/Alignement de gauche à droite*, ou *Alignement de droite à gauche*

4 - INSÉRER DES CARACTÈRES SPÉCIAUX

- *Insertion/Caractères spéciaux*

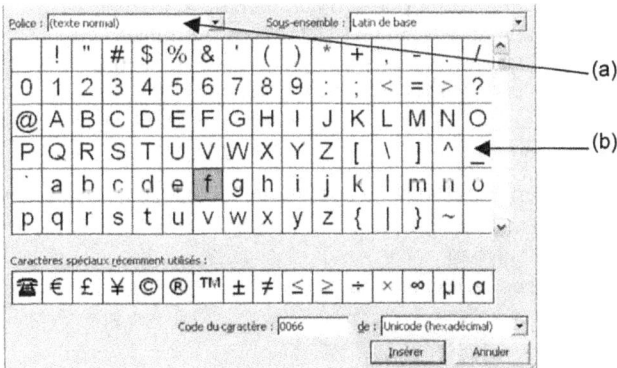

(a)

(b)

- Sélectionnez en (a) une police de caractères du type *Symbol*, *Wingdings*, etc.
- Sélectionnez un caractère spécial en (b)
- Cliquez sur «Insérer», puis sur «Fermer»

5 - UTILISER LE PRESSE-PAPIERS MULTIPLE

Office 2003 met à votre disposition un nouveau type de Presse-papiers. Il fait partie des volets Office et peut contenir jusqu'à vingt-quatre éléments (textes, tableaux, images).

Afficher le Presse-papiers multiple pour l'activer

- *Affichage/Volet Office*
- Dans l'en-tête du volet Office, sélectionnez le volet *Presse-papiers*

Copier l'élément sélectionné dans le Presse-papiers

Procédez de manière habituelle : cliquez sur ce bouton dans la barre d'outils *Standard*, ou *Edition/Copier*, ou appuyez sur Ctrl-**C**.

Récupérer un élément du Presse-papiers

- Placez le curseur à l'endroit d'insertion et cliquez sur l'élément dans le volet Office *Presse-papiers*

Supprimer un élément du Presse-papiers

- Clic-droit sur l'élément dans le volet Office *Presse-papiers*, puis cliquez sur *Supprimer*

Coller tout le contenu du Presse-papiers

Cliquez sur ce bouton dans le volet Office *Presse-papiers* pour coller tout le contenu du Presse-papiers, de l'élément le plus ancien au plus récent.

Vider tout le contenu du Presse-papiers

Cliquez sur ce bouton dans le volet Office *Presse-papiers*.

6 - MODIFIER UN ESPACE RÉSERVÉ OU UNE ZONE DE TEXTE

Réviser son contenu

- Cliquez dans l'objet de type *Texte* pour y insérer le curseur
- Modifiez le texte comme dans un traitement de texte
- Cliquez en dehors de la zone de texte ou de l'espace réservé pour terminer

Modifier la structure d'une liste à puces

Une diapositive avec une zone de texte de type *Liste à puces* contient déjà l'option puce prédéfinie. Vous pouvez également créer une liste à puces ou numérotée et faire ainsi précéder de puces ou de numéros une énumération ou une suite de paragraphes. Vous pourrez choisir entre une liste simple ou une liste hiérarchisée, avec des puces ou avec une numérotation. Chaque niveau utilise par défaut un style de puce ou de numéro différent.

En utilisant le clavier :

Le premier niveau de puce est activé.

– Liste simple, appuyez sur ⏎ à la fin d'un paragraphe : vous insérez une puce de même niveau.

– La touche ⇥ permet de descendre d'un niveau.

– La séquence de touches ⇧-⇥ permet de remonter d'un niveau.

En utilisant la barre d'outils *Mode Plan* :

⇐ ⇒ Réduit le retrait, augmente le retrait.

MANIPULER LE TEXTE

1 - SÉLECTIONNER DU TEXTE

– Sélectionnez un bloc de texte : cliquez au début du bloc de texte et faites glisser le pointeur jusqu'à sa fin.
– Sélectionnez un paragraphe : cliquez trois fois de suite dans le paragraphe, ou cliquez sur la puce qui le précède.
– Sélectionnez tout le contenu d'un espace réservé ou d'une zone de texte : *Edition/ Sélectionner tout*, ou appuyez sur Ctrl-**A**, ou cliquez sur la bordure de la zone de texte.

2 - EFFACER UN BLOC DE TEXTE

• Sélectionnez le bloc de texte et appuyez sur Suppr

3 - DÉPLACER UN BLOC DE TEXTE

Première méthode
• Sélectionnez le bloc à déplacer
• Cliquez dans la sélection et faites glisser vers un nouvel emplacement

Seconde méthode
• Cliquez sur la puce qui précède le paragraphe et faites glisser le bloc de texte vers le haut ou vers le bas

Autres méthode
• Sélectionnez le bloc à déplacer

Cliquez sur ce bouton dans la barre d'outils *Standard*, ou *Edition/Couper*, ou appuyez sur Ctrl-**X**.
• Placez le curseur là où le bloc doit être récupéré

Cliquez sur ce bouton dans la barre d'outils *Standard*, ou *Edition/Coller*, ou appuyez sur Ctrl-**V**.

4 - COPIER UN BLOC DE TEXTE

Première méthode
• Sélectionnez le bloc à copier
• Maintenez la touche Ctrl enfoncée, puis cliquez dans la sélection et faites glisser vers un nouvel emplacement

Autres méthode
• Sélectionnez le texte

Cliquez sur ce bouton dans la barre d'outils *Standard*, ou *Edition/Copier*, ou appuyez sur Ctrl-**C**
• Placez le curseur là où la copie doit apparaître

Cliquez sur ce bouton dans la barre d'outils *Standard*, ou *Edition/Coller*, ou appuyez sur Ctrl-**V**.

5 - COPIER LES MISES EN FORME UNIQUEMENT

• Sélectionnez le texte ayant les mises en forme à recopier

Double-cliquez sur ce bouton dans la barre d'outils *Standard* : le pointeur prend alors la forme d'un pinceau.
• Sélectionnez le premier bloc de texte auquel appliquer ces mises en forme et balayez le du pinceau, puis recommencez avec les blocs de texte suivants
• Cliquez à nouveau sur le bouton, ou appuyez sur Echap pour terminer.

METTRE EN FORME DU TEXTE

Si les mises en forme ne doivent affecter que la diapositive en cours, faites-les sur la diapositive. Si les mises en forme doivent affecter la totalité de la présentation, faites-les dans le masque des diapositives.

1 - POLICE ET TAILLE DES CARACTÈRES

Un changement de police ou de taille prend effet à partir de la position du curseur et pour le texte qui sera saisi ensuite, ou se limite au bloc de texte sélectionné.

Avec la barre d'outils Mise en forme

• Cliquez sur la flèche associée à la zone <Police> ou <Taille>

• Cliquez sur le nom de la police ou sur la taille à activer

 Vous pouvez aussi utiliser l'un de ces deux boutons dans la barre d'outils *Mise en forme* : augmente ou réduit la taille des caractères.

Avec une boîte de dialogue

• *Format/Police*

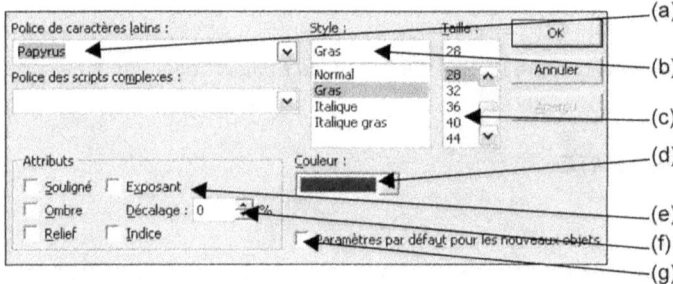

(a) Police.

(b) Style des caractères.

(c) Taille des caractères

(d) Couleur des caractères.

(e) Attributs.

(f) Taille du décalage pour l'indice et l'exposant

(g) Permet de d'attribuer ces mises en formes de caractère aux prochains objets

• Faites vos choix et cliquez sur «OK»

2 - STYLE OU ATTRIBUTS DES CARACTÈRES

Un attribut prend effet à partir de la position du curseur et pour le texte qui sera saisi ensuite, ou se limite au texte sélectionné.

Avec la barre d'outils Mise en forme

• Cliquez sur l'un des boutons suivants

 Gras, italique, souligné et ombrage

METTRE EN FORME DU TEXTE

Avec un dialogue

• *Format/Police*

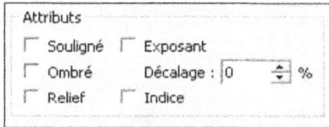

```
Attributs
  □ Souligné   □ Exposant
  □ Ombré      Décalage : 0    ⬍ %
  □ Relief     □ Indice
```

• Sélectionnez un ou des attributs en cochant les cases adéquates
• Cliquez sur «OK»

Vous pouvez utiliser l'indice et l'exposant pour décaler le texte vers le haut ou le bas.

Stopper ou annuler un attribut

– Pour annuler un attribut en cours de saisie, repassez la commande qui l'avait activé.

– Pour annuler un attribut pour un texte déjà saisi, sélectionnez-le et repassez la commande qui l'avait activé, ou appuyez sur [Ctrl]-Espace pour annuler tous les attributs.

3 - ALIGNEMENT DES PARAGRAPHES

Ces commandes s'appliquent à partir du paragraphe dans lequel se trouve le curseur et pour les paragraphes qui seront saisis ensuite, ou se limitent aux paragraphes sélectionnés.

Avec la barre d'outils Mise en forme

Cliquez sur l'un de ces boutons : alignement à gauche, centré et à droite.

Avec les menus

• *Format/Alignement*

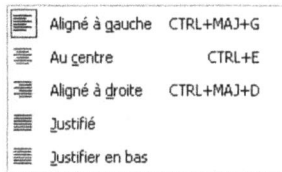

```
▤  Aligné à gauche   CTRL+MAJ+G
▤  Au centre               CTRL+E
▤  Aligné à droite   CTRL+MAJ+D
▤  Justifié
▤  Justifier en bas
```

Cliquez sur le type d'alignement souhaité.

Avec les raccourcis clavier

– [Ctrl]-[⇧]-**G**   Alignement à gauche.
– [Ctrl]-**E**   Alignement centré.
– [Ctrl]-[⇧]-**D**   Alignement à droite.

4 - INTERLIGNE ET ESPACEMENT DES PARAGRAPHES

Ces commandes s'appliquent à partir du paragraphe dans lequel se trouve le curseur et pour les paragraphes qui seront saisis ensuite, ou se limitent aux paragraphes sélectionnés.

• *Format/Interligne*

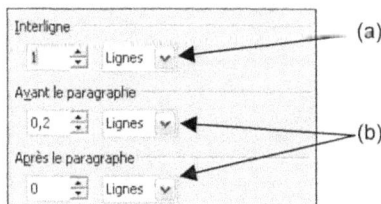

```
Interligne
  1    ⬍  Lignes  ∨ ◄─────── (a)
Avant le paragraphe
  0,2  ⬍  Lignes  ∨ ◄
                        (b)
Après le paragraphe
  0    ⬍  Lignes  ∨ ◄
```

(a) Valeur de l'interligne, en nombre de lignes ou en nombre de points.

(b) Espace avant et après les paragraphes, en nombre de lignes ou en nombre de points.

• Faites vos choix et cliquez sur «OK»

5 - RETRAIT DES PARAGRAPHES

Un retrait s'applique à tous les paragraphes de la zone de texte.

• Si elle n'apparaît pas, demandez l'affichage de la règle : *Affichage/Règle*
• Placez le curseur dans le texte
• Cliquez et faites glisser les taquets sur la règle (il y a autant de paires de taquets que de niveaux de puces)

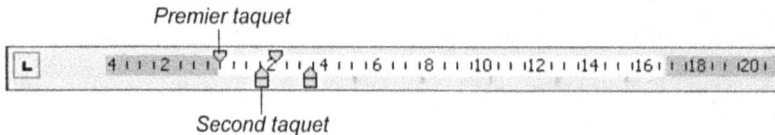

Premier taquet

Second taquet

Cliquez et faites glisser ce taquet pour augmenter ou réduire le retrait des paragraphes.

Cliquez et faites glisser ce taquet pour augmenter ou réduire le retrait des puces.

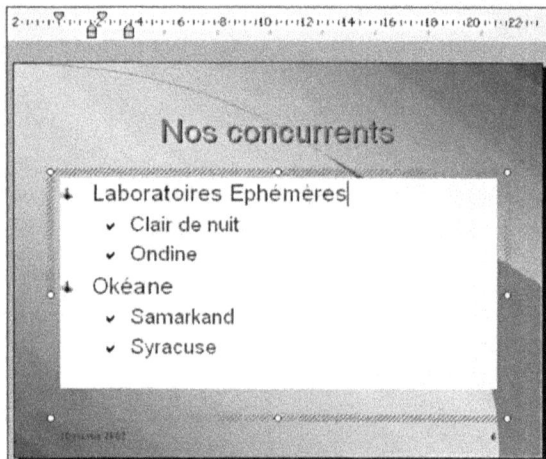

6 - CHANGER LA CASSE

Pour convertir le texte en majuscules ou en minuscules, pour imposer une majuscule au début des phrases ou au début des mots, etc.

• Sélectionnez le texte à convertir
• *Format/Modifier la casse*

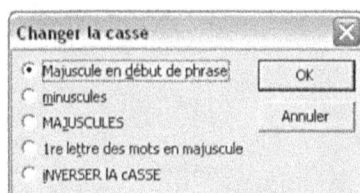

• Sélectionnez l'une des options proposées par ce dialogue
• Cliquez sur «OK»

METTRE EN FORME UNE ZONE DE TEXTE

1 - POSITIONNEMENT DU CONTENU DANS UNE ZONE DE TEXTE

- Cliquez dans la zone de texte ou l'espace réservé
- *Format/Espace réservé*, puis cliquez sur l'onglet *Zone de texte*

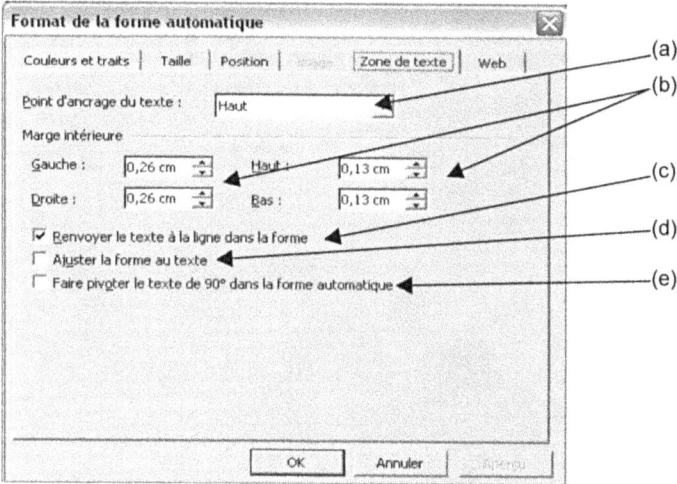

(a) Position du texte à l'intérieur de la zone de texte ou de l'espace réservé.

(b) Distance entre le texte et le bord de la zone de texte.

(c) Autorise le retour à la ligne automatique.

(d) Ajuste la taille de la zone de texte à son contenu.

(e) Rotation du texte de 90° à l'intérieur de la zone de texte ou de l'espace réservé.

- Cliquez sur «OK»

2 - BORDURE ET COULEUR DU FOND

- Cliquez dans la zone de texte ou l'espace réservé
- *Format/Espace réservé*, ou *Zone de texte*, puis cliquez sur l'onglet *Couleurs et traits*

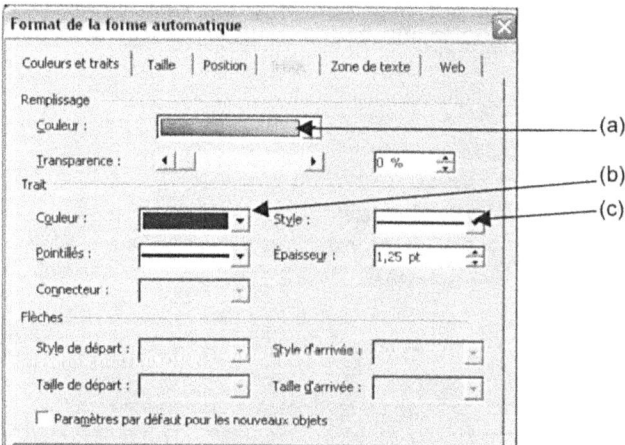

- Sélectionnez en (a) une couleur pour le fond de la zone de texte
- Sélectionnez en (b) et (c) un style et une couleur de trait pour la bordure de zone de texte
- Cliquez sur «OK»

3 - TAILLE DE LA ZONE DE TEXTE

- Cliquez dans la zone de texte ou l'espace réservé
- Faites glisser les poignées qui l'entourent (petits cercles blancs)

Ou

- Cliquez dans la zone de texte ou l'espace réservé
- *Format/Espace réservé*, ou *Zone de texte*, puis cliquez sur l'onglet *Taille*

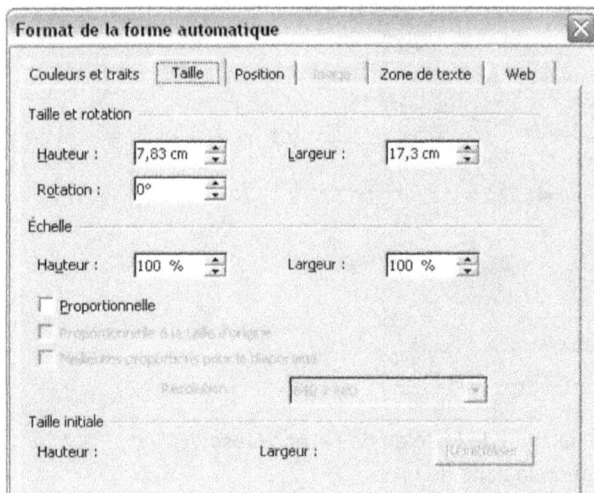

- Indiquez la dimension, l'échelle et appliquez accessoirement une rotation au contenu
- Cliquez sur «OK»

4 - POSITION DE LA ZONE DE TEXTE

- Cliquez dans la zone de texte ou l'espace réservé
- Cliquez sur l'un des bords grisés qui l'entourent et faites glisser

Ou

- Cliquez dans la zone de texte ou l'espace réservé
- *Format/Espace réservé*, ou *Zone de texte*, puis cliquez sur l'onglet *Position*
- Indiquez la position de la zone de texte par rapport aux bords de la diapositive
- Cliquez sur«OK»

5 - PARAMÈTRES WEB

- Cliquez dans la zone de texte ou l'espace réservé
- *Format/Espace réservé*, ou *Zone de texte*, puis cliquez sur l'onglet *Web*
- En cas d'enregistrement du fichier au format HTML en vue d'une publication sur le Web, précisez le texte qui s'affichera à la place de la zone de texte pendant son chargement
- Cliquez sur «OK»

6 - NIVEAU DE SUPERPOSITION

Si des objets sont en partie superposés sur une zone de texte ou sur un espace réservé, vous pouvez préciser si la zone de texte doit apparaître en premier plan ou en arrière-plan.

- Cliquez dans la zone de texte ou l'espace réservé
- Clic-droit sur le bord de la zone de texte ou de l'espace réservé, puis cliquez sur *Ordre*
- Cliquez sur le niveau de superposition désiré

LISTES À PUCES ET NUMÉROTÉES

Pour modifier localement le style des puces, effectuez les changements dans la diapositive. Pour modifier le style des puces dans toute la présentation, effectuez les changements dans le masque des diapositives.

1 - INSÉRER DES PUCES DEVANT UNE LISTE

• Sélectionnez les paragraphes

Cliquez sur ce bouton dans la barre d'outils *Mise en forme*. Notez qu'aucune puce n'est insérée devant les lignes vierges.

2 - NUMÉROTER UNE LISTE

• Sélectionnez les paragraphes

Cliquez sur ce bouton dans la barre d'outils *Mise en forme*. Notez qu'aucun numéro n'est inséré devant les lignes vierges.

3 - CHANGER LE TYPE DE PUCE D'UNE LISTE

• Sélectionnez les paragraphes
• *Format/Puces et numéros*, puis cliquez sur l'onglet *Puce*
• Sélectionnez un autre type de puce
• Cliquez «OK»

Insérer des puces graphiques

• Sélectionnez les paragraphes
• *Format/Puces et numéros*, puis cliquez sur l'onglet *Puce*
• Cliquez sur «Image»

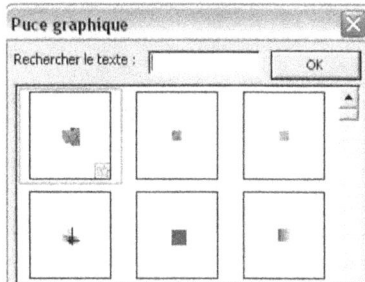

• Cliquez sur le type de puce graphique à utiliser
• Cliquez sur «OK»

Insérer une image de votre choix comme puce

• Sélectionnez les paragraphes
• *Format/Puces et numéros*, puis cliquez sur l'onglet *Puce*
• Cliquez sur «Image», puis sur «Importer»
• Sélectionnez le fichier image à utiliser comme puce
• Cliquez sur «Ajouter»
• Sélectionnez la vignette de l'image précédemment choisie
• Cliquez sur «OK»

Utiliser un caractère spécial comme puce

• Sélectionnez les paragraphes
• *Format/Puces et numéros*, puis cliquez sur l'onglet *Puce*

• Cliquez sur «Personnaliser»

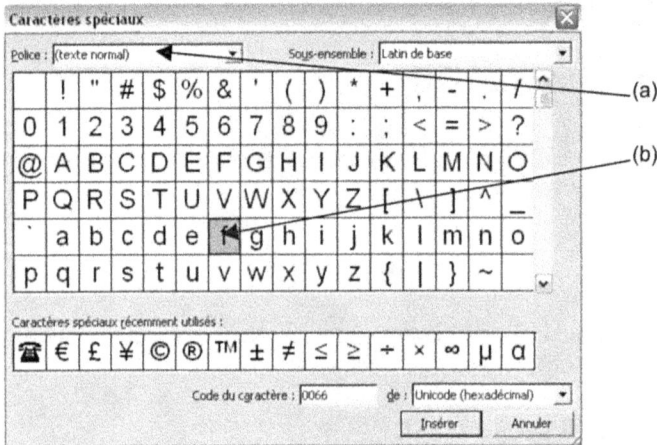

• Sélectionnez en (a) une police de caractères dédiée aux caractères spéciaux (*Symbol*, *Wingdings*, *ZapfDingbats*, etc.)
• Sélectionnez un caractère spécial en (b)
• Cliquez sur «OK» deux fois

4 - MODIFIER LE TYPE DE NUMÉROTATION D'UNE LISTE

• Sélectionnez les paragraphes
• *Format/Puces et numéros*, puis cliquez sur l'onglet *Numéro*

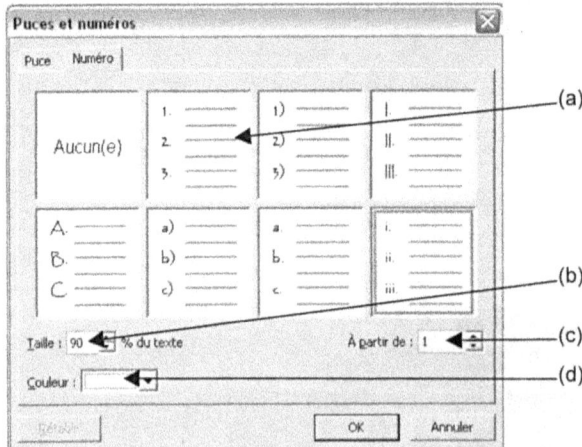

• Sélectionnez un type de numérotation en cliquant sur l'une des vignettes en (a)
• Sélectionnez la taille des numéros en (b)
• Précisez le numéro de départ de la numérotation en (c)
• Sélectionnez la couleur des numéros en (d)
• Cliquez sur «OK»

Remarque : si vous avez activé une numérotation et devez maintenant taper les éléments de la liste, utilisez la touche ⬚ au début du paragraphe suivant pour décaler d'un niveau (pour passer de 1 à 1.1 par exemple), et la séquence de touches ⬚-⬚ pour remonter dans la hiérarchie des paragraphes (pour passer de 1.3 à 2 par exemple).

ARRIÈRE-PLAN ET JEU DE COULEURS

Mettre en forme l'arrière plan permet de personnaliser l'aspect du fond d'une diapositive particulière ou de toutes les diapositives de la présentation : il peut s'agir d'une couleur, d'un dégradé, d'un motif, d'une texture ou d'une image de votre choix.

1 - MODIFIER LA COULEUR D'ARRIÈRE-PLAN DES DIAPOSITIVES

- Ouvrez la présentation
- *Format/Arrière-plan*

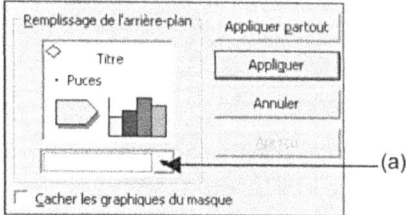
(a)

- Cliquez sur la flèche associée à la zone (a)

A partir de cette liste déroulante, vous pourrez modifier la couleur d'arrière-plan d'une diapositive et créer un fond de couleur en à-plat ou en dégradé.

- Cliquez sur l'une des huit couleurs proposées

Ou

- Cliquez sur *Autres couleurs* pour choisir une couleur non disponible dans le jeu en cours
- Cliquez sur «OK»

Puis,

- Cliquez sur «Appliquer» pour placer l'arrière-plan dans la diapositive en cours et seulement celle-là, ou cliquez sur «Appliquer partout» pour le placer dans toutes les diapositives

2 - DÉGRADÉ, TEXTURE, MOTIF OU IMAGE D'ARRIÈRE-PLAN

Pour personnaliser l'aspect du fond des diapositives, plutôt que pour une couleur en à-plat, vous pouvez opter pour l'une des quatre options suivantes :

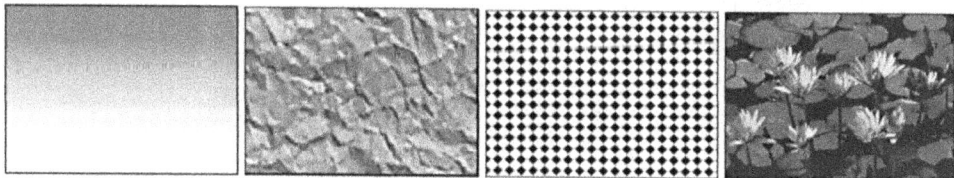

| *Dégradé* | *Texture* | *Motif* | *Image* |

- *Format/Arrière-plan*

Dans la liste déroulante, cliquez sur *Motifs et textures*.

Remplissage dégradé

- Cliquez sur l'onglet *Dégradé* et choisissez

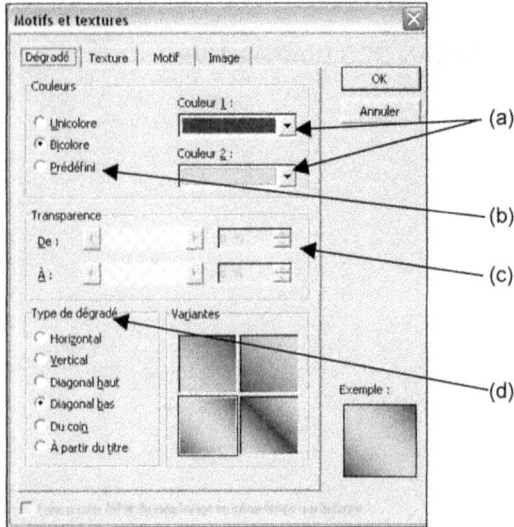

- Sélectionnez en (a) pour une ou deux couleurs
- En (b) pour un modèle prédéfini
- Sélectionnez en (c) les options de transparence souhaitées
- Choisissez en (d) un type de dégradé

On peut visualiser l'effet et en choisir l'orientation sur les petites vignettes en (c).

- Cliquez sur «OK»
- Cliquez sur «Appliquer» pour appliquer le remplissage à la diapositive en cours, ou sur «Appliquer partout» pour l'appliquer à toute la présentation

Remplissage texturé

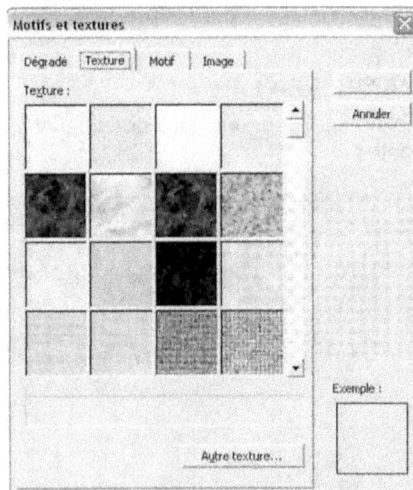

- Cliquez sur l'onglet *Texture* et sélectionnez une texture
- Cliquez sur «OK»
- Cliquez sur «Appliquer» pour appliquer la texture à la diapositive en cours, ou sur «Appliquer partout» pour l'appliquer à toute la présentation

ARRIÈRE-PLAN ET JEU DE COULEURS

Remplissage avec motif

- Cliquez sur l'onglet *Motif* et sélectionnez un motif
- Cliquez sur «OK»
- Cliquez sur «Appliquer» pour appliquer le motif à la diapositive en cours, ou sur «Appliquer partout» pour l'appliquer à toute la présentation

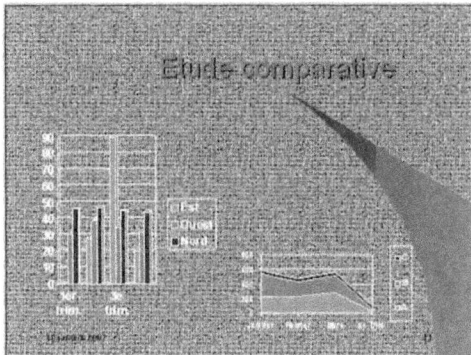

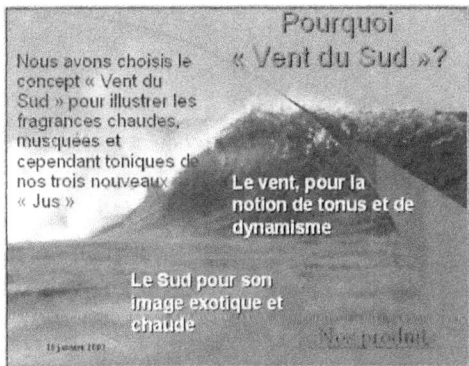

Utiliser une image comme arrière-plan des diapositives

- Cliquez sur l'onglet *Image*, puis cliquez sur «Sélectionner une image»
- Sélectionnez le dossier, puis le nom du fichier à utiliser comme arrière-plan
- Cliquez sur «Insérer»
- Cochez ⊠*Verrouillez les proportions de l'image*
- Cliquez sur «OK»
- Cliquez sur «Appliquer» pour appliquer l'image à la diapositive en cours, ou sur «Appliquer partout» pour l'appliquer à toute la présentation

Remarque : si vous utilisez le bouton «Appliquer partout», l'image est placée dans le masque des diapositives, elle apparaîtra donc sur chaque diapositive.

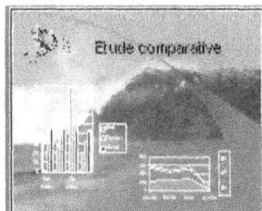

3 - MODIFIER LE JEU DE COULEURS DES DIAPOSITIVES

Vous pouvez jouer sur l'harmonisation de votre présentation en gardant les mêmes mises en forme. Pour cela, vous pouvez changer le jeu de couleurs à appliquer à l'ensemble des diapositives de la présentation. Il est notamment conseillé d'utiliser un arrière-plan clair pour une présentation qui sera imprimée sur des transparents et un arrière-plan sombre pour une présentation qui sera projetée.

• Ouvrez la présentation

Conception de diapositive...   Cliquez sur ce bouton dans la barre d'outils *Mise en forme*, ou *Format/Conception de diapositive*.

• Dans le volet Office, cliquez sur le lien *Jeux de couleurs*

Ou

• Affichez le volet Office *Conception des diapositives - Jeux de couleurs*

• Cliquez sur la vignette correspondant au jeu de couleurs de votre choix

Personnaliser un jeu de couleurs

• Dans le volet précédent, sélectionnez la vignette correspondant à un jeu de couleurs
• En bas du volet, cliquez sur le lien *Modifier les jeux de couleurs*

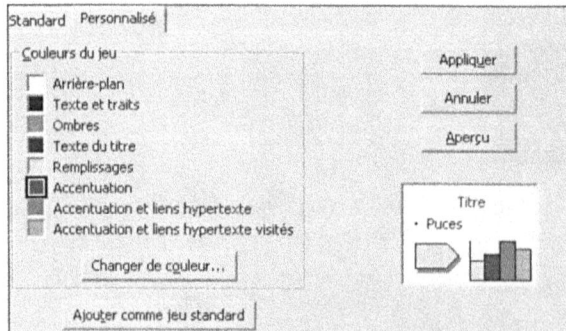

• Cliquez sur le carré associé à l'élément dont vous voulez changer la couleur
• Cliquez sur «Changer de couleur»
• Choisissez votre couleur
• Cliquez sur «OK», puis sur «Appliquer»
• Si nécessaire, choisissez «Ajouter comme jeu standard » afin de le réutiliser

UTILISER UN MODÈLE DE CONCEPTION

Pour créer une nouvelle présentation, il est aussi possible de choisir un modèle prédéfini au niveau des jeux de couleurs, des polices, de la mise en forme des zones de texte et des autres caractéristiques. En fin d'opération, on obtiendra une diapositive unique, vierge, mais disposant d'une mise en forme et d'un fond originaux.

Au lancement de PowerPoint Le Volet Office *Accueil*, ainsi qu'une première diapositive vierge. La deuxième partie du volet vous propose d'ouvrir une présentation récente ou de créer une nouvelle présentation :

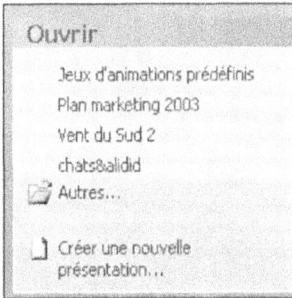

Ouvrir

Jeux d'animations prédéfinis
Plan marketing 2003
Vent du Sud 2
chats&alidid
Autres...

Créer une nouvelle présentation...

• Cliquez sur Créer une nouvelle présentation

Un deuxième volet vous offre différents choix

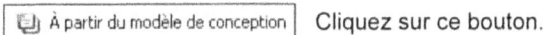

À partir du modèle de conception   Cliquez sur ce bouton.

Vous obtenez la première diapositive de votre présentation, vierge de tout texte, mais mise en forme :

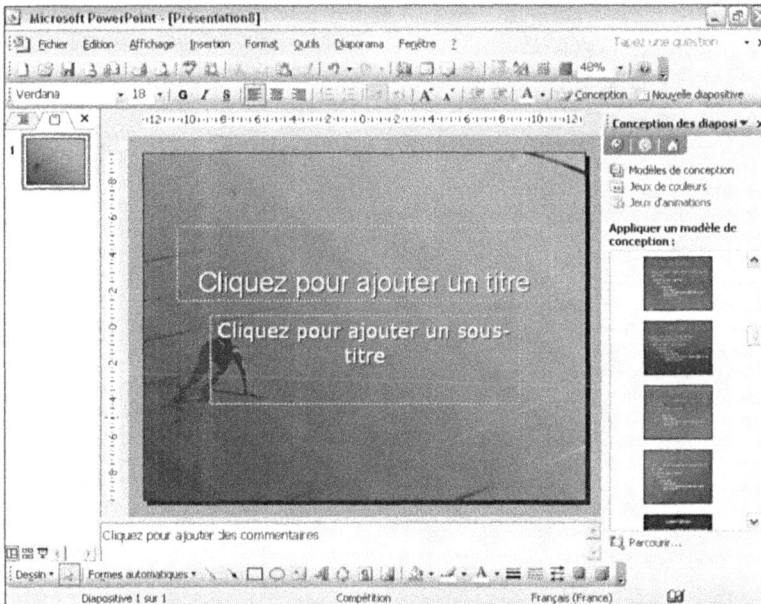

Ajouter des diapositives

Nouvelle diapositive   Cliquez sur ce bouton dans la barre d'outils *Mise en forme*.

• Dans le volet Office, cliquez sur la vignette correspondant au type de mise en page à appliquer à la nouvelle diapositive

UTILISER UN MODÈLE DE CONCEPTION

Appliquer un autre modèle de conception

Par la suite, vous pouvez toujours appliquer un autre de ces modèles à votre présentation, même si celle-ci est achevée. Vous obtiendrez alors une présentation nouvelle dans sa forme, couleur, positionnement des zones de texte, polices, etc., mais dont le fond et l'organisation seront ceux que vous viendrez de choisir. Pour cela :

Dans la liste des catégories des volets office, choisissez *Conception des diapositives*

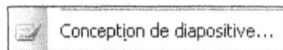

Nouvelle présentation

Aide sur les modèles

Espace de travail partagé

Mises à jour du document

Mise en page des diapositives

✓ Conception des diapositives

Conception des diapositives - Jeux de couleurs

Conception des diapositives - Jeux d'animations

Personnaliser l'animation

Transition

Conception de diapositive...   Si le volet est fermé, cliquez sur ce bouton dans la barre d'outils *Mise en forme*, ou *Format /Conception de diapositive*.

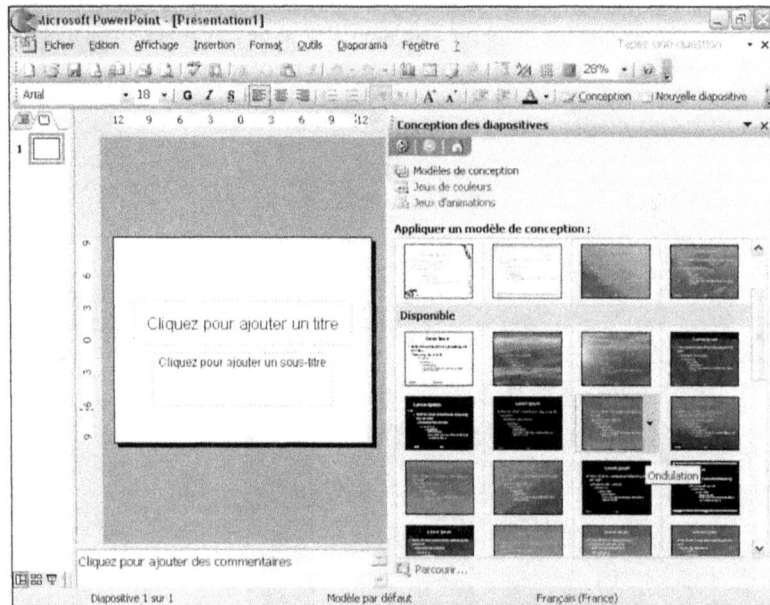

Puis,

- Dans le volet Office, cliquez sur la vignette correspondant au modèle à appliquer

LES OUTILS DE LA PRÉSENTATION

3

VÉRIFICATION DE L'ORTHOGRAPHE

1 - VÉRIFIER L'ORTHOGRAPHE EN COURS DE FRAPPE

Cette fonction souligne les fautes dans le texte à l'aide de traits ondulés rouges. Pour l'activer si ce n'est pas le cas :

- *Outils/Options*, puis cliquez sur l'onglet *Orthographe et style*
- Cochez ⊠*Vérifier l'orthographe au cours de la frappe*
- Décochez ⊠*Masquer toutes les fautes d'orthographe*
- Cliquez sur «OK»

Corriger une faute

- Clic-droit sur un mot souligné d'un trait ondulé rouge

- Dans le menu contextuel, cliquez sur une suggestion, ou sur *Ajouter au dictionnaire*, ou sur *Ignorer tout*

2 - LANCER LE VÉRIFICATEUR D'ORTHOGRAPHE

Avec Office 2003, le programme identifie automatiquement la langue utilisée par le texte. Par défaut, les dictionnaires installés concernent le français, l'anglais, l'allemand, le néerlandais et l'arabe.

- Pour ne vérifier qu'une partie du texte, la sélectionner

Cliquez sur ce bouton dans la barre d'outils *Standard*, ou *Outils/Orthographe,* ou appuyez sur F7.

Le dialogue du vérificateur d'orthographe s'affiche dès qu'un mot inconnu est rencontré (a)

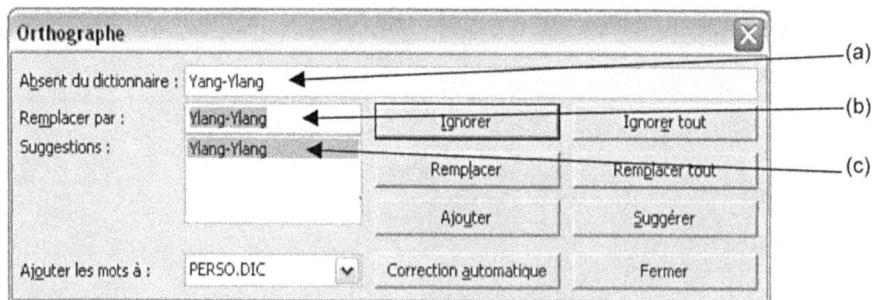

- Tapez l'orthographe correcte du mot en (b), ou sélectionnez un mot de remplacement en (c)
- Cliquez sur «Remplacer» pour corriger ce mot, ou sur «Remplacer tout » pour corriger toutes ses occurrences dans la présentation

VÉRIFICATION DE L'ORTHOGRAPHE

Rôle des autres boutons

– «Ignorer» : laisse le mot inchangé et poursuit la vérification.

– «Ignorer tout» : saute le mot et toutes ses occurrences.

– «Ajouter» : ajoute le mot au dictionnaire personnel.

– «Correction automatique» : ajoute la faute et sa correction à la liste des corrections automatiques.

Remarque : si PowerPoint n'arrive pas à déterminer quelle est la langue utilisée par le texte, vous pouvez l'indiquer manuellement à l'aide de la commande *Outils/Langue*.

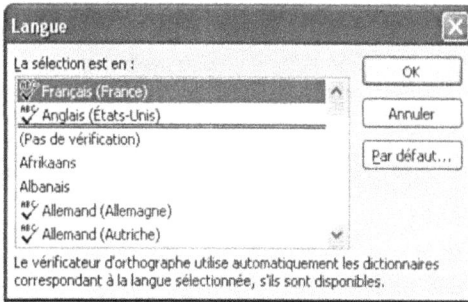

3 - CORRECTION AUTOMATIQUE

Cette fonction corrige en temps réel le texte que vous saisissez : la correction se fait dès que vous avez achevé de saisir le mot.

Pour ajouter une correction automatique à la liste :

• *Outils/Options de correction automatique*

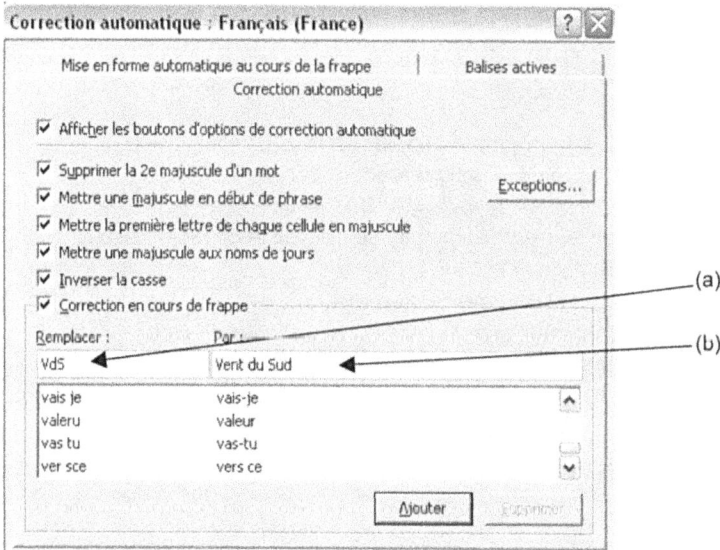

• Tapez le mot erroné en (a)

• Tapez le mot de remplacement en (b)

• Cliquez sur «Ajouter»

• Recommencez avec d'autres mots

• Cliquez sur «OK»

RECHERCHE/REMPLACEMENT

1 - RECHERCHER DU TEXTE DANS UNE PRÉSENTATION

Passez en mode Normal pour une recherche dans les diapositives, ou passez en mode Page de commentaires pour une recherche dans les commentaires.

- *Edition/Rechercher*, ou appuyez sur ⌨Ctrl⌨-**F**
- <Rechercher> : tapez le texte à rechercher
- Pour ne rechercher que les occurrences constituées par des mots entiers et non par des parties de mots, cochez ⊠*Mot entier*
- Pour limiter la recherche aux mots ayant la même casse que celui tapé dans la zone <Rechercher>, cochez ⊠*Respecter la casse*
- Cliquez sur «Suivant»

PowerPoint affiche la diapositive contenant le texte et met en surbrillance la première occurrence trouvée dans le volet de plan ou dans la diapositive, suivant l'endroit où se trouvait le curseur.

- Cliquez sur «Suivant» pour trouver l'occurrence suivante du mot recherché

Ou

- Cliquez sur «Fermer» pour mettre fin à la recherche

2 - REMPLACER DU TEXTE DANS UNE PRÉSENTATION

- Passez en mode Normal
- *Edition/Remplacer*, ou appuyez sur ⌨Ctrl⌨-**H**

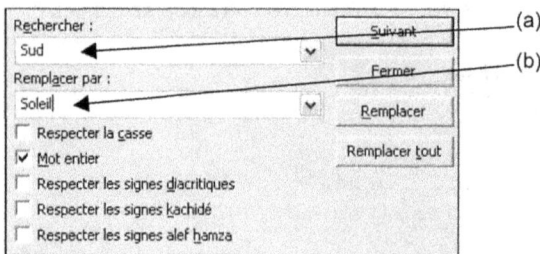

- Tapez en (a) le texte à rechercher et en (b) celui par lequel le remplacer
- Cliquez «Suivant» pour trouver la première occurrence

PowerPoint affiche la diapositive contenant le texte et le met en surbrillance dans la diapositive ou dans le volet de plan, suivant l'endroit où se trouvait le curseur. Ensuite :

– Cliquez sur «Remplacer» pour remplacer le texte trouvé.
– Cliquez sur «Suivant» pour chercher l'occurrence suivante.
– Cliquez sur «Remplacer tout» pour remplacer toutes les occurrences du mot.
– Cliquez sur «Fermer» pour mettre fin à la procédure de remplacement.

3 - REMPLACER LA POLICE

Pour remplacer une police de caractères par une autre dans toute la présentation.

- *Format/Remplacer des polices*

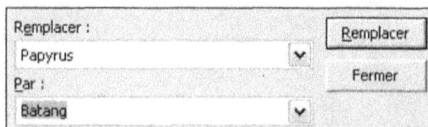

- Sélectionnez la police à remplacer et la police de remplacement
- Cliquez sur «Remplacer», puis sur «Fermer»

BIBLIOTHÈQUE DE RECHERCHE

PowerPoint ne se contente plus de vous aider pour la correction orthographique ou les synonymes. Parmi les outils qu'il vous propose se trouve une bibliothèque au vrai sens du terme, pour rechercher, bien sûr les synonymes, mais leurs traductions dans plusieurs langues.

Vous avez accès, grâce à Office Online à un choix de référence extrêmement large, comme l'encyclopédie Encarta ou MSN Money, qui vous permet d'accéder à Office Marketplace.

1 - BIBLIOTHEQUE DE RECHERCHE

Cliquez sur le bouton de la *Bibliothèque de Recherche*

Un volet de recherche se déroule, vous donnant accès à différents dictionnaires, installés par défaut avec Office.

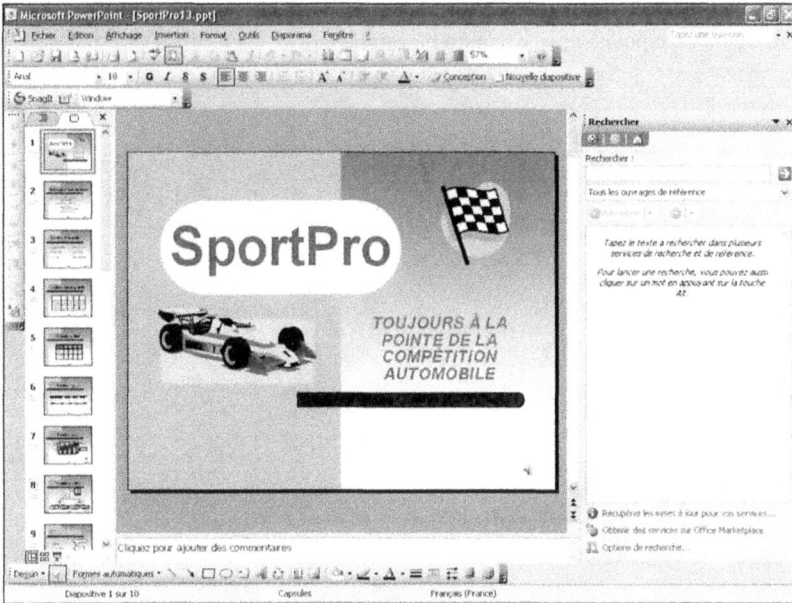

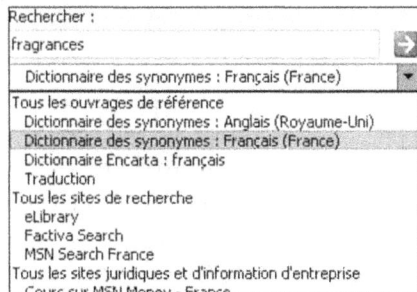

Vous pouvez utiliser le dictionnaire de votre choix, chercher des synonymes ou obtenir une traduction.

LE MODE PLAN

Un moyen rapide pour démarrer une présentation consiste à utiliser le volet de plan. Vous saisissez le texte des diapositives en revenant à la ligne entre chaque élément, puis vous les mettez en retrait les uns par rapport aux autres pour indiquer s'il s'agit d'un titre de diapositive, du premier niveau de puces, du deuxième niveau de puces, etc.

Il vous sera également possible d'importer un plan saisi dans une autre application telle que Word, ainsi que de l'exporter en tant que fichier texte (et l'utiliser dans Word).

● Ouvrez une nouvelle présentation ou une présentation existante

Par défaut, elle s'affiche en mode Normal. Sur la gauche de la diapositive, vous disposez d'un volet, toujours présent dans ce mode : le volet de plan (attention, il ne fait pas partie des seize volets Office affichés à droite).

S'il n'apparaît pas, portez le pointeur sur le bord gauche de la règle, une double flèche apparaît ◄╫►, vous permettant d'étirer ce volet par un cliquer glisser.

Ce volet comporte deux onglets, pour afficher le plan l'un sous forme de miniatures (1), l'autre sous forme de mini diapositives et de texte hiérarchisé (2).

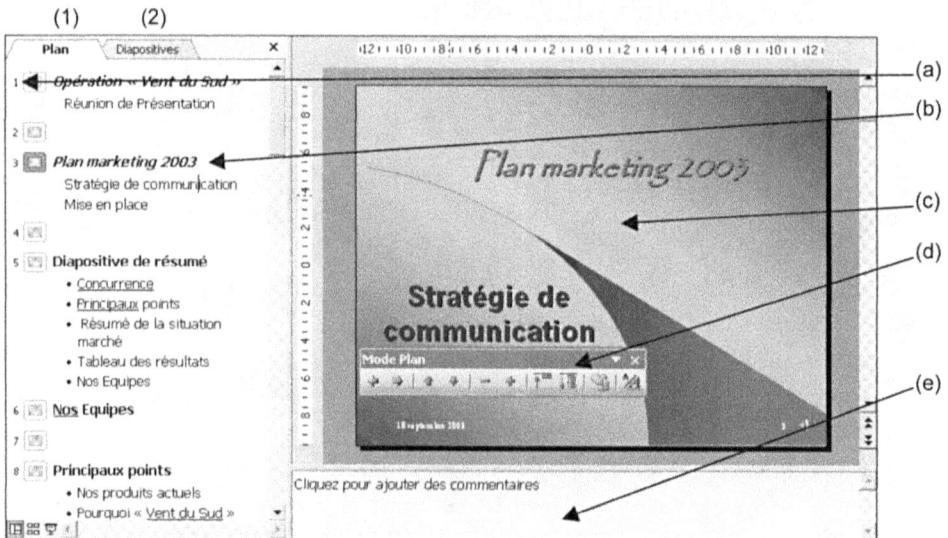

(1) Onglet affichant le plan hiérarchisé.

(2) Onglet affichant les miniatures des diapositives.

(a) Numéro de la diapositive.

(b) Zone de saisie du texte, ici le titre de la diapositive.

(c) Aperçu de la diapositive en cours.

(d) Barre d'outils *Mode Plan*.

(e) Commentaires du présentateur pour cette diapositive.

1 - SAISIR UNE NOUVELLE PRÉSENTATION SOUS FORME DE PLAN

● Dans le volet de gauche, cliquez sur l'onglet *Plan*

● Insérez le curseur à droite du numéro de la première diapositive

● Tapez le titre de la présentation

● Appuyez sur ⏎ pour aller à la ligne et créez le titre de la diapositive suivante

● Tapez le titre de la diapositive

● Appuyez sur Ctrl ⏎ pour accéder à la zone de liste à puces

● Tapez le premier élément de la liste à puces

LE MODE PLAN

- Appuyez sur ⏎ pour aller à la ligne

Puis,

- Pour passer à la diapositive suivante, appuyez sur Ctrl-⏎
- La combinaison de touche Ctrl-⏎ vous permet de basculer du niveau Titre 1 au niveau puce

Créer des retraits dans une liste à puces

Cliquez sur ce bouton dans la barre d'outils *Mode Plan*, ou appuyez sur ⭾ pour créer un sous-niveau de puces

Cliquez sur ce bouton dans la barre d'outils *Mode Plan*, ou appuyez sur ⇧-⭾ pour remonter d'un niveau hiérarchique dans une liste à puces.

2 - DÉTAIL DE LA BARRE D'OUTILS MODE PLAN.

(a) (b) (c) (d) (e) (f) (g) (h) (i) (j)

(a) Hausse le niveau des paragraphes sélectionnés.

(b) Baisse le niveau des paragraphes sélectionnés.

(c) Déplace la sélection vers le haut.

(d) Déplace la sélection vers le bas.

(e) Masque le détail des diapositives sélectionnées.

(f) Développe le détail des diapositives sélectionnées.

(g) N'affiche que les titres des diapositives.

(h) Affiche le détail de toutes les diapositives.

(i) Crée une diapositive de résumé à partir des titres des diapositives sélectionnées. elle sera placée au début de la sélection servant à ce résumé.

(j) Affiche ou masque les mises en forme du texte (les puces, les attributs, etc.).

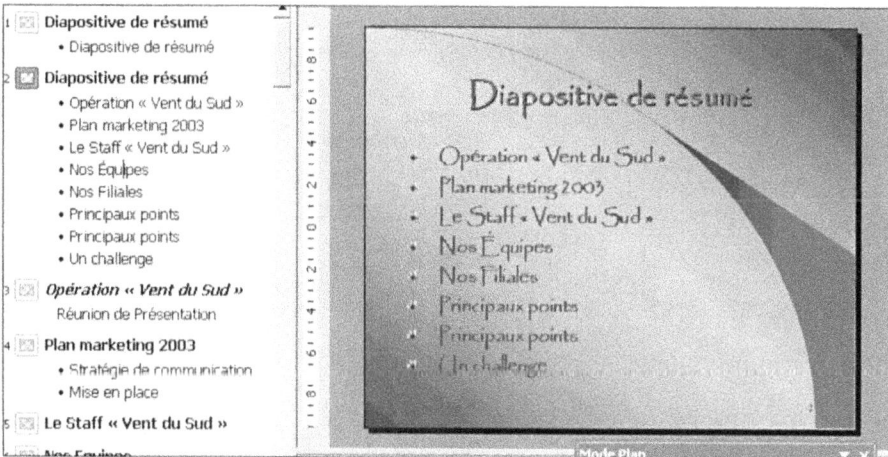

Une diapositive de résumé

Une diapositive de résumé permet d'insérer un récapitulatif des diapositives sélectionnées. Cela permet de créer un sommaire, une table des matières, ou en cours de diaporama, faire un rappel sur des points importants

On peut utiliser le volet de plan pour déplacer des paragraphes de texte et des diapositives entières.

- Ouvrez la présentation

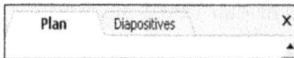

Plan	Diapositives	×

Le volet de plan comporte deux onglets : *Plan* et *Diapositives*. Chacun permet de modifier le plan.

- Cliquez sur l'un des deux onglets

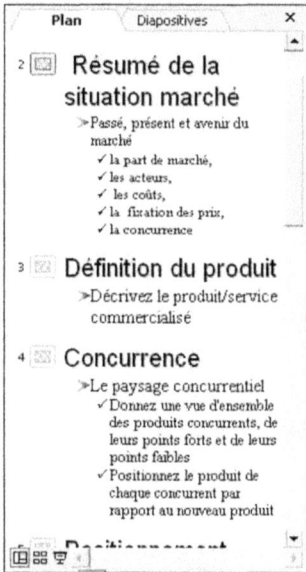

Onglet Plan

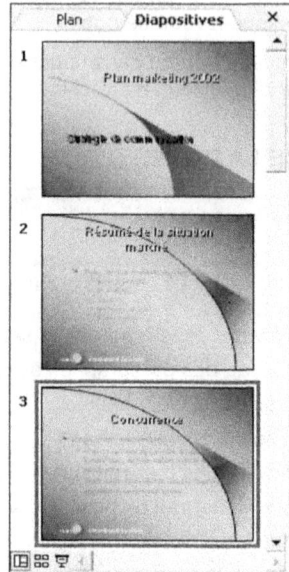

Onglet Diapositives

1 - DÉPLACER UN PARAGRAPHE ENTRE DIAPOSITIVES

- Cliquez sur l'onglet *Plan*
- Sélectionnez le paragraphe à déplacer
- Cliquez dans la sélection et faites glisser vers le haut ou vers le bas

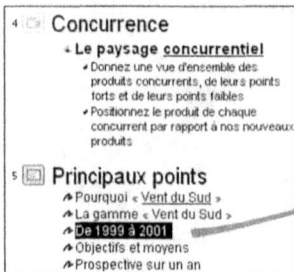

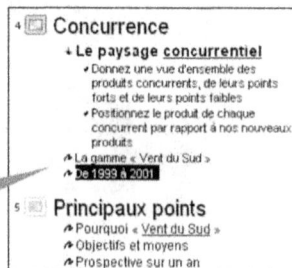

2 - DÉPLACER DES DIAPOSITIVES ENTIÈRES

- Cliquez sur l'icône qui précède le titre de la diapositive et faites-la glisser vers le haut ou vers le bas

Ou

Utilisez les boutons de déplacement de la barre d'outils.

IMPORTER/EXPORTER UN PLAN

1 - IMPORTER UN PLAN DANS UNE NOUVELLE PRÉSENTATION

PowerPoint permet d'importer le plan d'une présentation s'il a été saisi dans un fichier au format Word (.doc), RTF (.rtf), Texte (.txt), HTML (.htm ou .html), etc.

Pour indiquer le niveau des textes (titre de diapositive, premier niveau de puces, second niveau de puces), il suffit de créer des retraits à l'aide de la touche 🔄. Dans Word, vous devez indiquer les niveaux en appliquant aux textes les styles prédéfinis *Titre 1*, *Titre 2* et *Titre 3*.

📂 Cliquez sur ce bouton dans la barre d'outils *Standard*, ou *Fichier/Ouvrir*, ou appuyez sur ⌨Ctrl-**O**.

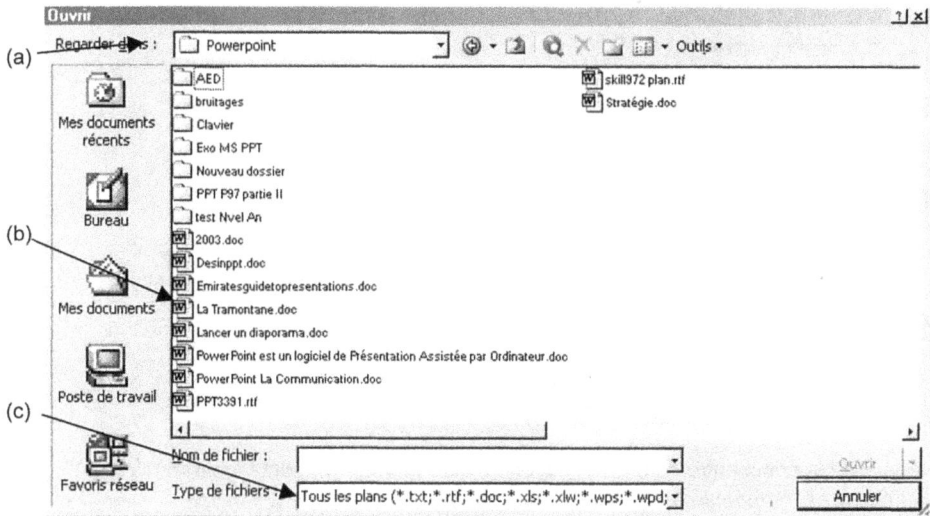

- Ouvrez en (a) le dossier contenant le plan à importer
- Sélectionnez *Tous les plans* en (c)
- Sélectionnez en (b) le nom du fichier contenant le plan à importer
- Cliquez sur «Ouvrir»

Le contenu du fichier est importé et affiché en mode Normal.

2 - INSÉRER UN PLAN DANS UNE PRÉSENTATION EXISTANTE

Le fichier externe doit être au format Word (.doc), RTF (.rtf), Texte (.txt), HTML (.htm ou .html), etc.

- Ouvrez la présentation dans laquelle insérer le plan
- Sélectionnez ou affichez la diapositive après laquelle on souhaite importer le plan
- *Insertion/Diapositives à partir d'un plan*
- <Type de fichiers> : sélectionnez *Tous les plans*
- Sélectionnez le nom du fichier contenant le plan
- Cliquez sur «Insertion»

3 - EXPORTER UN PLAN À PARTIR DE WORD

Si l'on a saisi un plan dans Word, ce traitement de texte propose une commande pour l'exporter directement vers PowerPoint.

- Tapez le plan dans un document Word

- Précisez les niveaux en appliquant les styles *Titre 1*, *Titre 2* et *Titre 3* aux paragraphes
- *Fichier/Envoyer vers/Microsoft PowerPoint*

PowerPoint est lancé et le plan exporté apparaît en mode Normal.

4 - EXPORTER UN PLAN VERS WORD

- Ouvrez la présentation, par défaut en mode Normal
- *Fichier/Envoyer vers/Microsoft Word*

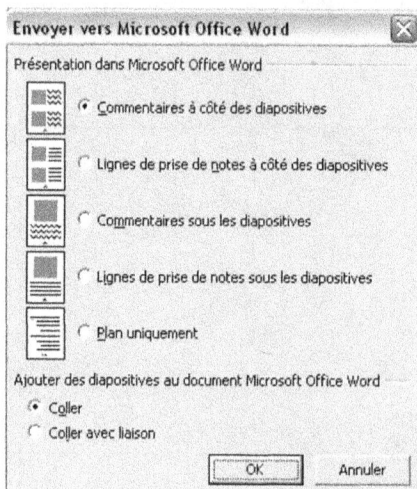

Envoyer vers Microsoft Office Word

Présentation dans Microsoft Office Word

- ⦿ Commentaires à côté des diapositives
- ○ Lignes de prise de notes à côté des diapositives
- ○ Commentaires sous les diapositives
- ○ Lignes de prise de notes sous les diapositives
- ○ Plan uniquement

Ajouter des diapositives au document Microsoft Office Word
- ⦿ Coller
- ○ Coller avec liaison

OK   Annuler

- Vous avez le choix entre différentes façons d'insérer votre présentation dans Word
- Ici : cochez ○*Plan uniquement*
- Cliquez sur «OK»

Word est lancé, un nouveau document est créé et le plan y est inséré :

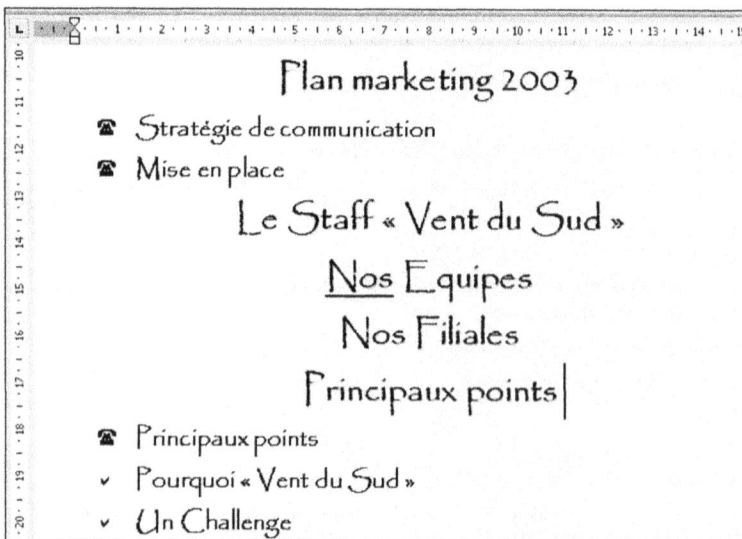

Plan marketing 2003

☎ Stratégie de communication
☎ Mise en place

Le Staff « Vent du Sud »

Nos Equipes

Nos Filiales

Principaux points|

☎ Principaux points
  ✔ Pourquoi « Vent du Sud »
  ✔ Un Challenge

- Enregistrez et imprimez ce document
- Quittez Word pour revenir à PowerPoint

CRÉER UN ALBUM PHOTO

PowerPoint vous permet de créer un album photo afin de visualiser et présenter une série de photos et les faire défiler en diaporama, avec mise en forme et légende. Les images pourront provenir d'un CD-Rom, d'un scanneur ou de votre appareil photo numérique.

Créer

Lorsque, dans le volet Office vous demandez de créer une nouvelle présentation, vous obtenez un deuxième volet : *Nouvelle présentation*

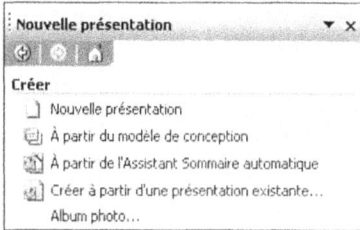

- Cliquez sur *Album photo*

Vous obtenez une boite de dialogue qui vous permettra d'insérer vos photos et de les mettre en forme. Vous avez même la possibilité (simpliste) de travailler *sur* la photo elle-même.

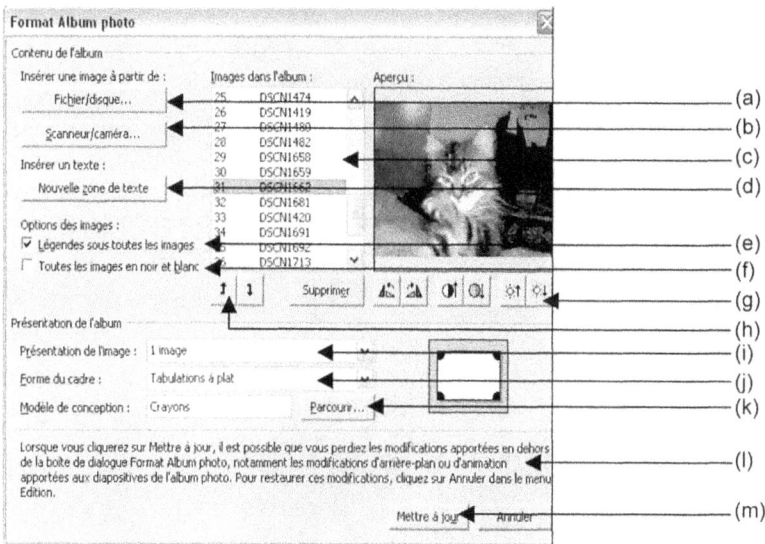

(a) Accès au disque dur ou CD-Rom.

(b) Accès au scanneur /appareil photo.

(c) Intitulé des photos (légende par défaut).

(d) Insertion d'une diapositive de texte.

(e) Insertion de légende.

(f) Transforme les photos en noir et blanc.

(g) Barre d'outil photo.

(h) Permet de changer l'ordre des photos.

(i) Défini le nombre de photo par diapositive

(j) Défini les encadrements des photos.

(k) Permet de choisir un modèle de conception.

(l) Avertissement important.

(m) Mise à jour.

A partir de fichiers stockés sur un disque :

- Cliquez sur le bouton : *Fichier/disque*
- Sélectionnez le dossier, puis les fichiers photo que vous voulez charger

Elles viendront s'insérer dans la fenêtre (c).

CRÉER UN ALBUM PHOTO

- Si nécessaire, rectifiez l'ordre des photos en (h)
- Modifiez la luminosité, le contraste, et l'orientation en (i)
- Choisissez le nombre d'image par diapositive en (j)
- Cliquez sur «Créer»

Attention : *Ajuster à la diapositive* ne permet ni les cadres ni les modèles de conception.

A partir d'un scanneur ou appareil photo numérique

Remarque : vérifiez bien que votre périphérique est compatible TWAIN ou CIA et que le logiciel de ce périphérique prend bien en compte TWAIN et CIA.

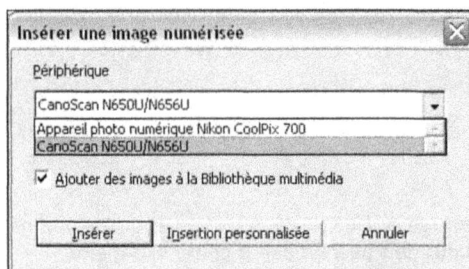

- Choisissez votre outil d'acquisition d'image.
- Cliquez sur *insertion personnalisée*
- Suivez alors les instructions de votre logiciel d'acquisition d'images

Votre photo se trouvera intégrée à la présentation.

Modifiez l'album photo

Pour que vos modifications soient prises en compte dans votre *Album photo*, il faut que vous fassiez vos modifications en passant le menu de l'album photo. *Format/Album photo*, et cela pour : déplacer des images, supprimer des images, ajouter des légendes à vos photos, faire pivoter une image dans l'album, ajuster contraste et luminosité.

En fait, tout ce qui ressort de la boite de dialogue, et de l'action de mise à jour.

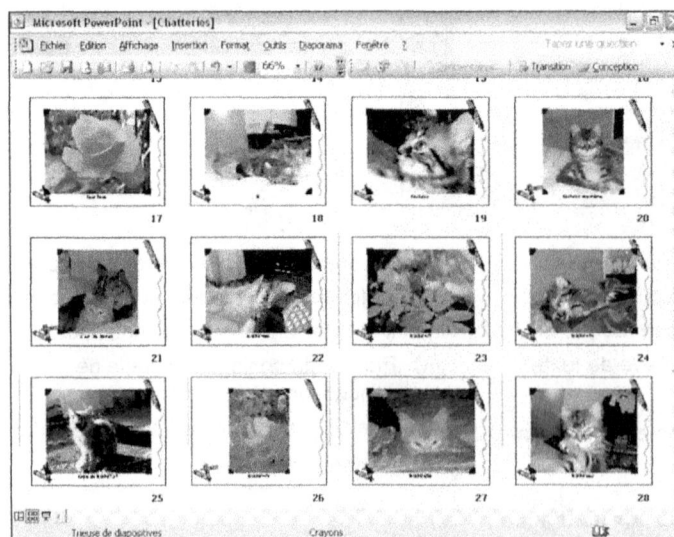

Les modifications que vous pourriez faire par la suite directement dans PowerPoint ne seront pas prises en compte lors de la prochaine mise à jour.

ORGANISER LA PRÉSENTATION

4

OUVRIR/FERMER UNE PRÉSENTATION

Ouvrir une présentation consiste à récupérer une présentation ayant déjà été enregistrée. PowerPoint affichera un message d'alerte si la présentation à ouvrir comporte des macros susceptibles de contenir des virus. Fermer une présentation consiste à la retirer de l'écran (donc de la mémoire vive) une fois qu'elle a été enregistrée.

1 - OUVRIR UNE PRÉSENTATION

Windows XP permet maintenant d'utiliser la barre des tâches de Windows, non seulement de basculer d'application, mais aussi, pour passer d'un fichier à l'autre si l'on a ouvert plusieurs présentations dans PowerPoint.

Au lancement de PowerPoint

Le volet Office *Nouvelle présentation* s'affiche automatiquement. Si la présentation à ouvrir est l'une des quatre dernières à avoir été utilisée :

• Dans la partie supérieure du volet Office, cliquez sur le nom de la présentation à ouvrir

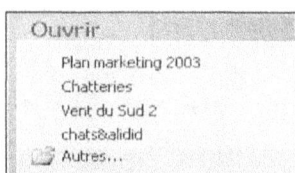

```
Ouvrir
    Plan marketing 2003
    Chatteries
    Vent du Sud 2
    chats&alidid
    Autres...
```

Si ce n'est pas le cas :

• Cliquez sur le lien *Autres …*
• Procédez comme exposé ci-dessous

En cours de session

Si la présentation à ouvrir est l'une des quatre dernières à avoir été utilisée :

• Déroulez le menu *Fichier*
• En bas de ce menu, cliquez sur le nom de la présentation à ouvrir

Remarque : vous pouvez modifier le nombre de documents apparaissant en bas de ce menu en passant la commande *Outils/Options*, sous l'onglet *Général*, dans la zone <Derniers fichiers utilisés>.

Si ce n'est pas le cas :

Cliquez sur ce bouton dans la barre d'outils *Standard*, ou *Fichier/Ouvrir*, ou appuyez sur Ctrl-**O**.

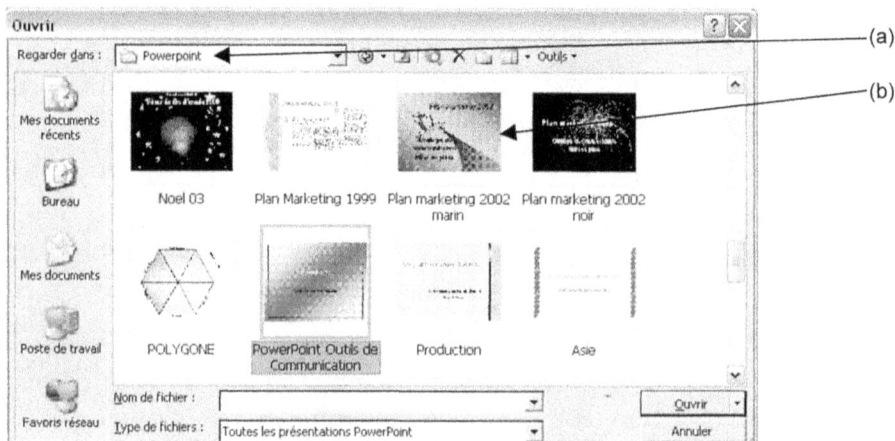

OUVRIR/FERMER UNE PRÉSENTATION

Sélectionnez le disque sur lequel se trouve la présentation

- Double-cliquez en (a) sur le dossier contenant la présentation (répétez l'opération si la présentation se trouve dans un sous-dossier du dossier précédent)
- Sélectionnez en (b) la présentation à ouvrir
- Cliquez sur «Ouvrir» ou double-cliquez sur l'icône de votre fichier.

Remarque :

A l'aide de ce bouton en (b), vous pouvez modifier l'affichage de la liste des fichiers.

Boutons de navigation

La partie gauche du dialogue précédente affiche des icônes qui sont des raccourcis vers des dossiers souvent utilisés. Cliquez sur l'un de ces boutons pour en afficher le contenu.

Mes documents récents	Affiche la liste des dernières présentations utilisées.
Poste de travail	Permet de retrouver l'arborescence de tous vos dossiers
Bureau	Affiche la liste des présentations, des dossiers et des raccourcis vers des présentations présents sur le bureau de Windows.
Mes documents	Affiche la liste des présentations présentes dans le dossier *Mes documents*, le dossier d'enregistrement proposé par défaut par les applications Office.
Favoris réseau	Permet de retrouver vos présentations et sites favoris, au travers du réseau.

Types d'ouverture

Une petite flèche est associée au bouton «Ouvrir». Elle déroule une liste d'options qui permettent d'ouvrir la présentation sélectionnée, de l'ouvrir en lecture seule, d'en ouvrir une copie, ou de l'ouvrir dans un navigateur Web s'il s'agit d'une page Web.

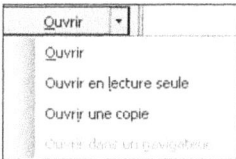

La barre d'outils du dialogue Ouvrir

Cette boîte de dialogue est très similaire à la boîte de dialogue *Enregistrer*, en particulier sa barre d'outils. Seul le titre de cette boîte diffère.

2 - FERMER UNE PRÉSENTATION

- *Fichier/Fermer*, ou cliquez sur la case de fermeture de la fenêtre de la présentation

Case de fermeture

Si la présentation a été modifiée et pas sauvegardée, un message propose de l'enregistrer :

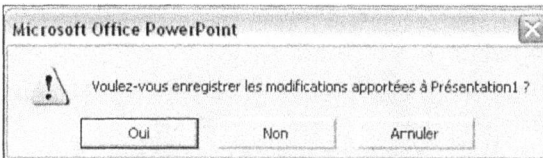

- Cliquez sur «Oui»

MISE EN PAGE, APERÇU ET IMPRESSION

La mise en page permet de modifier les dimensions, l'orientation et le numéro de départ de la numérotation des diapositives, en vue d'une impression.

1 - MISE EN PAGE

- *Fichier/Mise en page*

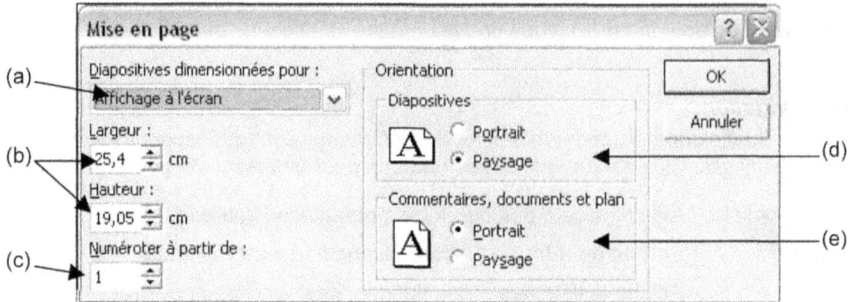

(a) Format de la diapositive.

(b) Largeur et hauteur personnalisée pour les diapositives.

(c) Pour commencer la numérotation des diapositives à partir d'un nombre autre que le chiffre 1.

(d) Orientation des diapositives.

(e) Orientation des pages de commentaires, du plan et des documents.

- Faites vos choix et cliquez «OK»

2 - APERÇU DE LA PRÉSENTATION EN ÉCHELLE DE GRIS

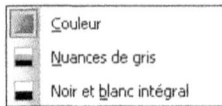

Dans les barres d'outils en mode Normal et en mode Trieuse de diapositives, le bouton ci-dessus (barre d'outils *standard*), permet de choisir entre des couleurs, des nuances de gris, ou le noir et blanc (ce qui revient alors à n'afficher que les contours des traits et des objets).

3 - APERÇU AVANT IMPRESSION

Cliquez sur ce bouton dans la barre d'outils *Standard*, ou *Fichier/Aperçu avant impression*.

- Faites défiler les diapositives à l'aide des touches ⬆ et ⬇
- Cliquez sur «Fermer» dans la barre d'outils pour terminer

4 - IMPRESSION DE LA PRÉSENTATION

Types de documents imprimables

Il existe plusieurs types de documents que l'on peut imprimer. Les options varient en fonction de l'existence ou non des diapositives comportant des animations.

– Diapositives : imprime une diapositive par page avec le format défini dans la mise en page.

– Documents : imprime au choix deux, trois, quatre, six ou neuf diapositives par page.

– Mode Plan : imprime le plan de la présentation. La taille des polices de caractères à l'impression est déterminée par l'échelle d'affichage définie lors de l'affichage du plan.

– Pages de commentaires : imprime sur une page chaque diapositive et ses commentaires.

MISE EN PAGE, APERÇU ET IMPRESSION

Lancer l'impression

Cliquez sur ce bouton dans la barre d'outils *Standard* pour lancer l'impression de la présentation avec la mise en forme du mode en cours, sans passer par un dialogue.

Ou

- *Fichier/Imprimer*, ou appuyez sur [Ctrl]-**P**

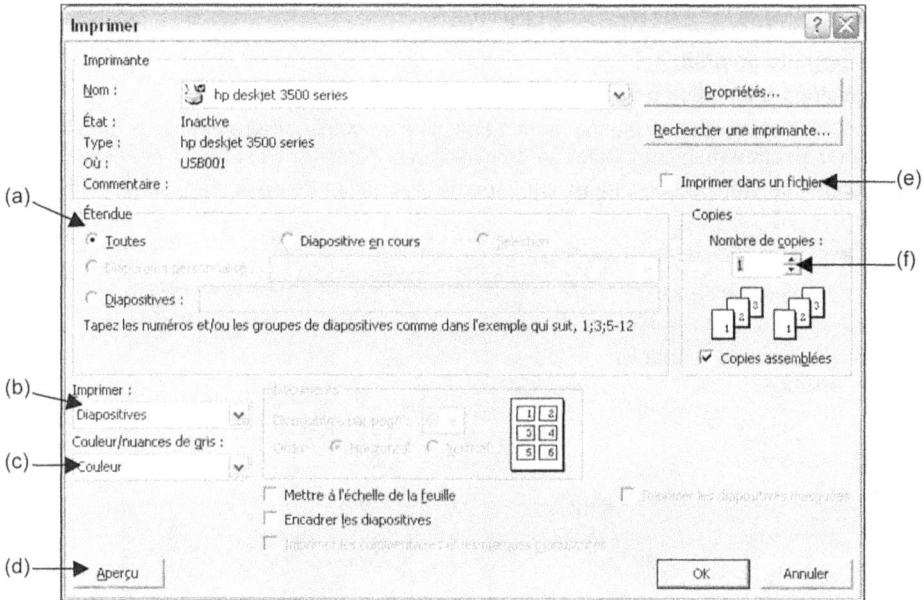

(a) Étendue de l'impression : toute la présentation, la diapositive ou la page affichée, une sélection de diapositives ou de pages.

(b) Ce qui doit être imprimé : diapositives, documents, pages de commentaires ou le plan. Si l'on sélectionne *Documents*, préciser à droite le nombre de diapositives par page (au choix : deux, trois, quatre, six ou neuf diapositives) et l'ordre d'impression.

(c) Choix de la couleur de l'impression : couleur, nuances de gris ou noir et blanc.

(d) Aperçu avant impression.

(e) Pour imprimer dans un fichier : le nom du fichier sera réclamé dans une boîte de dialogue suivante. Ceci permet de pouvoir imprimer la présentation à partir d'un poste sur lequel PowerPoint n'est pas installé.

(f) Nombre d'exemplaires.

Options diverses

- ☒*Copies assemblées* : dans le cas d'une impression en plusieurs exemplaires, cocher cette case pour imprimer un premier exemplaire complet, puis un deuxième, etc.

- ☒*Imprimer les diapositives masquées* : pour imprimer des diapositives que vous avez signalées comme masquées.

- ☒*Mettre à l'échelle de la feuille* : pour que les images des diapositives remplissent la page lorsqu'elles seront imprimées.

- ☒*Encadrer les diapositives* : pour ajouter un cadre autour de la bordure des diapositives imprimées afin de les mettre en valeur. Cette option s'applique aux documents, aux pages de commentaires et aux diapositives.

- Faites vos choix
- Cliquez sur «OK»

MANIPULER LES DIAPOSITIVES

Lors de l'élaboration d'une présentation, vous pouvez être amené à insérer ou à supprimer une nouvelle diapositive, ou encore à modifier l'ordre des diapositives. Cela peut se faire dans les divers modes d'affichage. Il sera également possible d'annoter les diapositives à l'aide de commentaires apparaissant sous la forme de petits Post-it™, ainsi que d'importer certaines diapositives appartenant à une autre présentation.

1 - DÉPLACEMENTS ENTRE DIAPOSITIVES

Avec les onglets de plan

• Ouvrez votre présentation en mode Normal

Par défaut, vous visualisez à gauche de la diapositive un volet comprenant deux onglets : l'un affiche la présentation sous la forme de miniatures, l'autre sous la forme d'un plan.

• Sous l'onglet de votre choix, cliquez sur le numéro/la miniature de la diapositive à afficher

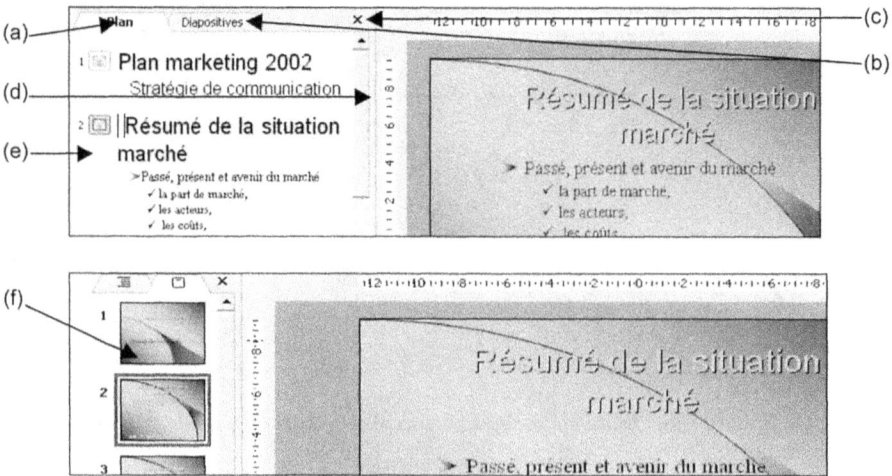

(a) Onglet affichant le plan de la présentation.

(b) Onglet affichant les diapositives sous la forme de miniatures.

(c) Fermeture du volet de plan.

(d) Séparation avec la diapositive sélectionnée, permettant d'élargir ou de rétrécir le volet de plan.

(e) Mini diapositive et texte hiérarchisé.

(f) Miniatures des diapositives.

Avec l'ascenseur vertical de la diapositive

• Cliquez sur l'un de ces boutons au pied de la barre de défilement vertical

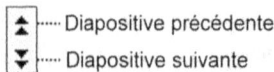

[↑]·····Diapositive précédente

[↓]·····Diapositive suivante

Ou

• Cliquez et faites glisser l'ascenseur dans la barre de défilement vertical : un cadre affiche le numéro de la diapositive qui sera affichée à l'écran si vous relâchez le bouton de la souris

Avec les raccourcis clavier

‒ Première diapositive [Ctrl]-[↖]   ‒ Diapositive suivante [⬇]

‒ Dernière diapositive [Ctrl]-[Fin]   ‒ Diapositive précédente [⬆]

MANIPULER LES DIAPOSITIVES

2 - MANIPULER LES DIAPOSITIVES EN MODE NORMAL

Insérer une nouvelle diapositive

| Nouvelle diapositive | Cliquez sur ce bouton dans la barre d'outils *Standard*, ou *Insertion/Nouvelle diapositive*, ou appuyez sur Ctrl-**M**.

Vous obtenez par défaut une diapositive de type *<Titre + Texte>*, et la liste des choix de mises en page s'affiche dans le volet Office.

• Dans le volet Office, cliquez sur un type de mise en page

Supprimer une diapositive

• Sélectionnez la dans le volet plan ou en mode trieuse
• *Edition/Supprimer la diapositive*, ou appuyez sur Suppr

Dupliquer une diapositive

• Affichez la diapositive à dupliquer
• *Insertion/Dupliquer la diapositive* (la copie est insérée à la suite de la diapositive originale)

3 - MANIPULER LES DIAPOSITIVES EN MODE TRIEUSE DE DIAPOSITIVES

Ce mode donnant une vue globale de la présentation, il est pratique pour manipuler les diapositives.

Insérer une nouvelle diapositive

• Cliquez sur la diapositive à la suite de laquelle vous voulez insérer la nouvelle
• Agissez comme en mode Normal

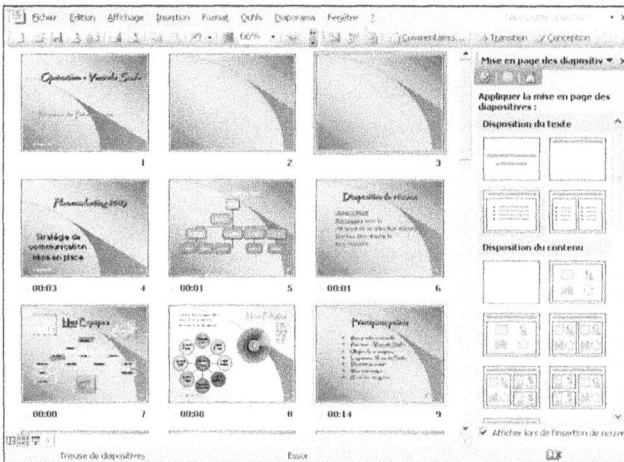

• Dans le volet Office, cliquez sur un type de mise en page

Supprimer une diapositive

• Cliquez sur la diapositive à supprimer
• *Edition/Supprimer la diapositive*, ou appuyez sur Suppr

Déplacer une diapositive

• Cliquez sur la diapositive et faites-la glisser vers un nouvel emplacement

Dupliquer une diapositive

• Cliquez sur la diapositive à dupliquer pour la sélectionner
• *Insertion/Dupliquer la diapositive* (la copie est insérée à la suite de la diapositive originale)

4 - MANIPULER LES DIAPOSITIVES À L'AIDE DU VOLET DE PLAN

Insérer une nouvelle diapositive

Dans le volet gauche, cliquez sur l'icône associée à la diapositive à la suite de laquelle vous désirez insérer la nouvelle diapositive.

Cliquez sur ce bouton dans la barre d'outils *Standard*, ou *Insertion/Nouvelle diapositive*, ou appuyez sur Ctrl-**M**.

* Dans le volet Office, cliquez sur un type de mise en page

Supprimer une diapositive

Cliquez sur l'icône associée à la diapositive à supprimer.

* *Edition/Supprimer la diapositive*, ou appuyez sur Suppr

Déplacer une diapositive

Cliquez et faites glisser l'icône associée à la diapositive vers le haut ou vers le bas, jusqu'à son nouvel emplacement. Vous serez guidé par un trait horizontal.

Dupliquer une diapositive

Cliquez sur l'icône associée à la diapositive à dupliquer.

* *Insertion/Dupliquer la diapositive*

La copie est insérée à la suite de la diapositive originale.

5 - ANNOTER UNE DIAPOSITIVE

Lorsqu'on visualise une présentation en mode Normal, on peut insérer des commentaires directement sur les diapositives. Ils apparaîtront sous la forme de notes affichées dans des cadres en couleur précisant le nom de l'auteur et la date.

* En mode Normal, affichez la diapositive dans laquelle ajouter un commentaire

Cliquez sur ce bouton dans la barre d'outils *Révision*, ou *Insertion/Commentaire*.

Les commentaires apparaissent dans des cadres colorés. Vous pouvez déplacer, redimensionner et mettre en forme le texte et les zones de commentaires, exactement comme on le ferait avec n'importe quel objet.

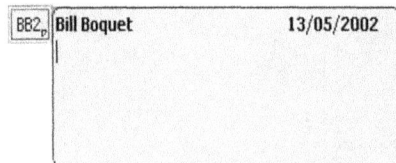

| BB2 | Bill Boquet | 13/05/2002 |

* Tapez votre commentaire et cliquez à l'extérieur du cadre pour terminer
* Déplacez le commentaire en cliquant dessus et en le faisant glisser

6 - IMPORTER TOUT OU UNE PARTIE D'UNE PRÉSENTATION EXISTANTE

Dans tous les modes d'affichage, vous pouvez insérer dans la présentation courante certaines diapositives appartenant à une autre présentation.

* Sélectionnez la diapositive après laquelle vous désirez importer une ou plusieurs diapositives existantes
* *Insertion/Diapositives à partir d'un fichier*
* Cliquez sur «Parcourir»

MANIPULER LES DIAPOSITIVES

- Sélectionnez le dossier dans lequel se trouve la présentation contenant les diapositives à importer
- Sélectionnez le nom de la présentation
- Cliquez sur «Ouvrir»

- Sélectionnez les diapositives que vous souhaitez importer en cliquant dessus
- Cliquez sur «Insérer»
- Cliquez sur «Fermer»

Ou, pour importer l'intégralité de la présentation :
- Cliquez sur «Tout insérer»
- Cliquez sur «Fermer»

Remarque :

Le dialogue précédent propose deux types d'affichage pour les diapositives pouvant être importées : les diapositives (illustration ci-dessus) ou les titres :

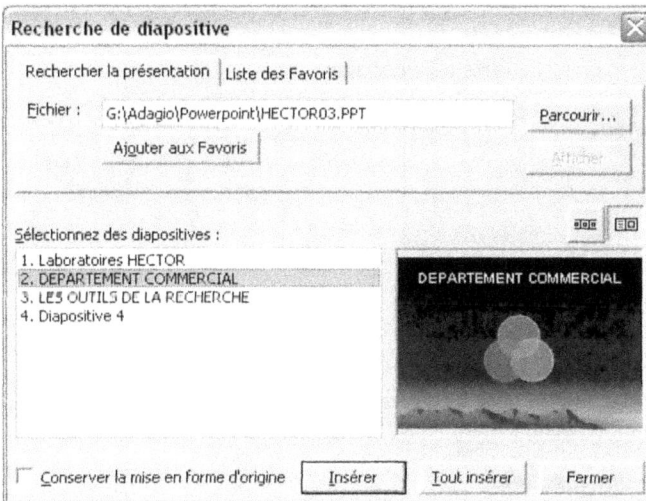

GESTION DES PRÉSENTATIONS

1 - AFFICHAGE ET SÉLECTION DES PRÉSENTATIONS

Cliquez sur ce bouton dans la barre d'outils *Standard*, ou *Fichier/Ouvrir*, ou appuyez sur Ctrl-**O**.

- Déroulez la liste *<Regarder dans>* et sélectionnez le disque contenant la présentation
- Double-cliquez sur le dossier contenant la présentation

Pour sélectionner plusieurs présentations

Si elles sont à la suite les unes des autres :
- Cliquez sur la première
- Maintenez appuyée la touche ⇧
- Cliquez sur la dernière présentation que vous voulez sélectionner

Sinon :
- Cliquez sur le nom de la première présentation à sélectionner
- Maintenez appuyée la touche Ctrl
- Cliquez successivement sur chacune des autres présentations à sélectionner

2 - MANIPULER LES PRÉSENTATIONS

Ouvrir plusieurs présentations
- Sélectionnez les présentations
- Cliquez sur «Ouvrir»

Remarque : si, dans la boite de dialogue *Ouvrir* vous avez sélectionné un affichage de type *Aperçu* à l'aide de la barre d'outils, PowerPoint vous proposera un aperçu rapide dans la partie droite du dialogue. L'aperçu peut parfois ne pas apparaître : c'est que votre présentation a été créée dans une version ancienne de PowerPoint, dans un format que l'aperçu ne sait pas lire. Vous pourrez cependant ouvrir la présentation normalement.

Lancer l'impression de plusieurs présentations sans les ouvrir
- Sélectionnez les présentations
- Clic-droit sur l'une d'entre elles, puis cliquez sur *Imprimer*

Les présentations se fermeront au fur et à mesure qu'elles seront imprimées. Pensez à la taille de la mémoire vive avant d'ouvrir plusieurs présentations importantes en même temps.

Supprimer des présentations
- Sélectionnez les présentations
- Clic-droit sur l'une d'entre elles, puis cliquez sur *Supprimer*

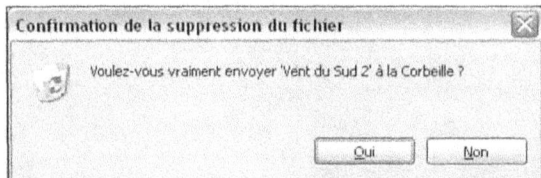

Confirmation de la suppression du fichier

Voulez-vous vraiment envoyer 'Vent du Sud 2' à la Corbeille ?

Oui   Non

- Cliquez sur «Oui»

Renommer une présentation
- Clic-droit sur le nom de la présentation, puis cliquez sur *Renommer*
- Tapez un nouveau nom et appuyez sur ↵

Copier une présentation sur une disquette
- Clic-droit sur le nom de la présentation, puis cliquez sur *Envoyer vers/Disquette 3½ (A:)*

ENREGISTRER UNE PRÉSENTATION

1 - LA PREMIÈRE SAUVEGARDE

Cliquez sur ce bouton dans la barre d'outils *Standard*, ou *Fichier/Enregistrer*, ou appuyez sur Ctrl-**S**.

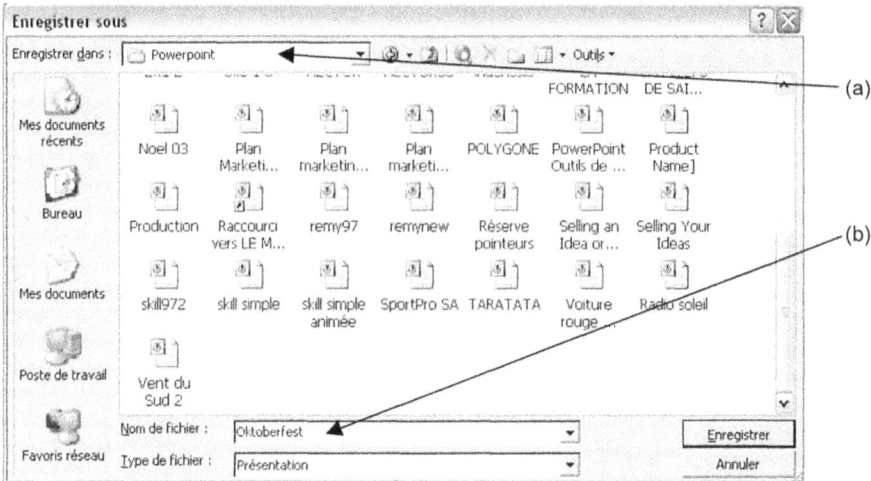

- Sélectionnez en (a) une unité de disque, puis le dossier dans lequel vous voulez enregistrer la présentation
- Tapez un nom pour la présentation en (b) : ce nom peut contenir jusqu'à 255 caractères, y compris des espaces

Vous pouvez demander à ce que la présentation s'enregistre avec toutes les polices de caractères utilisées, ce qui assure la parfaite restitution de la présentation, indépendamment de la configuration du poste sur lequel le diaporama sera lancé. Pour cela :

- Dans la barre d'outils, cliquez sur «Outils», puis sur *Options d'enregistrement*
- Cochez ☒*Incorporer des polices TrueType*
- Cliquez sur «OK»
- Puis, pour terminer : cliquez sur «Enregistrer»

Détails de la barre d'outils

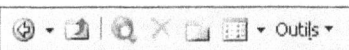

(a) (b) (c) (d) (e) (f) (g)

(a) Dossier précédemment affiché.

(b) Pour remonter d'un niveau dans l'arborescence des dossiers.

(c) Ouvre la page de recherche d'Internet Explorer.

(d) Supprime la présentation sélectionnée.

(e) Crée un dossier.

(f) Options d'affichage pour la liste des présentations.

(g) Outils divers : ajout du document aux *Favoris*, impression, propriétés du document, etc.

2 - LES SAUVEGARDES SUIVANTES

Cliquez sur ce bouton dans la barre d'outils Standard, ou Fichier/Enregistrer, ou appuyez sur Ctrl-**S**.

Aucune boîte de dialogue n'est affichée dans ce cas et la version actuellement à l'écran remplace le contenu de la dernière sauvegarde.

ENREGISTRER UNE PRÉSENTATION

3 - ENREGISTRER SOUS UN AUTRE NOM OU DANS UN AUTRE DOSSIER

- *Fichier/Enregistrer sous*
- Modifiez le nom de la présentation ou sélectionnez un autre dossier
- Cliquez sur «Enregistrer»

4 - OPTIONS D'ENREGISTREMENT

- *Outils/Options*, puis cliquez sur l'onglet *Enregistrement*

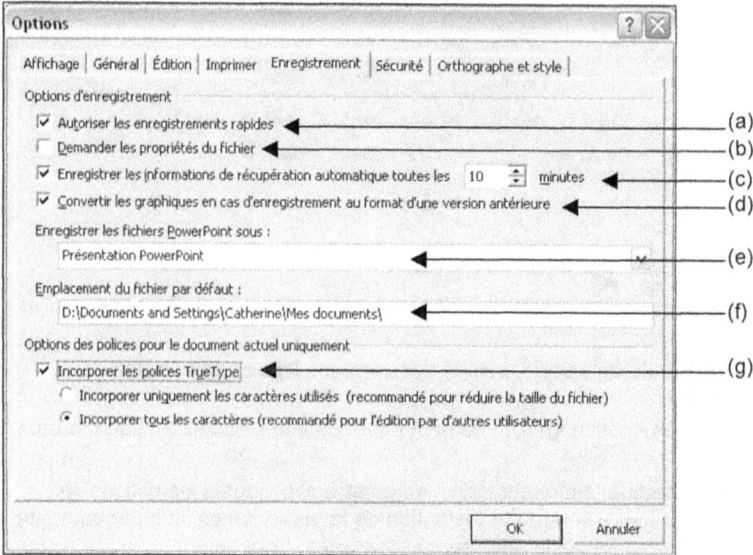

(a) Pour n'enregistrer que les modifications effectuées depuis la dernière sauvegarde.
(b) Active la boite de dialogue permettant de définir les propriétés du fichier.
(c) Active la fonction d'enregistrement automatique. Précisez la fréquence souhaitée.
(d) Autorise la conversion des graphiques lors de l'enregistrement sous une version antérieure.
(e) Format d'enregistrement par défaut pour les présentations.
(f) Dossier d'enregistrement par défaut pour les présentations.
(g) Enregistre les polices TrueType avec la présentation.

- Faites vos choix et cliquez sur «OK»

5 - LE RÉSUMÉ

Le résumé permet de saisir des informations au sujet de la présentation en cours. Ces informations pourront être utilisées pour effectuer des recherches.

Imposer le résumé

Pour que le résumé s'affiche lors du premier enregistrement d'une présentation.

- *Outils/Options*, puis cliquez sur l'onglet *Enregistrement*
- Cochez ⊠*Demander les propriétés du fichier*
- Cliquez sur «OK»

Par la suite, pour réviser son contenu

- *Fichier/Propriétés*, puis cliquez sur l'onglet *Résumé*
- Saisissez les informations décrivant la présentation

ENREGISTRER EN TANT QUE PAGE WEB

Les présentations créées avec PowerPoint peuvent être enregistrées en tant que pages Web, c'est-à-dire au format HTML (fichiers ayant l'extension .htm ou .html). Ce format est celui utilisé sur Internet et sur les réseaux intranet. Aussi, une fois convertie au format HTML, une présentation PowerPoint peut être publiée sur un serveur Web Internet ou sur un serveur Web intranet et mise à la disposition d'autres personnes.

D'autre part, un document au format HTML pouvant être affiché par n'importe quel navigateur Web (Internet Explorer ou Netscape Navigator, par exemple), la présentation pourra être consultée par des utilisateurs ne disposant pas de PowerPoint sur leur poste.

1 - APERÇU DE LA PAGE WEB

Pour visualiser ce que donnerait une présentation si elle était convertie au format HTML.

- Ouvrez la présentation
- *Fichier/Aperçu de la page Web*

Votre navigateur Web est lancé et le résultat affiché :

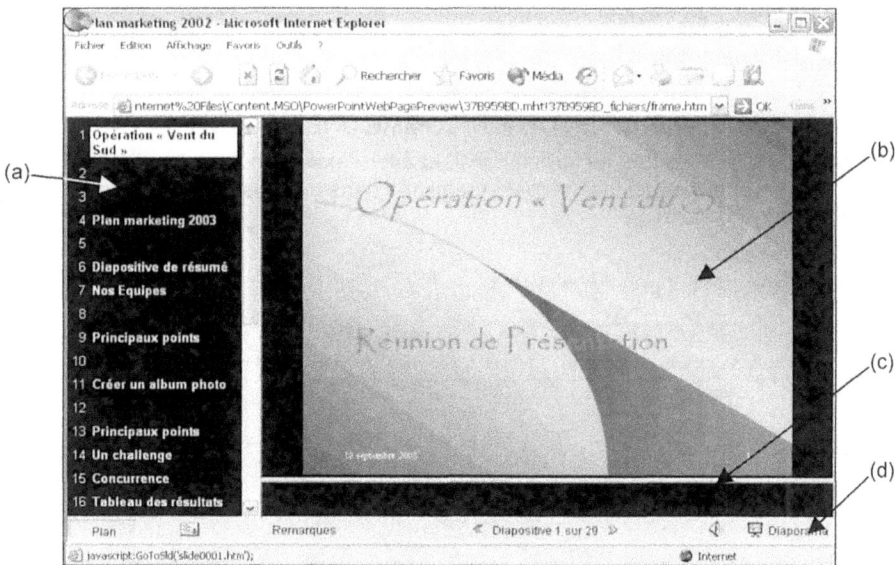

(a) Volet de navigation : il rappelle le titre de chaque diapositive de la présentation. Il suffit de cliquer sur l'un de ces titres pour visualiser la diapositive en question en (b).

(b) Diapositive.

(c) Commentaires associés à cette diapositive, s'il y en a.

(d) Barre d'information et actions diverses.

Remarque : la taille des divers panneaux de la page Web (navigation, diapositive et commentaires) est modifiable. Il suffit de cliquer sur l'une des barres de séparation et de faire glisser avec le curseur dans le sens des flèches.

Détail de la barre d'outils

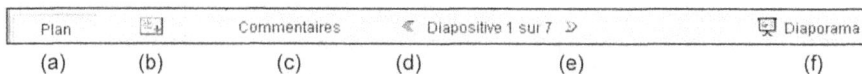

Plan		Commentaires	Diapositive 1 sur 7		Diaporama
(a)	(b)	(c)	(d)	(e)	(f)

(a) Afficher/Masquer le panneau de navigation.

(b) Développer/Réduire le plan.

(c) Afficher/Masquer les commentaires.

(d) Diapositive précédente.

(e) Diapositive suivante.

(f) Lancer le diaporama.

2 - OPTIONS WEB

Pour effectuer certains choix qui interviendront lors de la création de pages Web à partir d'une présentation : couleur du fond, taille de la fenêtre, police et taille des caractères, etc.

- *Outils/Options*, puis cliquez sur l'onglet *Général*
- Cliquez sur «Options Web»

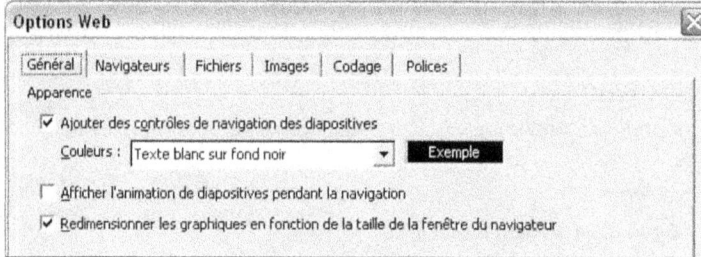

- Faites vos choix sous les différents onglets
- Cliquez sur «OK» deux fois

3 - ENREGISTRER UNE PRÉSENTATION COMME UNE PAGE WEB

La présentation sera enregistrée au format HTML et avec l'extension .htm. Les fichiers annexes (images, sons, vidéos, etc.) seront enregistrés dans un sous-dossier nommé : *NomDeLaPrésentation_fichiers*.

- Ouvrez la présentation
- *Fichier/Enregistrer en tant que Page Web*

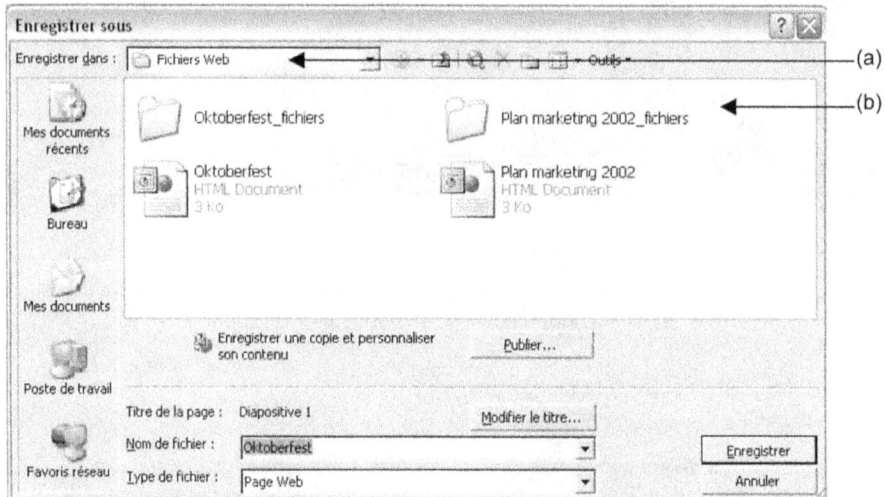

- Sélectionnez un disque en (a)
- Double-cliquez sur un dossier en (b)

Le bouton «Publier» permet de définir le contenu à publier (nombre de diapos, navigateurs pris en charge, etc.). Le bouton «Modifier le titre» permet de préciser le texte à afficher dans la barre de titre du navigateur pendant l'affichage de la présentation.

- Cliquez sur «Enregistrer»

Remarque : une présentation PowerPoint ainsi enregistrée au format HTML peut à tout moment être réouverte dans PowerPoint et réenregistrée au format PowerPoint.

RECHERCHER UNE PRÉSENTATION

Pour retrouver une présentation à partir de son nom, de son contenu ou d'une information présente dans son résumé, nous avons deux possibilités :

– Dans le menu *Fichier*, la commande *Recherche de fichier*.
– Dans la boîte de dialogue *Ouvrir*, la commande *Outils/Rechercher*.

Et bien sûr les options de recherche Windows, (donc hors de PowerPoint).

1 - RECHERCHE RAPIDE

Pour rechercher un document à partir de son nom de fichier.

Cliquez sur ce bouton dans la barre d'outils *Standard*, ou *Fichier/Ouvrir*, ou appuyez sur [Ctrl]-**O**.

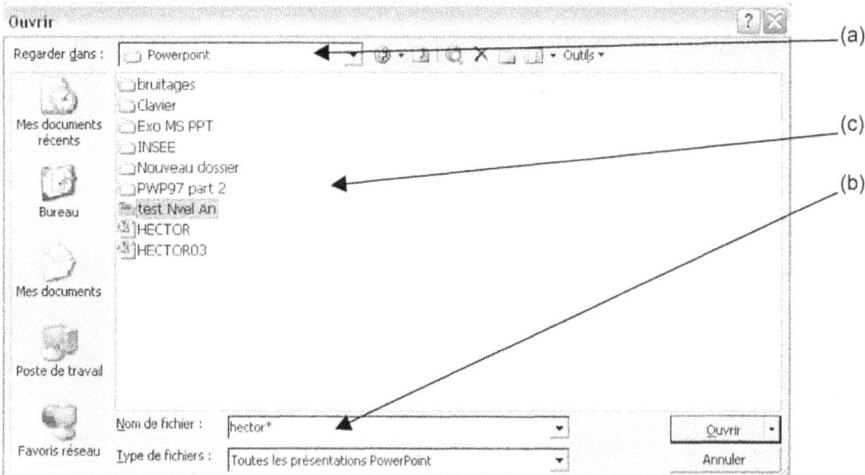

- • Zone (a) <Regarder dans> : sélectionnez le disque sur lequel effectuer la recherche
- • Double-cliquez sur le dossier dans lequel effectuer la recherche
- • Zone (b) <Nom de fichier> : tapez un modèle de nom. Les caractères génériques * (qui remplace une chaîne de caractères) et ? (qui remplace un seul caractère) sont autorisés
- • Cliquez sur «Ouvrir»

La liste des présentations (c) se réduit alors à celles dont le nom correspond aux critères.

2 - RECHERCHE SIMPLE D'UNE PRÉSENTATION

- • *Fichier/Recherche de fichier*

Un volet office apparaît :

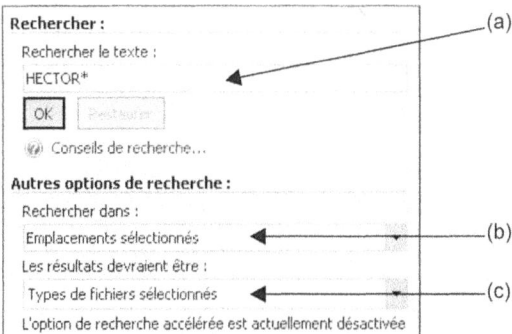

RECHERCHER UNE PRÉSENTATION

- Si le lien *Recherche de base* apparaît en bas du volet Office, cliquez dessus
- Tapez en (a) le texte que contient le document recherché
- Indiquez en (b) sur quel disque ou dans quel dossier effectuer la recherche
- Précisez en (c) le type du fichier à rechercher
- Cliquez sur «Rechercher»

Après quelques instants, la liste des fichiers correspondants s'affiche dans le volet Office. Cliquez sur l'un des fichiers listés pour l'ouvrir ou sur «Modifier» pour lancer une autre recherche.

Si le résultat n'est pas concluant, cliquez sur [Recherche de fichiers avancée] afin d'ouvrir le volet de Recherche Avancée »

3 - RECHERCHE APPROFONDIE

En utilisant le volet Recherche de fichiers avancées

- En cliquant l'option *Recherche Avancée*, vous obtenez :

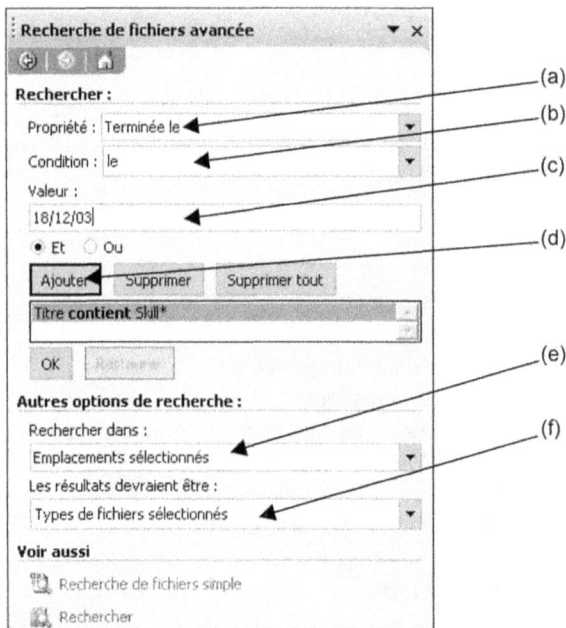

- Indiquez en (a) sur quelle propriété porte le critère : nom du fichier, date de création, etc.
- Sélectionnez une condition en (b) : contient, se termine par, etc.
- Tapez une valeur de comparaison en (c)
- Cliquez sur «Ajouter» (d)
- Pour accélérer la recherche, précisez en (e) dans quels emplacements doit s'effectuer la recherche et en (f) quels types de fichier rechercher

Si vous souhaitez ajouter d'autres critères :
- Cochez ⊙*Et* ou ⊙*Ou*
- Définissez un nouveau critère de la même façon

Pour terminer :
- Cliquez sur «OK»

Le résultat s'affichera dans le volet Office *Résultat de la recherche*.
- Double-cliquez sur le nom de la présentation à ouvrir

RECHERCHER UNE PRÉSENTATION

En utilisant l'option de recherche de la boite de dialogue Ouvrir

Cliquez sur ce bouton dans la barre d'outils *Standard*, ou *Fichier/Ouvrir*, ou appuyez sur Ctrl-**O**.

• Cliquez sur le bouton «Outils» dans la barre d'outils, puis sur *Rechercher*

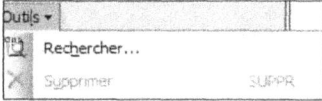

• Cliquez sur l'onglet *Paramètres avancés*

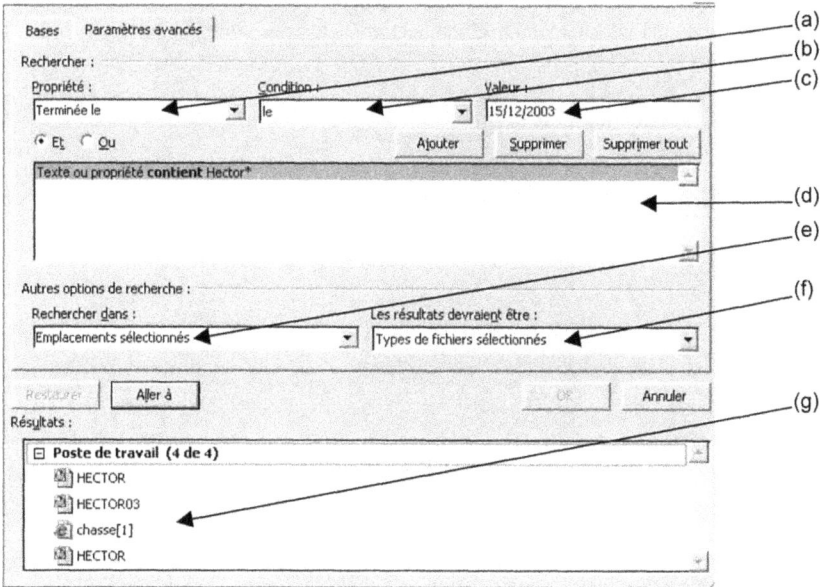

• Indiquez en (a) sur quelle propriété porte le critère : nom du fichier, date de création, etc.
• Sélectionnez une condition en (b) : contient, se termine par, etc.
• Tapez une valeur de comparaison en (c)
• Cliquez sur «Ajouter» pour afficher la condition en (d)

Si vous souhaitez ajouter d'autres critères :
• Cochez ⊙*Et* ou ⊙*Ou*, puis
• Définissez un nouveau critère de la même façon

Pour terminer :
• Cliquez sur «Aller A»

La liste des documents qui correspondent aux critères spécifiés s'affiche alors en (g).

• Double-cliquez sur le nom de la présentation à ouvrir

Note : pour accélérer la recherche vous pouvez la restreindre à certains emplacements (disque ou dossier) en (e) et à certains types de fichier en (f).

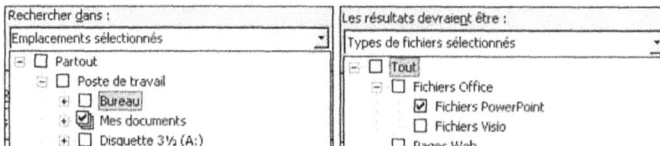

TABLEAUX

5

CRÉER UN TABLEAU

Pour insérer un tableau dans une diapositive existante :

• Passez en mode Normal,

Pour insérer un tableau dans une nouvelle diapositive :

| Nouvelle diapositive | Cliquez sur ce bouton dans la barre d'outils *Standard*, ou *Insertion/Nouvelle diapositive*, ou appuyez sur ⌈Ctrl⌉-**M**. |

Vous avez ensuite plusieurs manières d'insérer un tableau.

1 - INSÉRER UN TABLEAU

A l'aide d'une boîte de dialogue

• *Insertion/Tableau*

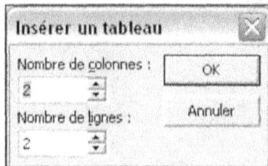

Insérer un tableau
Nombre de colonnes :
2
Nombre de lignes :
2
OK
Annuler

• Indiquez le nombre de lignes et de colonnes souhaitées pour le tableau
• Cliquez sur «OK»

Avec la barre d'outils Standard

• Placez le curseur là où le tableau doit être créé

Cliquez sur ce bouton dans la barre d'outils *Standard*.

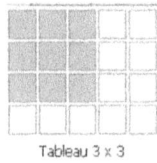

PowerPoint affiche une grille qui permet d'indiquer sa taille.

Cliquez et faites glisser le pointeur sur cette grille pour indiquer le nombre de colonnes et de lignes souhaitées pour le tableau.

Le tableau créé apparaît sous la forme d'une grille. Par défaut, il est encadré de traits simples et centré sur la diapositive.

Tableau 3 x 3

Avec le volet Office Mise en page des diapositives

• Dans le volet Office *Mise en page des diapositives*, cliquez sur une diapositive avec un contenu, selon que vous voulez un tableau en pleine page, avec du texte ou un autre objet

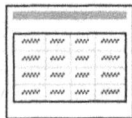

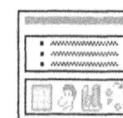

...

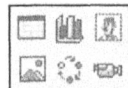

Dans les choix qui viennent de s'afficher au milieu de la diapositive, cliquez sur le premier.

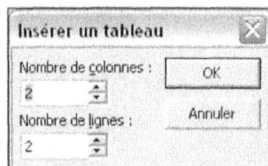

Insérer un tableau
Nombre de colonnes :
2
Nombre de lignes :
2
OK
Annuler

• Indiquez le nombre de lignes et de colonnes souhaitées pour le tableau
• Cliquez sur «OK»

CRÉER UN TABLEAU

En dessinant un tableau

Il s'agit d'une autre méthode pour créer un tableau qui consiste à en dessiner les contours, puis les lignes séparatrices à l'aide de la souris.

Cliquez sur ce bouton dans la barre d'outils *Standard* pour afficher la barre d'outils *Tableaux et bordures.*

Le premier bouton de la barre d'outils est activé et le curseur prend la forme d'un stylo.

- Cliquez et faites glisser le pointeur de la souris en diagonale pour définir les limites extérieures du tableau
- Cliquez et faites glisser le pointeur de la souris horizontalement, verticalement, ou en biais pour tracer les lignes séparatrices à l'intérieur du tableau

Vous avez cinq possibilités de tracés :

Vous pouvez subdiviser une seule cellule si nécessaire.

Pour terminer : cliquez sur ce bouton dans la barre d'outils *Tableaux et bordures* pour mettre un terme à la fonction *Dessiner un tableau*, ou appuyez sur [Echap].

2 - DÉTAILS DE LA BARRE D'OUTILS TABLEAUX ET BORDURES

| (a) (b) | (c) | (d) | (e) (f) | (g) | (h) | (i) (j) | (k) (l) (m) | (n) (o) | (p) (q) |

(a) Dessiner un tableau.

(b) Gommer des lignes dans un tableau.

(c) Style du trait.

(d) Epaisseur du trait.

(e) Couleur de la bordure.

(f) Bordures.

(g) Couleur du fond.

(h) Menu déroulant *Tableau.*

(i) Fusionner des cellules.

(j) Fractionner une cellule.

(k) Aligner en haut.

(l) Centrer verticalement.

(m) Aligner en bas.

(n) Uniformiser la hauteur des lignes.

(o) Uniformiser la largeur des colonnes.

(p) Texte de gauche à droite.

(q) Texte de droite à gauche.

3 - EFFACER DES LIGNES À L'AIDE DE LA SOURIS DANS UN TABLEAU

L'outil *Gomme* permet de supprimer les délimiteurs de cellule, de ligne ou de colonne de votre choix, ce qui donne le même résultat qu'un fusionnement de cellules. On peut fusionner des cellules adjacentes, verticalement ou horizontalement.

Cliquez sur ce bouton dans la barre d'outils *Standard* pour afficher la barre d'outils *Tableaux et bordures.*

Cliquez sur ce bouton dans la barre d'outils *Tableaux et bordures.*

Le pointeur de la souris prend alors la forme d'une gomme.

- Cliquez sur la portion de trait à effacer

Pour terminer : cliquez une nouvelle fois sur ce bouton dans la barre d'outils *Tableaux et bordures* pour mettre un terme à la fonction, ou appuyez sur [Echap].

Les outils Gomme et Crayon fonctionnent avec tous les tableaux, sauf les tableaux Excel.

CRÉER UN TABLEAU

4 - SAISIR LES DONNÉES

- Cliquez dans la cellule, puis tapez le texte ou les chiffres
- ⏎ pour ajouter une ligne dans la cellule.
- Le texte s'efface comme du texte normal.

5 - DÉPLACEMENTS DANS LE TABLEAU

- Utilisez les touches fléchées, la touche ⇥ ou la souris
- Pour revenir en arrière : utilisez la combinaison de touches Alt-⇥ ou la souris

6 - SÉLECTIONS DANS UN TABLEAU

Comme pour du texte, la plupart des commandes nécessitent que vous sélectionniez les cellules auxquelles appliquer les modifications.

Sélectionner une plage de cellules

- Cliquez et faites glisser le curseur sur les cellules

Sélectionner une colonne

- Placez le curseur juste au-dessus de la colonne (le pointeur prend la forme d'une flèche pointant vers le bas) et cliquez

Sélectionner tout le tableau

- Placez le curseur dans le tableau
- *Edition/Sélectionner* tout, ou appuyez sur Ctrl-**A**

Ou

- Clic-droit dans le tableau, puis choisissez *Sélectionner le tableau*

MODIFIER UN TABLEAU

1 - INSÉRER/SUPPRIMER DES LIGNES OU DES COLONNES

Insérer des lignes

- Sélectionnez une ou plusieurs lignes en dessus ou en dessous de la position souhaitée pour l'insertion (il sera inséré autant de lignes que l'on en sélectionne)
- Déroulez le menu *Tableau* dans la barre d'outils *Tableaux et bordures*, puis choisissez *Insérer des lignes au-dessus*, ou *Insérer des lignes en dessous*

Ou

- Clic-droit dans la sélection, puis choisissez Insérer *des lignes*

Remarque : pour insérer une ligne à la fin d'un tableau, cliquez dans la dernière cellule de la dernière ligne et appuyez sur ⭾.

Insérer des colonnes

- Sélectionnez une ou plusieurs colonnes à droite ou à gauche de la position souhaitée pour l'insertion (il sera inséré autant de colonnes que l'on en sélectionne)
- Déroulez le menu *Tableau* dans la barre d'outils *Tableaux et bordures*, puis choisissez *Insérer des colonnes à gauche*, ou *Insérer des colonnes à droite*

Ou

- Clic-droit dans la sélection, puis choisissez *Insérer des colonnes*

Supprimer des lignes ou des colonnes

- Sélectionnez les lignes ou les colonnes à supprimer
- Cliquez sur le bouton «Tableau» dans la barre d'outils *Tableaux et bordures*
- Cliquez sur *Supprimer les colonnes* ou sur *Supprimer les lignes*

Ou

- Clic-droit dans la sélection, puis sur *Supprimer les colonnes* ou *Supprimer les lignes*

Supprimer la totalité du tableau

- Cliquez dans le tableau, puis sur sa bordure grisée
- Appuyez sur Suppr

2 - DIMENSIONNER LES LIGNES ET LES COLONNES

Modifier la largeur d'une colonne

- Placez le pointeur sur le quadrillage, à droite de la colonne à modifier : le pointeur se transforme en ◄╫►
- Cliquez et faites glisser jusqu'à la largeur souhaitée

Modifier la hauteur d'une ligne

- Placez le pointeur sur la ligne de base que vous souhaitez modifier : le pointeur devient ╪
- Cliquez et faites glisser jusqu'à la hauteur souhaitée

Attribuer la même largeur à plusieurs colonnes

- Sélectionnez les colonnes

⊞ Cliquez sur ce bouton dans la barre d'outils *Tableaux et bordures*.

La largeur est calculée de façon à ce que la largeur totale du tableau ne soit pas modifiée.

Attribuer la même hauteur à plusieurs lignes

- Sélectionnez les lignes

⊟ Cliquez sur ce bouton dans la barre d'outils *Tableaux et bordures*.

La hauteur est calculée de façon à ce que la hauteur totale du tableau ne soit pas modifiée.

MODIFIER UN TABLEAU

3 - FUSIONNER OU FRACTIONNER DES CELLULES

Fusionner des cellules

- Sélectionnez les cellules à fusionner
- Cliquez sur le bouton «Tableau» dans la barre d'outils *Tableaux et bordures*, puis sur *Fusionner les cellules*

Ou

- Clic-droit dans la sélection, puis cliquez sur *Fusionner les cellules*

Ou

Cliquez sur ce bouton dans la barre d'outils *Tableaux et bordures*.

Fractionner une cellule

- Placez le curseur dans la cellule à fractionner
- Cliquez sur le bouton «Tableau» dans la barre d'outils *Tableaux et bordures*, puis sur *Fractionner la cellule*

Ou

Cliquez sur ce bouton dans la barre d'outils *Tableaux et bordures*.

4 - POSITIONNEMENT VERTICAL DU CONTENU DES CELLULES

- Sélectionnez les cellules et utilisez les boutons suivants dans la barre d'outils *Tableaux et bordures* :

Alignement en haut.

Alignement au centre.

Alignement en bas.

5 - DÉPLACER OU COPIER UN TABLEAU

Vous avez plusieurs possibilités pour dupliquer un tableau. Après l'avoir sélectionné :

Avec les menus ou la barre d'outils Standard

Pour copier le tableau, cliquez sur ce bouton dans la barre d'outils *Standard*, ou *Edition/Copier*, ou appuyez sur [Ctrl]-**C**.

Pour déplacer le tableau, cliquez sur ce bouton dans la barre d'outils *Standard*, ou *Edition/Couper*, ou appuyez sur [Ctrl]-**X**.

- Affichez la diapositive de destination

Cliquez sur ce bouton dans la barre d'outils *Standard*, ou *Edition/Coller*, ou appuyez sur [Ctrl]-**V**.

Avec le menu contextuel

- Clic-droit sur le tableau sélectionné, puis cliquez sur *Copier* ou sur *Couper*
- Affichez la diapositive de destination
- Clic-droit, puis cliquez sur *Coller*

Avec la souris, au sein d'une même diapositive

- Cliquez dans le tableau afin de faire apparaître des poignées dans ses coins
- Pour effectuer une copie, maintenez appuyée la touche [Ctrl]
- Cliquez sur la bordure grisée du tableau et faites glisser

METTRE EN FORME UN TABLEAU

La mise en forme de base du contenu du tableau (police, taille, attributs, etc.) s'effectue pour le texte, comme pour du texte normal. Pour l'objet tableau, vous aurez le choix entre une barre d'outils et une boîte de dialogue.

1 - AVEC LES BARRES D'OUTILS
- Sélectionnez la plage de cellules à mettre en forme
- Utilisez les barres d'outils *Mise en forme*, *Tableaux et bordures* et *Dessin*

2 - AVEC UNE BOÎTE DE DIALOGUE
- Sélectionnez la plage de cellules à mettre en forme
- *Format/Tableau*

Encadrement de la plage
- Cliquez sur l'onglet *Bordures*

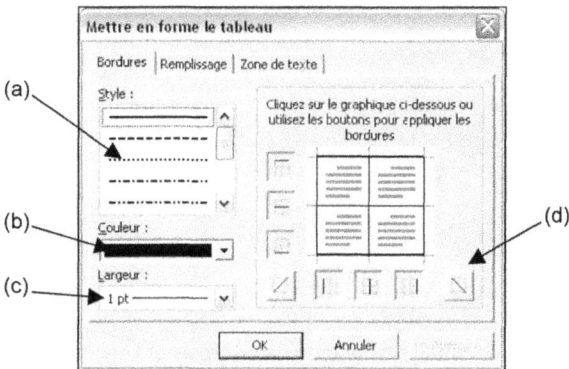

(a) Style du trait d'encadrement.
(b) Couleur du trait.
(c) Épaisseur du trait.
(d) Huit différents emplacements de bordure.

- Faites vos choix et cliquez sur «OK»

Couleur du remplissage de la plage
- Cliquez sur l'onglet *Remplissage*

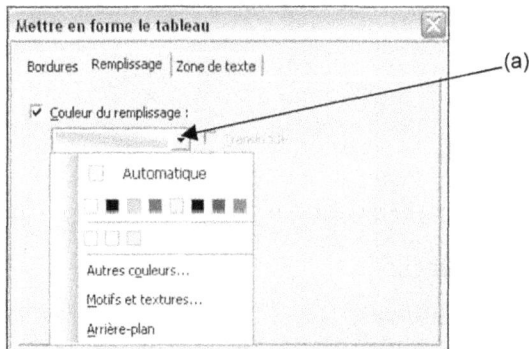

- Cliquez sur la flèche (a) et sélectionnez une couleur pour le fond de la sélection
- Cliquez sur «OK»

METTRE EN FORME UN TABLEAU

Couleurs en dégradé

- Cliquez sur l'onglet *Remplissage*
- Cliquez sur la flèche (a), puis sur *Motifs et textures*

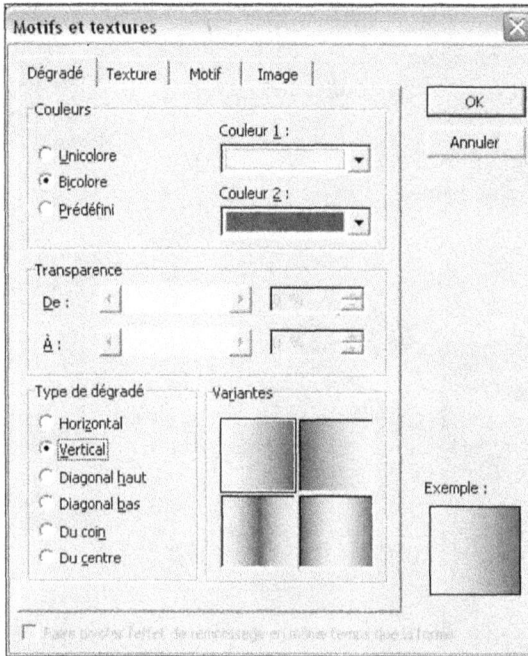

- Précisez le nombre de couleurs, les couleurs à utiliser, le type de dégradé et l'orientation de votre dégradé
- Cliquez sur «OK» deux fois pour retourner à votre diapositive.

Marges, alignement et rotation du texte

- Cliquez sur l'onglet *Zone de texte*

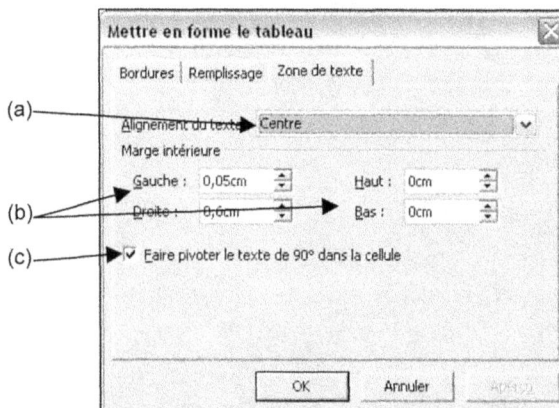

(a) Alignement vertical du contenu au sein des cellules.

(b) Taille des marges à l'intérieur des cellules.

(c) Fait passer le contenu des cellules en vertical.

- Faites vos choix et cliquez sur «OK»

IMPORTER UN TABLEAU

Si vous désirez insérer dans une diapositive un tableau comportant des calculs, les options de tableau de PowerPoint ou de Word risquent de s'avérer insuffisantes. Il est alors conseillé d'insérer plutôt un tableau Excel. Si, par contre, si vous maîtrisez bien la création et la mise en forme de tableaux sous Word et si vous souhaitez disposer de davantage d'options de mise en forme, vous pouvez importer un tableau Word dans une diapositive PowerPoint.

1 - INSÉRER UN TABLEAU WORD OU UN TABLEAU EXCEL EXISTANT

- Ouvrez le document contenant le tableau (Word ou Excel) et sélectionnez le tableau

Cliquez sur ce bouton dans la barre d'outils *Standard*, ou *Edition/Copier*, ou appuyez sur Ctrl-**C**.

- Lancez ou activez PowerPoint
- En mode Normal, affichez la diapositive dans laquelle placer le tableau

Vous pouvez maintenant le coller de trois façons différentes.

Collage standard

Cliquez sur ce bouton dans la barre d'outils *Standard*, ou *Edition/Coller*, ou appuyez sur Ctrl-**V**.

Avec un tableau Word, ou avec un tableau Excel, le tableau inséré devient un objet PowerPoint par simple collage. Vous pourrez donc le mettre en forme comme tous les autres objets de la présentation.

Collage spécial (incorporation du tableau)

- *Edition/Collage spécial*

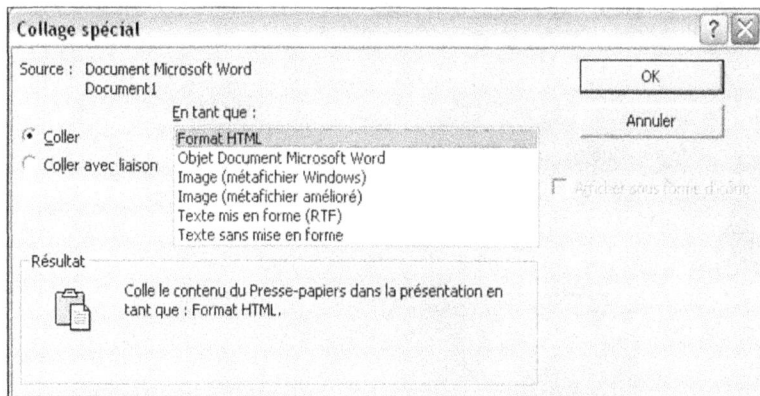

- <En tant que> : sélectionnez *Objet Document Microsoft Word* ou *Objet Feuille de calcul Microsoft Excel* (selon votre logiciel source)
- Cliquez sur «OK»

Vous pourrez entrer dans votre tableau à l'aide d'un double-clic et en modifier les valeurs avec les commandes de l'application d'origine.

Collage spécial avec liaison (incorporation et liaison avec le tableau)

- *Edition/Collage spécial*
- Cochez ⊙ *Coller avec liaison*
- <En tant que> : sélectionnez *Objet Document Microsoft Word* ou *Objet Feuille de calcul Microsoft Excel* (selon votre logiciel source)
- Cliquez sur «OK»

Si vous faites un double-clic, vous basculerez alors dans l'application source : votre feuille de calcul Excel ou votre document Word.

2 - MODIFIER UN TABLEAU EXCEL INCORPORÉ

• Double-cliquez dans le tableau

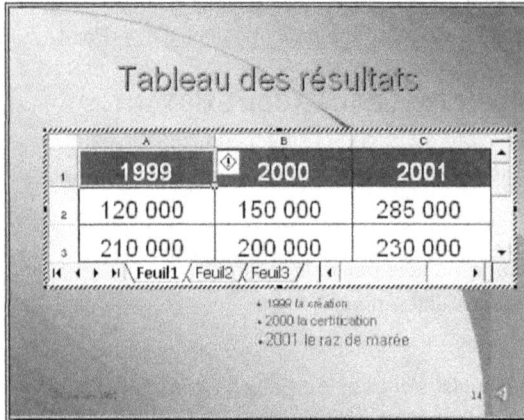

Les menus et les barres d'outils d'Excel apparaissent. Vous pourrez donc travailler comme dans Excel, mais sans liaison avec le fichier source.

• Effectuez les modifications

• Cliquez en dehors du tableau pour terminer

3 - MODIFIER UN TABLEAU WORD INCORPORÉ

• Double-cliquez dans le tableau

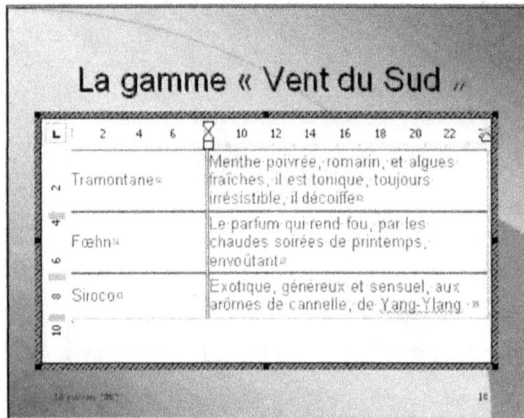

Les menus et les barres d'outils de Word apparaissent. Vous aurez accès alors aux outils Word, mais sans liaison avec le fichier source.

• Effectuez les modifications

• Cliquez en dehors du tableau pour terminer

Remarque : si vous avez effectué un collage spécial, avec liaison, lorsque vous double-cliquez sur le tableau (Word ou Excel) vous basculer directement dans le tableau source, donc dans l'application.

GRAPHIQUES
DE GESTION

6

INSÉRER UN GRAPHIQUE

PowerPoint propose un outil pour créer des graphiques de gestion : Microsoft Graph. Il permet d'afficher graphiquement des données numériques à des fins de présentation et d'analyse.

Pour modifier un graphique, il suffira de faire un double-clic dessus.

1 - INSÉRER UN GRAPHIQUE

Pour insérer un graphique sur une diapositive existante :

• En mode Normal, affichez la diapositive dans laquelle vous voulez créer un graphique

Pour insérer un graphique sur une nouvelle diapositive :

| Nouvelle diapositive | Cliquez sur ce bouton dans la barre d'outils *Standard*, ou *Insertion/Nouvelle diapositive*, ou appuyez sur Ctrl-**M**.

Vous avez ensuite plusieurs façons d'insérer un graphique.

Avec la barre d'outils Standard

Cliquez sur ce bouton dans la barre d'outils *Standard*.

Avec le volet Office Mise en page des diapositives

• Cliquez sur une diapositive avec un contenu, selon que vous souhaitez un graphique en pleine page, avec du texte ou un autre objet

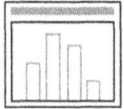

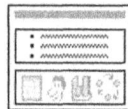

Dans les choix qui viennent de s'afficher au milieu de la diapositive, cliquez sur le premier.

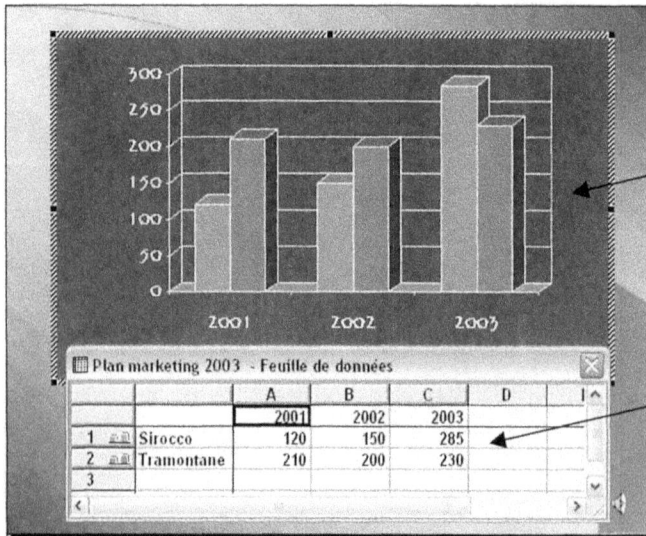

PowerPoint affiche aussitôt deux objets :

(a) L'objet graphique dans la diapositive.

(b) L'objet tableau source du graphique, qui se positionne par-dessus.

INSÉRER UN GRAPHIQUE

2 - TAPER LES DONNÉES

- Cliquez dans la fenêtre *Feuille de données*
- Effacez les valeurs d'exemple : sélectionnez-les et appuyez sur ⌈Suppr⌉

🎬 Plan marketing 2003 - Feuille de données		A	B	C	D	I ^
		2001	2002	2003		
1	Sirocco	120	150	285		
2	Tramontane	210	200	230		
3	Foehn	320	250	250		∨

- Tapez vos données en prenant soin de saisir les libellés dans la première ligne et dans la première colonne, ou collez des données préalablement copiées à partir d'un tableau

Cliquez sur ce bouton dans la barre d'outils *Standard*, ou *Affichage/Feuille de données* afin de masquer la feuille de données.

- Cliquez en dehors du graphique pour terminer

3 - MANIPULER UN GRAPHIQUE DANS UNE DIAPOSITIVE

Supprimer le graphique

- Cliquez sur la bordure de la zone graphique et appuyez sur ⌈Suppr⌉

Déplacer le graphique

- Cliquez sur la bordure de la zone graphique et faites-le glisser vers une autre position

Dupliquer un objet graphique

- Cliquez sur la bordure de la zone en maintenant appuyée la touche ⌈Ctrl⌉ et faites glisser le graphique jusqu'à la position souhaitée pour la copie
- Relâchez la touche ⌈Ctrl⌉

Modifier la taille du graphique

- Cliquez sur le graphique
- Cliquez et faites glisser l'une des poignées (les cercles blancs autour du cadre)

Importer un graphique Excel

Vous pouvez également utiliser un graphique déjà créé dans Excel et effectuer un Copier/Coller dans la diapositive choisie.

- Lancez Excel et ouvrez le classeur contenant le graphique
- Sélectionnez le graphique

Cliquez sur ce bouton dans la barre d'outils *Standard*, ou *Edition/Copier*, ou appuyez sur ⌈Ctrl⌉-**C**.

- Revenez à PowerPoint
- Sélectionnez la diapositive choisie

Puis, collez le graphique :

Cliquez sur ce bouton dans la barre d'outils *Standard*, ou *Edition/Coller*, ou appuyez sur ⌈Ctrl⌉-**V**.

Ou

- Effectuez un collage avec liaison : *Edition/Collage spécial*
- <En tant que> : sélectionnez *Objet Feuille de calcul Microsoft Excel*
- Cliquez sur «OK»

LA FEUILLE DE DONNÉES

1 - AFFICHER/MASQUER LA FEUILLE DE DONNÉES

Cliquez sur ce bouton dans la barre d'outils *Standard*, ou *Affichage/Feuille de données* pour afficher ou masquer la feuille de données.

2 - SAISIR DE NOUVELLES DONNÉES DANS LA FEUILLE DE DONNÉES

- Appuyez sur Ctrl-⇧-Espace afin de sélectionner tout le contenu de la feuille de données
- *Edition/Supprimer*, ou appuyez sur Suppr pour la vider
- Tapez les données dans la feuille vide

3 - IMPORTER LES DONNÉES D'UNE FEUILLE DE CALCUL

MS-Graph peut importer dans la feuille de données une plage ou une zone nommée d'une feuille de calcul au format Excel, Lotus 123, Quattro Pro, Texte ou Sylk. Cela peut être utile car il n'est pas possible d'entrer des formules dans la feuille de données de MS-Graph.

- Dans la feuille de données, placez le curseur là où vous souhaitez insérer les données

Cliquez sur ce bouton dans la barre d'outils *Standard*, ou *Edition/Importer un fichier*.

- Sélectionnez le disque, le dossier, puis le nom du fichier contenant les données
- Cliquez sur «Ouvrir»

S'il s'agit d'un fichier issu d'un tableur, un dialogue s'affiche. Dans ce cas :

- Sélectionnez le nom de la feuille de calcul dont on souhaite importer le contenu
- Cochez ⊙ *Feuille entière* pour importer l'ensemble des données de la feuille de calcul ou cochez ⊙ *Plage* et tapez le nom ou les références d'une plage de cellules
- Cliquez sur «OK»

4 - COPIER/COLLER LES DONNÉES D'UNE AUTRE APPLICATION

- Lancez l'autre application et ouvrez le document contenant les données
- Sélectionnez les données que vous souhaitez récupérer

Cliquez sur ce bouton dans la barre d'outils *Standard*, ou *Edition/Copier*, ou appuyez sur Ctrl-**C**.

- Revenez à PowerPoint
- Double-cliquez sur le graphique
- Affichez la fenêtre de la feuille de données
- Placez le curseur à l'endroit où les données doivent être récupérées

Cliquez sur ce bouton dans la barre d'outils *Standard*, ou *Edition/Coller*, ou appuyez sur Ctrl-**V**.

5 - INDIQUER LE SENS DES SÉRIES

Utilisez ces deux boutons dans la barre d'outils *Standard* (séries en ligne et séries en colonne), ou *Données/Série en ligne*, ou *Données/Série en colonne*.

6 - EXCLURE UNE SÉRIE DU GRAPHIQUE

- Dans la feuille de données, sélectionnez la série ne devant pas être prise en compte dans le graphique
- *Données/Exclure lignes/colonnes*
- Si vous n'avez pas sélectionné une ligne ou une colonne entière, un dialogue s'affiche : cochez ⊙ *Lignes* ou ⊙ *Colonnes*
- Cliquez sur «OK»

CHANGER LE TYPE DU GRAPHIQUE

1 - AVEC LA BARRE D'OUTILS

• Double-cliquez sur le graphique

Cliquez sur la flèche associée à ce bouton dans la barre d'outils *Standard* pour dérouler la liste des types de graphiques disponibles :

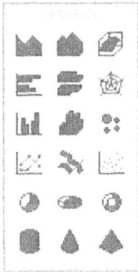

Cliquez sur le bouton associé au type de votre choix.

2 - AVEC LES MENUS

• Double-cliquez sur le graphique dont vous souhaitez modifier le type
• *Graphique/Type de graphique*

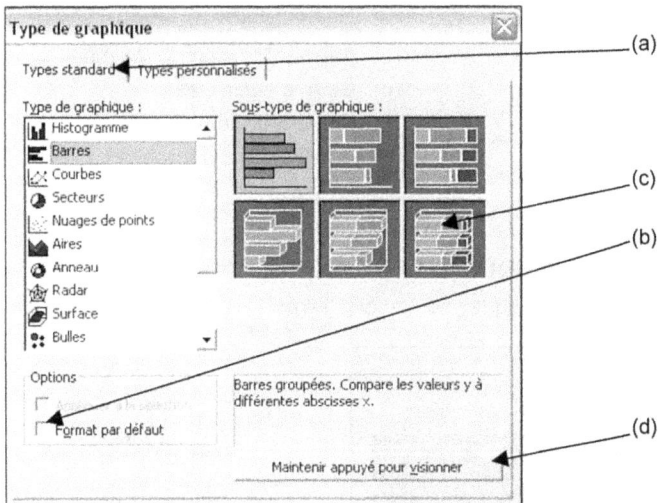

Utiliser un type Standard
• Cliquez sur l'onglet *Types standard*
• Sélectionnez en (a) le type de graphique souhaité
• Sélectionnez une variante en (c)

Remarque : vous pouvez cliquer sur le bouton (d) et maintenir le bouton de la souris appuyé pour visualiser le résultat.

• Accessoirement, cochez (b) pour utiliser par la suite le graphique sélectionné comme type par défaut pour les nouveaux graphiques
• Cliquez sur «OK»

Utiliser un type personnalisé
• Cliquez sur l'onglet *Types personnalisés*
• Sélectionnez un type de graphique et une variante
• Cliquez sur «OK»

METTRE EN FORME LE GRAPHIQUE

Vous pouvez ajouter divers éléments à un graphique : un titre principal, des titres pour les axes, des étiquettes de données, une légende, un quadrillage, un texte placé n'importe où sur le graphique et des flèches. Commencez par double-cliquer sur le graphique.

1 - LA BARRE D'OUTILS GRAPHIQUE

Lorsque vous avez double-cliqué dans le graphique, les menus et la barre d'outils *Standard* sont modifiés : de nouveaux outils graphiques apparaissent ainsi que de nouveaux menus. Ces boutons vont permettre de modifier les caractéristiques du graphique.

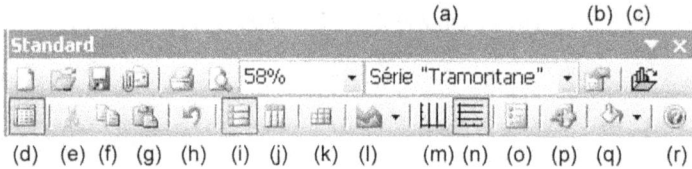

(a) Zone sélectionnée/à sélectionner.

(b) Mise en forme de la zone sélectionnée en (a).

(c) Importer les données d'un fichier Excel.

(d) Afficher/Masquer les données sources.

(e) Couper.

(f) Copier.

(g) Coller.

(h) Annuler la dernière action.

(i) Séries en ligne.

(j) Séries en colonne.

(k) Afficher les données sources sous le graphique.

(l) Modifier le type du graphique.

(m) Quadrillage vertical.

(n) Quadrillage horizontal.

(o) Afficher/Masquer la légende.

(p) Barre d'outils Dessin.

(q) Couleur de remplissage.

(r) Volet.<Aide sur Graphe >

2 - AJOUTER UN TITRE AU GRAPHIQUE OU AUX AXES

• *Graphique/Options du graphique*, puis cliquez sur l'onglet *Titres*

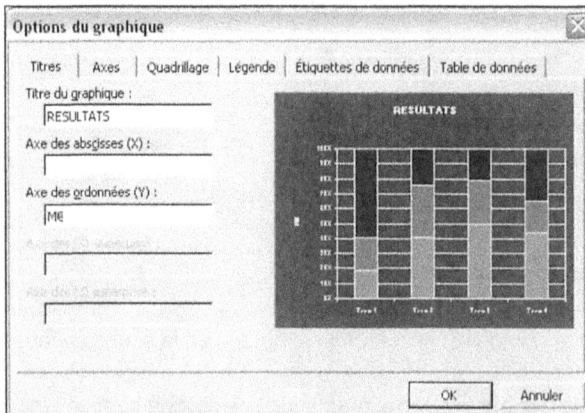

Pour attribuer un titre au graphique :

• Cliquez dans la zone <Titre du graphique>

• Tapez le texte du titre

Pour attribuer un titre à un ou plusieurs des axes du graphique :

• Cliquez dans la zone correspondant à l'axe choisi

• Tapez le titre puis, cliquez sur «OK»

3 - AJOUTER DES ÉTIQUETTES DE DONNÉES

- *Graphique/Options du graphique*, puis cliquez sur l'onglet *Étiquettes de données*

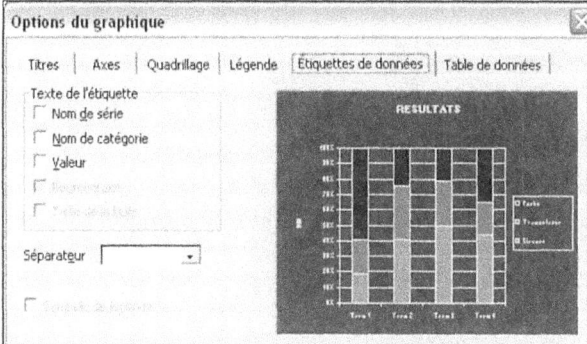

- Indiquez ce qui doit apparaître : valeur, étiquette, pourcentage… puis cliquez sur «OK»

4 - AFFICHER/MASQUER ET POSITIONNER LA LÉGENDE

- *Graphique/Options du graphique*, puis cliquez sur l'onglet *Légende*

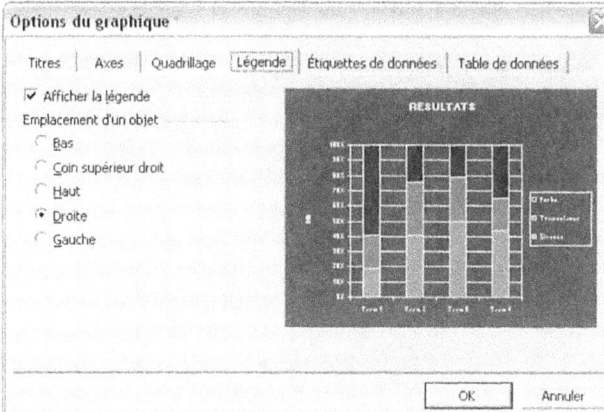

- Cochez ou décochez ⊠*Afficher la légende*
- Précisez son emplacement sur la diapositive, puis cliquez sur «OK»

5 - AFFICHER/MASQUER LES AXES

- *Graphique/Options du graphique*, puis cliquez sur l'onglet *Axes*

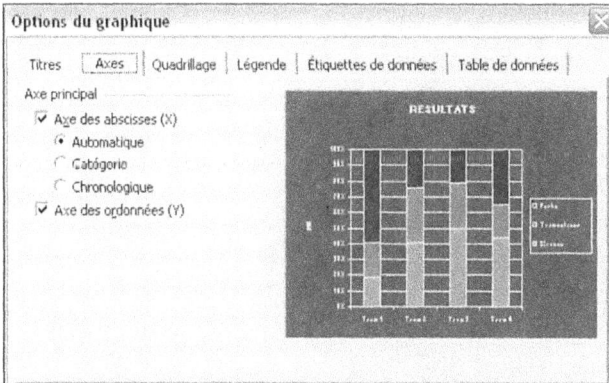

- Cochez les cases associées aux axes à afficher sur le graphique et décochez celles associées aux axes à masquer
- Cliquez sur «OK»

6 - AFFICHER/MASQUER LE QUADRILLAGE

- *Graphique/Options du graphique*, puis cliquez sur l'onglet *Quadrillage*
- Cochez les cases associées aux quadrillages à afficher
- Cliquez sur «OK»

7 - AJOUTER UN TEXTE LIBRE

- Cliquez dans le graphique
- Tapez le texte

Il apparaît au centre du graphique, dans une nouvelle zone de texte

- Cliquez sur un bord de cette zone de texte et faites-la glisser à la position souhaitée

8 - METTRE EN FORME UN ÉLÉMENT DU GRAPHIQUE

Le graphique est composé de différents éléments que l'on peut mettre en forme individuellement. Lorsque le curseur passe sur une zone du graphique, une info bulle affiche son nom.

- Double-cliquez sur une zone du graphique ou dans la barre d'outils *Standard*, cliquez sur la zone <Liste à sélectionner> et sélectionnez le nom de la zone à modifier

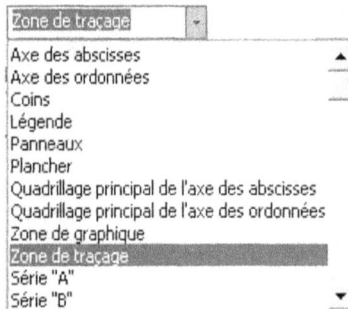

Cliquez sur le bouton <Format> dans la barre d'outils *Standard*.

- Faites vos choix sous les divers onglets (les options sont variables suivant le type de l'élément)
- Cliquez sur «OK»

IMPORTER UN GRAPHIQUE EXCEL

Deux méthodes sont disponibles : importer le fichier graphique (le graphique doit avoir été créé dans une feuille de type graphique) ou copier/coller le graphique, avec ou sans liaison.

1 - IMPORTER LE GRAPHIQUE

- Créez un nouveau graphique sur une diapositive ou double-cliquez sur une diapositive existante

Cliquez sur ce bouton dans la barre d'outils, ou *Edition/Importer un fichier.*

- Sélectionnez le dossier, puis le nom du classeur Excel contenant la feuille graphique
- Cliquez sur «Ouvrir»

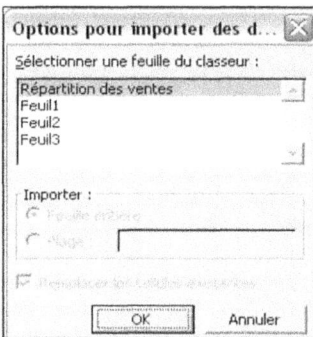

- Sélectionnez le nom de la feuille contenant le graphique
- Cliquez sur «OK»

Le graphique remplace le précédent et les données qui lui sont associées s'inscrivent dans la feuille de données.

2 - COPIER/COLLER LE GRAPHIQUE

- Lancez Excel
- Ouvrez le classeur et affichez la feuille contenant le graphique
- Sélectionnez le graphique à récupérer

Cliquez sur ce bouton dans la barre d'outils *Standard*, ou *Edition/Copier*, ou appuyez sur Ctrl-**C**.

- Lancez ou activez PowerPoint
- En mode Normal, affichez la diapositive dans laquelle vous voulez placer le graphique

IMPORTER UN GRAPHIQUE EXCEL

Pour coller le graphique

Cliquez sur ce bouton dans la barre d'outils *Standard*, ou *Edition/Coller,* ou appuyez sur -**V**.

Pour coller le graphique avec liaison à l'original :
* *Edition/Collage spécial*
Vous avez alors deux options :

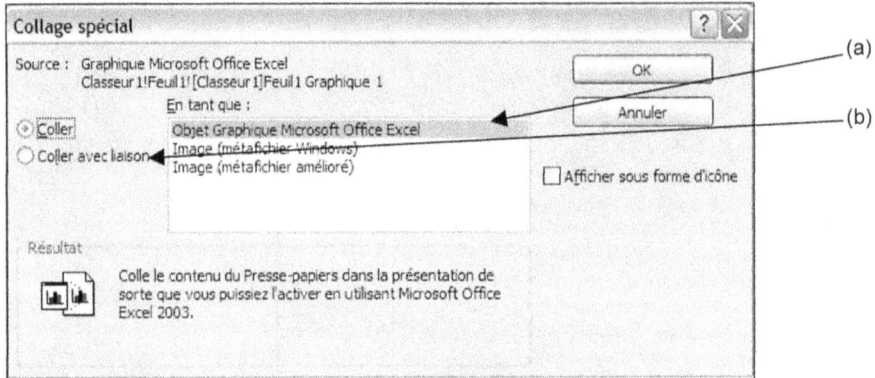

* Sélectionnez <Objet graphique Microsoft Office Excel> (a)
* Cochez ⊙ *Coller* (b)

Vous intégrer alors un objet Excel dans votre diapositive, mais il n'a plus de liens avec le fichier source

Ou bien :
* Cochez⊙ *Coller avec liaison* (b)

Vous créez un lien direct avec le fichier source et tout changement dans le graphique Excel sera répercuté dans le graphique inséré dans votre diapositive
* Cliquez sur «OK»

DIAGRAMMES ET ORGANIGRAMMES

7

ORGANIGRAMME HIÉRARCHIQUE

PowerPoint permet de créer des diagrammes d'organisation, parmi lesquels les organigrammes hiérarchiques qui sont adaptés pour présenter la structure d'un groupe.

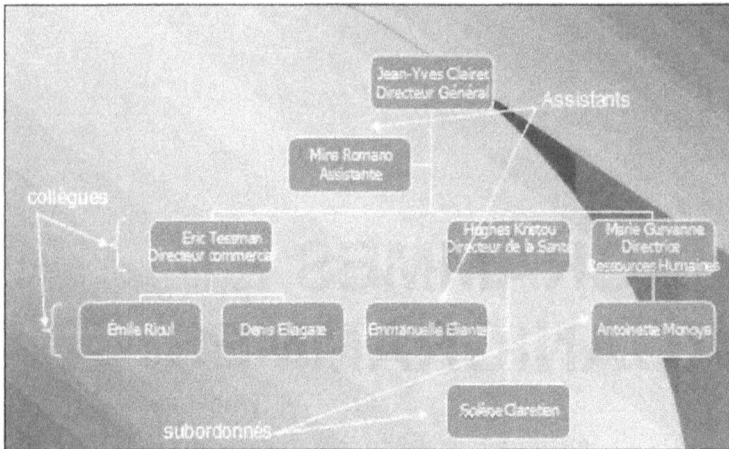

1 - INSÉRER UNE NOUVELLE DIAPOSITIVE DE TYPE ORGANIGRAMME

- En mode *Normal*, affichez la diapositive après laquelle vous souhaitez insérer la diapositive de type *Organigramme*

| Nouvelle diapositive | Cliquez sur ce bouton dans la barre d'outils *Standard*, ou *Insertion/Nouvelle diapositive*, ou appuyez sur Ctrl-**M**.

- Dans le volet Office *Mise en page des diapositives*, cliquez sur un modèle avec un contenu, selon que vous souhaitez un organigramme en pleine page, avec du texte ou un autre objet

Puis,

Dans la liste de boutons qui vient de s'afficher au milieu de la diapositive, cliquez sur le second de la deuxième ligne.

Organigramme

- Sélectionnez la première vignette
- Cliquez sur «OK»

ORGANIGRAMME HIÉRARCHIQUE

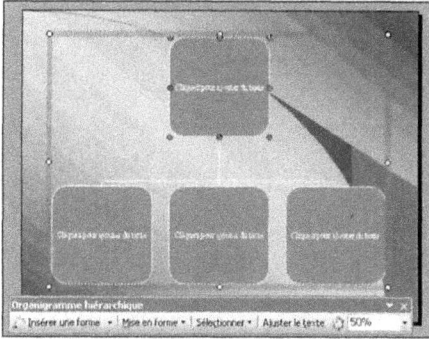

Un cadre affichant un début d'organigramme s'affiche.

2 - INSÉRER UN ORGANIGRAMME DANS UNE DIAPOSITIVE EXISTANTE

• En mode Normal, affichez la diapositive dans laquelle insérer un organigramme
• *Insertion/Image/Organigramme hiérarchique*

3 - CRÉER UN ORGANIGRAMME

Quand l'organigramme est sélectionné, la barre d'outils *Organigramme hiérarchique* s'affiche. Elle comporte trois menus déroulants permettant de créer/modifier l'organigramme.

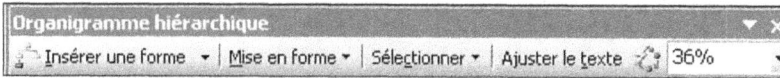

Insérer une forme

 Ce bouton permet de définir le niveau de la forme qui sera insérée.

– *Subordonné* : en vous positionnant sur la forme choisie, vous lui attribuez un subordonné
– *Collègue* : insérera à côté de la forme sélectionnée une forme (vide) identique.
– *Assistant* : créera une forme assistante, en dessous et légèrement décalée par rapport à la forme sélectionnée.

Remarque : le bouton «Insérer une forme» garde en mémoire la dernière forme utilisée. En cliquant dessus plusieurs fois, vous obtenez les mêmes niveaux de forme.

Mettre en forme l'organigramme

 Ce bouton permet de choisir la mise en forme d'une branche ou de la totalité de l'organigramme, selon la forme sélectionnée.

(a) Standard
(b) Retraits des deux côtés
(c) Retrait à gauche
(d) Retrait à droite
(e) Mise en forme automatique

(a) Mise en forme standard : subordonnés en ligne.
(b) Subordonnés répartis de part et d'autre d'une médiane.
(c) Subordonnés répartis à gauche de la médiane.
(d) Subordonnés répartis à droite de la médiane.
(e) Automatise les mises en forme

ORGANIGRAMME HIÉRARCHIQUE

Sélectionner des groupes de formes

Sélectionner ▾

Ce menu permet, à partir d'une forme hiérarchique, de sélectionner le niveau cette forme ou la branche qui lui est subordonnée.

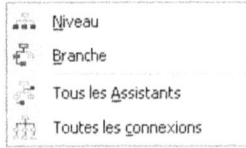

⋯ Niveau

🔣 Branche

🔣 Tous les Assistants

🔣 Toutes les connexions

Vous pouvez aussi sélectionner tous les assistants ou toutes les connexions.

Mise en forme automatique

Ce bouton permet d'opter pour une mise en forme prédéfinie, qui vous proposera différents choix dans le type d'organigramme choisi.

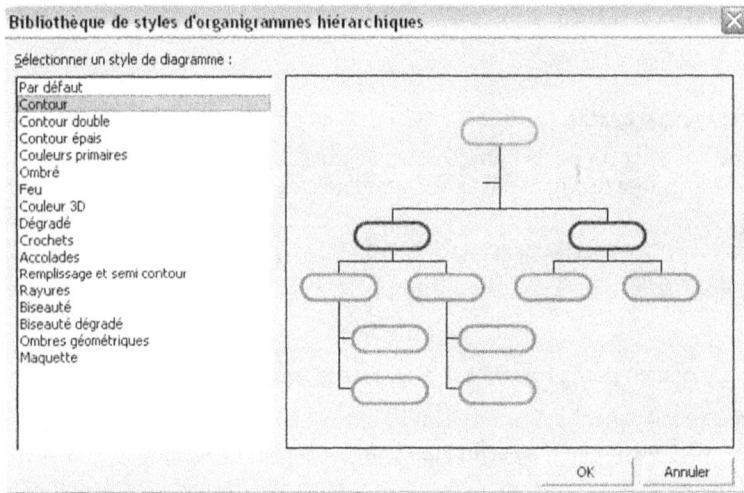

Bibliothèque de styles d'organigrammes hiérarchiques ✕

Sélectionner un style de diagramme :

Par défaut
Contour
Contour double
Contour épais
Couleurs primaires
Ombré
Feu
Couleur 3D
Dégradé
Crochets
Accolades
Remplissage et semi contour
Rayures
Biseauté
Biseauté dégradé
Ombres géométriques
Maquette

OK   Annuler

- Sélectionnez un type de mise en forme
- Cliquez sur «Appliquer»

Saisir les informations

- Cliquez dans une forme

Tapez le texte choisi. Appuyez sur ⏎ pour aller à la ligne.

- Cliquez en dehors de la forme

Pour quitter l'objet organigramme, cliquez en dehors de la zone dessin qui le contient.

4 - MODIFIER UN ORGANIGRAMME

Pour manipuler les formes de l'organigramme, vous devez d'abord annuler la mise en forme automatique. Pour cela :

Mise en forme ▾   Cliquez sur ce bouton dans la barre d'outils.

- Cliquez sur *Mise en forme automatique*

Déplacer une forme

- Cliquez sur l'un des bords de la forme à déplacer, et faites glisser jusqu'à sa nouvelle position

ORGANIGRAMME HIÉRARCHIQUE

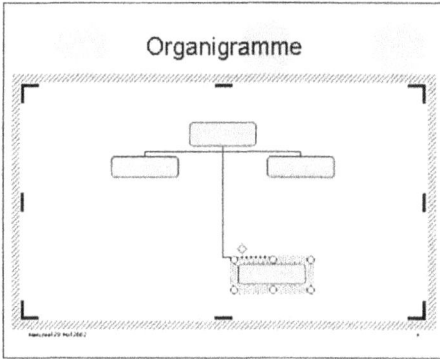

Les connexions s'adapteront automatiquement à sa nouvelle position.

Déplacer une connexion

- Sélectionnez la connexion en cliquant dessus

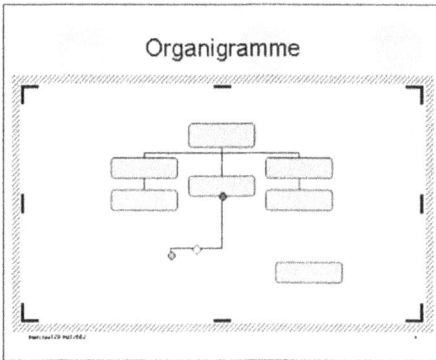

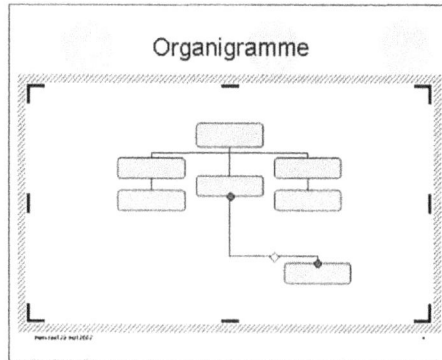

- Cliquez sur l'extrémité à déplacer et glissez-la jusqu'à sa nouvelle position

Un losange jaune sur la connexion vous permettra, sans modifier le départ ou l'arrivée, de la déplacer vers le haut ou vers le bas.

Ajouter une connexion

- Dans la barre d'outils *Dessin*, cliquez sur le bouton «Formes automatiques»
- Cliquez sur *Connecteurs*, puis sur le connecteur de votre choix

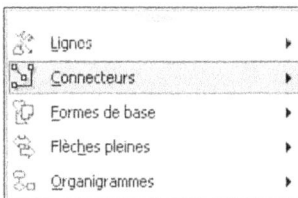

En revenant sur la diapositive, le curseur a pris la forme d'une croix.

- Cliquez à l'endroit de départ de votre connecteur et glissez jusqu'à son point d'arrivée
- Mettez-le en forme avec les autres boutons de la barre d'outils *Dessin* : style, etc.

Supprimer une forme ou une connexion

- Cliquez sur l'un des bords de la forme ou sur la connexion
- Appuyez sur Suppr

DIAGRAMME D'ORGANISATION

1 - CRÉER UNE NOUVELLE DIAPOSITIVE DE TYPE DIAGRAMME

- En mode Normal, affichez la diapositive après laquelle vous souhaitez insérer la nouvelle

| Nouvelle diapositive | Cliquez sur ce bouton dans la barre d'outils *Standard*, ou *Insertion/Nouvelle diapositive*, ou appuyez sur Ctrl-**M**.

- Dans le volet Office *Mise en page des diapositives*, cliquez sur un modèle avec un contenu, selon que vous souhaitez un organigramme en pleine page, avec du texte ou un autre objet.

Puis,

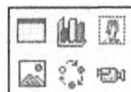

Dans la liste de boutons qui vient de s'afficher au milieu de la diapositive, cliquez sur le second de la deuxième ligne.

Bibliothèque de diagrammes

Sélectionner un type de diagramme :

Organigramme hiérarchique
Utilisé pour représenter des liens hiérarchiques

OK   Annuler

- Sélectionnez la vignette associée au type de diagramme à créer

Cyclique : représente un processus à cycle continu.

Venn : représente les zones de superposition entre éléments.

Radial : représente les liens relatifs à un objet principal.

Cible : représente les étapes menant à un objectif.

Pyramidal : représente les liens relatifs à une base.

- Cliquez sur «OK»

Le diagramme vient s'insérer dans votre diapositive au sein d'une zone de dessin. La barre d'outils *Diagramme* s'affiche également.

2 - CRÉER UN DIAGRAMME DANS UNE DIAPOSITIVE EXISTANTE

- En mode Normal, affichez la diapositive dans laquelle vous voulez insérer le diagramme
- *Insertion/Diagramme*
- Procédez comme précédemment
- Cliquez sur une forme du diagramme pour ajouter du texte.

DESSINS, IMAGES
ET OBJETS

8

DESSINER AVEC POWERPOINT

Une présentation qui ne contiendrait que du texte manquerait de percutant. PowerPoint vous permet de renforcer votre message avec des dessins, des images des photos.

PowerPoint fournit un grand nombre de formes courantes, appelées formes automatiques, incorporables dans les diapositives. Les boutons de la barre d'outils *Dessin* permettent de créer des formes géométriques et de réaliser des dessins à main levée.

Une fois que vous avez créé un objet dessiné, vous pouvez le remplir d'une couleur ou d'un motif, modifier son style de trait, le redimensionner, le déplacer, le faire pivoter ou le retourner, lui attribuer une ombre ou le transformer en objet à trois dimensions.

1 - DESSINER AVEC LA BARRE D'OUTILS DESSIN

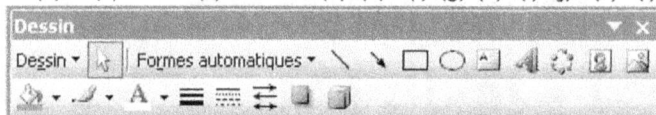

(a) **Commandes diverses.**
(b) **Sélection des objets.**
(c) **Menu de choix de Formes automatiques.**
(d) **Trait.**
(e) **Flèche.**
(f) **Rectangle.**
(g) **Ellipse.**
(h) **Zone de texte.**
(i) **Insérer un titre WordArt.**
(j) **Insérer un diagramme.**

(k) **Insérer une image de la bibliothèque.**
(l) **Insérer une image à partir d'un fichier.**
(m) **Couleur de remplissage.**
(n) **Couleur du contour ou du trait.**
(o) **Couleur des caractères.**
(p) **Style de trait.**
(q) **Style de ligne.**
(r) **Style de flèche.**
(s) **Ombre portée.**
(t) **Effets 3D.**

• Cliquez sur le bouton associé à la forme à créer
• Cliquez et faites glisser le pointeur sur la diapositive pour dessiner la forme

2 - CRÉER UNE FORME AUTOMATIQUE

Accès à partir de la barre d'outils Dessin

| Formes automatiques ▾ | Cliquez sur ce bouton dans la barre d'outils *Dessin*.

• Sélectionnez une catégorie de formes

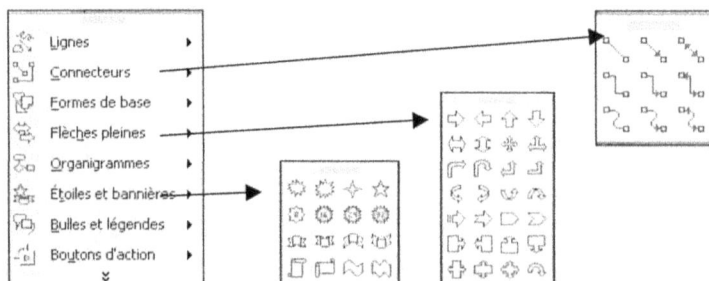

• Dans le sous-menu qui s'affiche, cliquez sur la forme souhaitée
• Cliquez à l'endroit où vous voulez démarrer votre dessin et faites glisser le pointeur en diagonale jusqu'à ce que la forme ait la taille souhaitée
• Relâchez le bouton de la souris

DESSINER AVEC POWERPOINT

Le dessin est entouré de petits cercles blancs : ce sont les poignées qui permettent de modifier la taille ou la forme de l'objet. La poignée verte permet de faire faire une rotation à l'objet. Si vous placez le pointeur sur une poignée, un petit cercle de flèches vous indique le sens des rotations.

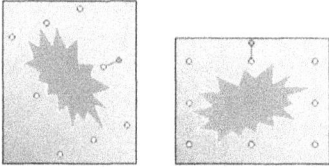

Accès direct

- *Insertion/Image/Formes automatiques*

La barre d'outils *Formes automatiques* s'affiche et vous retrouvez toutes les formes disponibles.

- Cliquez sur le bouton correspondant à la catégorie de votre choix
- Cliquez sur la forme souhaitée

Le curseur se transforme en croix.

- Cliquez et faites glisser le pointeur sur la diapositive pour créer la forme

3 - DESSINER À MAIN LEVÉE

Dessiner une forme

Vous pouvez dessiner avec la souris comme à l'aide d'un crayon qui offrirait plusieurs niveaux de traits.

- Dans la barre d'outils *Dessin* ou dans la barre d'outils *Formes automatiques*, cliquez sur la catégorie *Lignes*, puis sur l'un des six boutons suivants

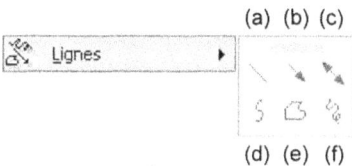

(a) Trait droit.	(d) Trait en courbe.
(b) Flèche d'un côté.	(e) Forme libre.
(c) Double flèche.	(f) Main levée.

– Pour dessiner des courbes : cliquez sur le bouton (d), faites glisser le pointeur, cliquez pour changer d'orientation, puis double-cliquez pour terminer.
– Pour dessiner une forme libre : cliquez sur le bouton (e), faites glisser le pointeur, cliquez pour changer d'orientation, puis double-cliquez pour terminer.
– Pour dessiner à main levée : cliquez sur le bouton (f), cliquez et faites glisser le pointeur.

Dessiner une flèche

Vous pouvez utiliser directement les deux outils flèche : simple (b) ou double (c). Vous pouvez également utiliser un simple trait (a), et avec les outils de mise en forme des traits, lui donner la mise en forme voulue en utilisant dans la barre d'outils *Dessin*, les outils flèche, couleur du trait, style du trait et épaisseur du trait.

METTRE EN FORME LES DESSINS

1 - MISE EN FORME DES DESSINS AVEC UNE BOÎTE DE DIALOGUE

• Double-cliquez sur l'objet dessiné

Une boîte de dialogue à six onglets apparaît :

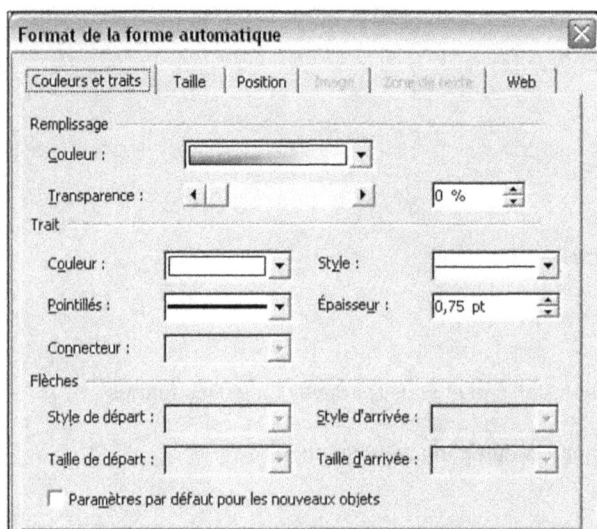

L'onglet *Couleurs et traits* vous permettra de donner un fond et un contour à vos objets. Pour modifier la couleur du fond, vous pouvez :

– Utiliser des dégradés de deux couleurs en harmonie avec la présentation.

– Utiliser les dégradés prédéfinis.

– Utiliser un dégradé du noir à la couleur ou du blanc à la couleur.

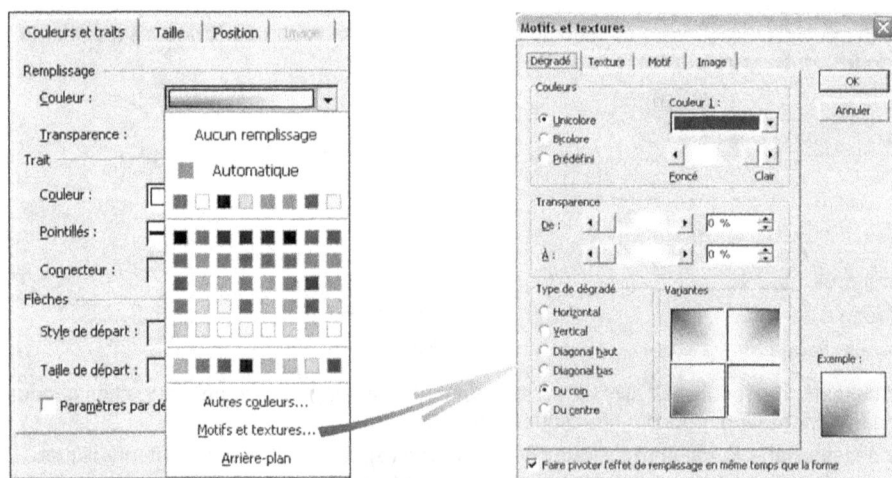

2 - MISE EN FORME AVEC LA BARRE D'OUTILS DESSIN

Modifier le type et la couleur de remplissage d'un objet

• Sélectionnez l'objet en cliquant dessus

 Cliquez sur la flèche associée à ce bouton dans la barre d'outils *Dessin*.

METTRE EN FORME LES DESSINS

Avec cette liste, on peut :
- Supprimer la couleur de fond de l'objet sélectionné (remplissage.)
- Ou choisir une nouvelle couleur.

En utilisant l'option *Motifs et textures*, on peut :
- Créer un fond dégradé.
- Utiliser un motif ou une texture.

Modifier la couleur du texte dans un objet
- Sélectionnez l'objet en cliquant dessus

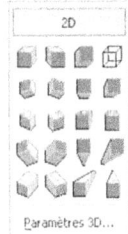

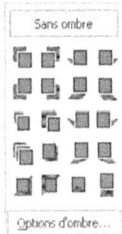

Cliquez sur la flèche associée à ce bouton dans la barre d'outils *Dessin*.

- Cliquez sur la couleur désirée

Modifier le style de trait d'un objet
- Sélectionnez l'objet en cliquant dessus

Dans la barre d'outils *Dessin*, cliquez sur le premier bouton pour choisir l'épaisseur du trait, sur le second pour choisir son style.

Modifier la couleur du trait d'un objet
- Sélectionnez l'objet

Cliquez sur la flèche associée à ce bouton dans la barre d'outils *Dessin*.

- Cliquez sur la couleur désirée

Ajouter une flèche
- Créez un trait, un arc ou un polygone ouvert
- Sélectionnez l'objet en cliquant dessus

Cliquez sur ce bouton dans la barre d'outils *Dessin*.

- Sélectionner un style de flèche

Ajouter une ombre ou un effet 3D
- Sélectionnez l'objet en cliquant dessus

Cliquez sur ce bouton dans la barre d'outils *Dessin*.

- Sélectionnez un type d'ombre

Ou

Cliquez sur ce bouton dans la barre d'outils *Dessin*.

- Sélectionnez un effet 3D

INSÉRER UNE IMAGE

Diverses possibilités :
– Importer une image à partir de la Bibliothèque multimédia. Il s'agit d'un outil livré en avec Office 2003 et qui permet de sélectionner des images dans une bibliothèque d'illustrations.
– Importer une image à partir d'un fichier présent sur le disque.
– Copier et coller une image à l'aide du Presse-papiers.
– Scanner une image directement dans PowerPoint.
– Télécharger une image à partir du site Microsoft sur Internet.
– Transférer une photo directement d'un appareil photo numérique ou d'un scanneur

Formats reconnus :

– GIF, GFA	– DRW (Draw et Designer)	– TIFF, TIF (Scanners)
– JPEG, JPG	– DXF (Autocad)	– PCX (Paintbrush)
– CGM (Computer Graphics)	– TGA (Targa)	– WMF, EMF (Métafichier)
– PCD (Kodak Photo CD)	– EPS (Postscript encapsulé)	– BMP (Bitmap)
– CDR (Corel Draw)	– WPG (DrawPerfect)	– PNG
– PCT, PCZ et PICT (Macintosh)	– MIX (Picture it !)	– DIB
– BMZ, EMZ, WMZ	– RLE	

1 - INSÉRER UNE NOUVELLE DIAPOSITIVE DE TYPE IMAGE

• En mode Normal, affichez la diapositive après laquelle insérer la nouvelle

| Nouvelle diapositive | Cliquez sur ce bouton dans la barre d'outils *Standard*, ou *Insertion/Nouvelle diapositive*, ou appuyez sur Ctrl-**M**. |

Le volet Office *Mise en page des diapositives* s'affiche.

• Dans la liste des mises en forme automatiques, cliquez sur l'une des vignettes suivantes

Vous obtenez par exemple :

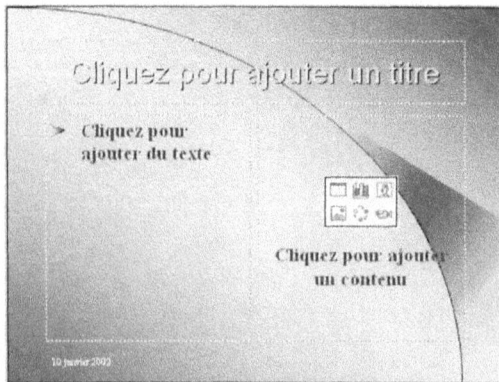

Icône associée aux images de la Bibliothèque multimédia

• Dans la diapositive et dans la partie réservée à l'image, cliquez sur l'icône associée aux images de la Bibliothèque multimédia

INSÉRER UNE IMAGE

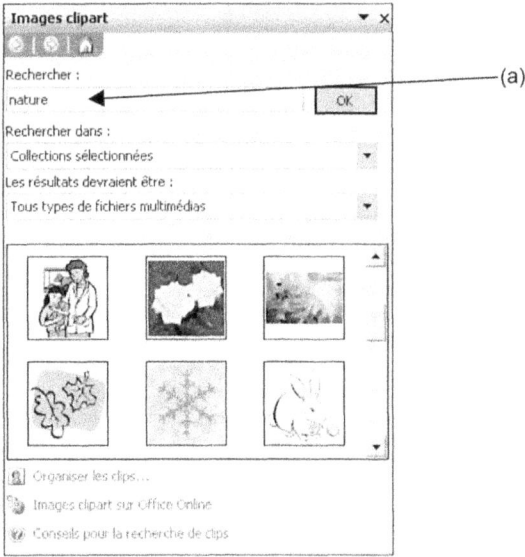

- Tapez un mot-clé en (a) pour indiquer le type d'image recherché
- Cliquez sur «OK»

Les images trouvées s'affichent sous forme de vignettes.

- Double-cliquez sur l'image de votre choix pour l'insérer dans la diapositive

Vous pouvez également insérer une image dans une diapositive existante :

- *Insertion/Image/Images clipart*

Le volet Office *Insérer une image clipart* s'affiche :

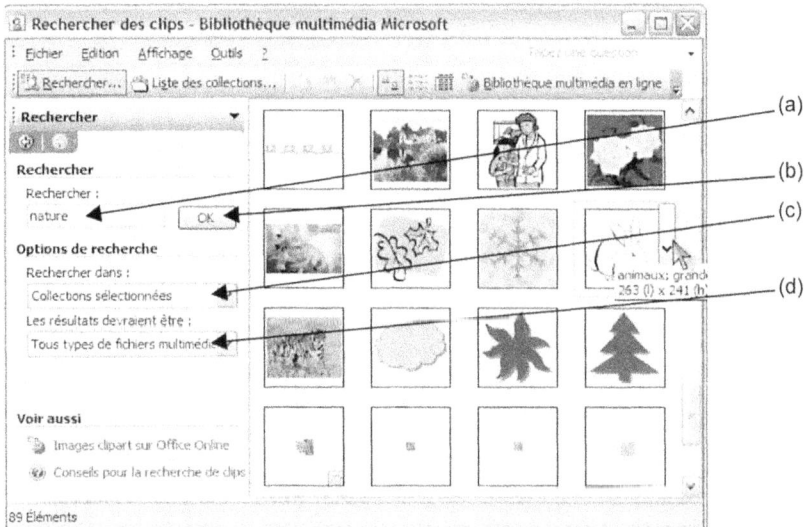

- Tapez un mot-clé en (a)
- Choisissez une collection d'images parmi celles disponibles en (c)
- Développez la liste (d) et indiquez si vous recherchez des images ou des photographies
- Cliquez sur «OK» en (b)
- Dans le volet Office, cliquez sur l'image choisie pour l'insérer dans la diapositive

2 - TÉLÉCHARGER DE NOUVELLES IMAGES SUR INTERNET

Images clipart sur Office Online   Cliquez sur ce lien dans le volet Office *Insérer une image clipart*.

Internet Explorer est lancé et une connexion au site Web *Design Gallery Live* s'effectue.

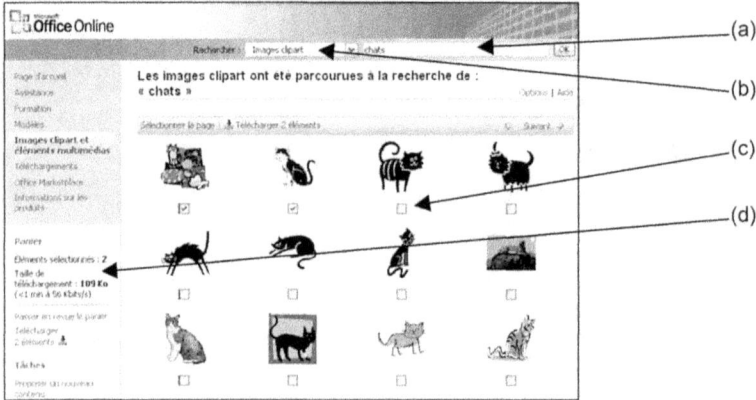

(a) Tapez un mot-clé

(b) Précisez le style et la nature des images que vous recherchez,

• Cliquez sur «OK»

(c) Cochez les images qui vous intéressent

(d) Récapitulatif du nombre d'images sélectionnées et leur taille.

• Cliquez sur «Télécharger»

Les images sélectionnées sont téléchargées et ajoutées à la Bibliothèque multimédia dans la catégorie *Images téléchargées*.

3 - IMPORTER DES IMAGES DANS LA BIBLIOTHÈQUE MULTIMÉDIA

Pour importer dans la Bibliothèque multimédia des images présentes sur votre disque dur ou sur un autre support.

Organiser les clips…   Cliquez sur ce lien dans le volet Office *<image clipart>*.

La première fois que vous cliquez sur *<Organiser vos images>*, PowerPoint vous propose de créer une collection, maintenant ou ultérieurement. Il se charge de balayer les disques que vous lui aurez indiqués, afin de les intégrer dans la <Bibliothèque multimédia>. Il ne les déplace pas, il crée des raccourcis vers ces images.

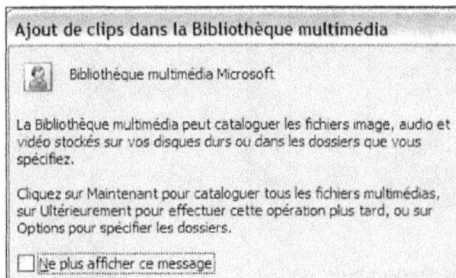

• Acceptez l'organisation de vos images maintenant ou demandez à la faire ultérieurement.

• Cliquez sur *<Options>*choisir les disques ou se trouvent vos images

• Fermez et revenez sur le volet Office <Organiser vos images>

INSÉRER UNE IMAGE

Une fenêtre présente les collections d'images, les vôtres et celles de Microsoft :

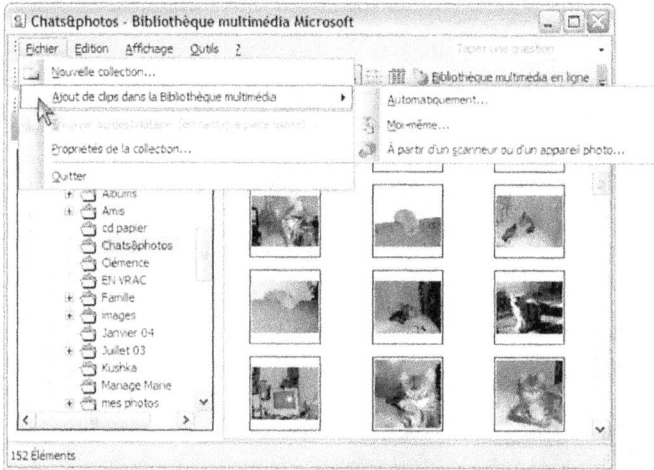

• Déroulez le menu fichier de cette fenêtre et cliquez sur *Ajouts de clips*

Si vous choisissez *Automatiquement* PowerPoint va balayer vos disques et sélectionner les dossiers contenant des images, photos vidéo ou fichiers multimédia, si vous choisissez *Moi-même*, vous intégrerez un a un les fichiers choisis. Vous intégrerez aussi une photo ou image directement de votre scanner/appareil photo. Pour sélectionnez plusieurs images à la fois, maintenez appuyée la touche Ctrl tout en cliquant sur les fichiers choisis.

4 - RÉCUPÉRER UNE IMAGE DEPUIS LE PRESSE-PAPIERS

Lorsque vous copiez une image, que se soit dans PowerPoint ou à partir d'une autre application, elle vient s'insérer dans une mémoire intermédiaire appelée <Presse-papier>. Un volet office lui correspond, permettant d'afficher toutes les copies que vous avez faites durant votre travail, de façon à utiliser à votre choix l'une ou l'autre.

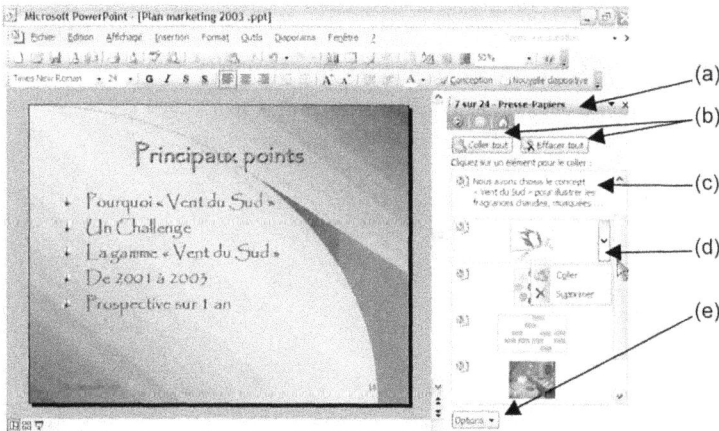

(a) Volet Presse-papier.

(b) Coller/Effacer la totalité des éléments du presse-papier.

(c) Objet texte.

(d) Liste des actions a effectuer.

(e) Options de copie et paramétrage du Presse papier.

INSÉRER UNE IMAGE

Si vous n'utilisez pas le Presse-papier, vous pouvez utilisez les actions classiques de couper/coller, par les menus ou les raccourcis clavier ou à la souris, tel que ci-dessous :

- Affichez l'image, ou créez-la et sélectionnez-la
- *Édition/Copier*, ou appuyez sur Ctrl-**C**
- Lancez ou activez PowerPoint ; puis affichez la diapositive dans laquelle placer l'image
- *Édition/Coller*, ou appuyez sur Ctrl-**V**

5 - INSÉRER UNE IMAGE ENREGISTRÉE DANS UN FICHIER

- En mode *Normal*, affichez la diapositive dans laquelle placer l'image
- *Insertion/Image/À partir du fichier*
- Sélectionnez le disque, puis le dossier contenant le fichier

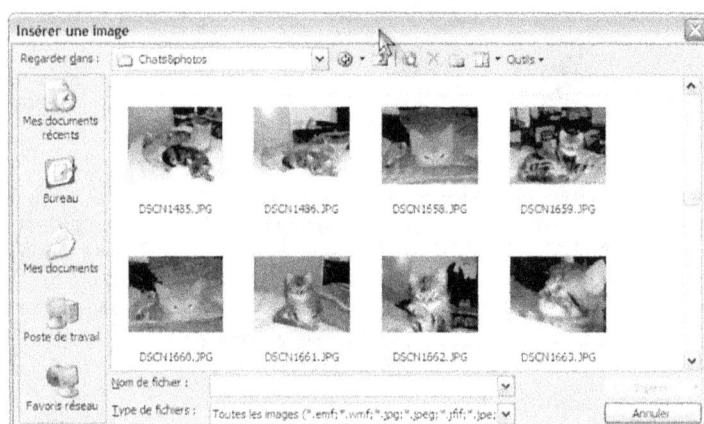

- Sélectionnez le fichier
- Cliquez sur «Insérer»

PowerPoint place l'image au centre de la diapositive. On peut alors la redimensionner en faisant glisser ses poignées ou la déplacer en la faisant glisser.

6 - SCANNER UNE IMAGE DIRECTEMENT DANS POWERPOINT

- En mode *Normal*, affichez la diapositive dans laquelle placer l'image
- *Insertion/Image/À partir d'un scanneur ou d'un appareil photo numérique*

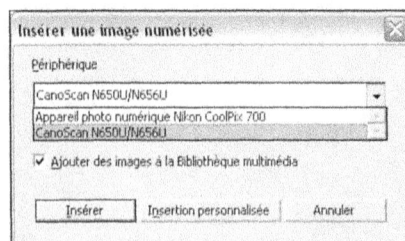

- Cliquez sur «Insertion personnalisée»

Le programme de numérisation associé à votre scanneur est lancé.

- Lancez la numérisation à l'aide de ses commandes

Quand vous quitterez ce programme, l'image scannée apparaîtra dans la diapositive. Vous pourrez alors la manipuler comme tout autre objet.

METTRE EN FORME UNE IMAGE

Avant d'effectuer une manipulation sur une image, il faut la sélectionner en cliquant dessus lorsque le pointeur se transforme en croix : ⊕. Aux angles et au milieu des côtés, des cercles blancs symbolisent des poignées par lesquelles vous pouvez modifier l'image.

1 - MANIPULER UNE IMAGE AVEC LA SOURIS

Déplacer une image
• Cliquez sur l'image et faites-la glisser à une autre position

Redimensionner une image
• Cliquez sur l'image pour la sélectionner, puis cliquez et faites glisser l'une des poignées dans le sens de la flèche du pointeur.

Supprimer une image
• Cliquez sur l'image pour la sélectionner, puis appuyez sur Suppr

2 - METTRE EN FORME UNE IMAGE

Avec la barre d'outils Image
• Cliquez sur l'image

La barre d'outils *Image* s'affiche :

(a) (b) (c) (d) (e) (f)   (g) (h) (i)   (j) (k) (l) (m)   (n)

(a) Insérer une image.	(h)	Faire pivoter l'image à gauche.
(b) Contrôle de l'image.	(i)	Styles de traits pour la bordure.
(c) Augmenter le contraste.	(j)	Compresser l'image.
(d) Réduire le contraste.	(k)	Recoloriez l'image.
(e) Augmenter la luminosité.	(l)	Mise en forme de l'image.
(f) Réduire la luminosité.	(m)	Créer des zones transparentes.
(g) Rogner l'image ou ajouter de l'espace autour.	(n)	Rétablir l'image originale.

Avec une boîte de dialogue
• Sélectionnez l'image
• *Format/Image*

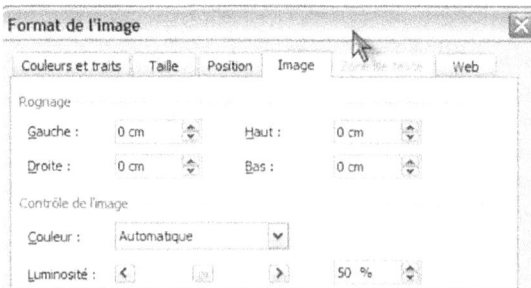

• Faites vos choix sous les divers onglets
– Onglet *Couleurs et traits* : couleur du fond et caractéristiques de l'encadrement.
– Onglet *Taille* : taille et échelle de l'image.
– Onglet *Image* : rognage, luminosité et contraste de l'image.

WORDART

WordArt est un programme qui permet de créer des titres originaux assortis d'effets spéciaux. Le titre créé est placé dans un cadre que l'on peut déplacer et redimensionner.

1 - CRÉER UN TITRE

• En mode Normal, affichez la diapositive sur laquelle ajouter un titre Word Art

Cliquez sur ce bouton dans la barre d'outils *Dessin*, ou *Insertion/Image/Word Art*.

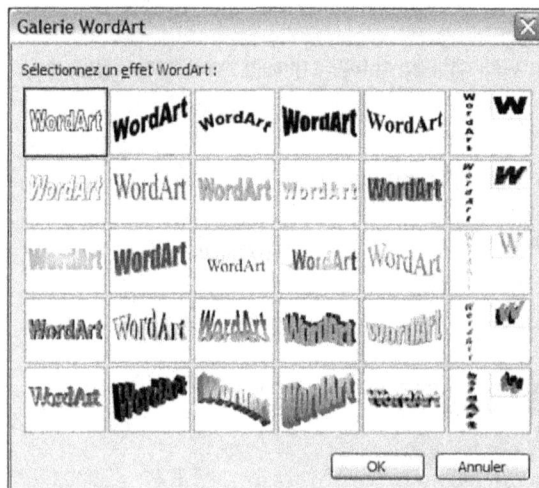

• Sélectionnez un type d'effet
• Cliquez sur «OK»

Une boîte de dialogue s'affiche et vous propose d'y taper votre texte.

• Tapez le texte du titre
• Cliquez sur «OK»

Le titre apparaît dans un cadre. On peut le déplacer, le redimensionner et le mettre en forme à l'aide de la barre d'outils *Word Art* qui s'affiche quand on sélectionne le titre :

(a)   (b)   (c) (d) (e) (f) (g) (h) (i)

(a) Créer un nouveau titre.	(f)	Majuscules/minuscules.
(b) Modifier le texte du titre.	(g)	Texte vertical.
(c) Changer d'effet prédéfini.	(h)	Alignement du texte.
(d) Couleur et taille.	(i)	Espacement des caractères.
(e) Choix de la forme du titre.		

• Faites vos choix
• Cliquez en dehors du titre pour terminer

2 - MODIFIER UN TITRE

• Cliquez dans le titre
• A l'aide de la barre d'outils *Word Art*, modifiez le texte ou les choix de présentation
• Cliquez en dehors du titre pour terminer.

Le titre créé avec WordArt est un objet qui se manipule comme tout objet dans PowerPoint.

MANIPULER LES OBJETS

Lorsque vous travaillez dans PowerPoint, tout élément inséré, que ce soit un bloc de texte, une image, un dessin, un graphique ou un tableau, est considéré comme un objet. Vous pourrez le déplacer, le copier, le coller, le dupliquer, modifier sa taille et ses proportions en utilisant les poignées. Lors du positionnement d'un objet, il est possible d'utiliser les repères qui sont des règles, l'une horizontale et l'autre verticale, qui facilitent l'alignement de ceux-ci.

Déplacer un objet
- Cliquez l'objet et faites-le glisser à un autre emplacement

Modifier la taille d'un objet
- Cliquez sur l'objet pour le sélectionner
- Cliquez et faites glisser l'une de ses poignées (cercles blancs sur les bords et les coins)

Modifier les superpositions d'objets en les changeant de plan
- Cliquez sur l'objet lorsque votre pointeur devient une croix ⟨⊹⟩, pour le sélectionner
- Cliquez sur le bouton *<Dessin>* dans la barre d'outils *Dessin*, puis sur *<Ordre>*
- Sélectionnez un plan : premier plan, arrière-plan, au-dessus du texte ou en dessous

Par exemple, l'étoile est :

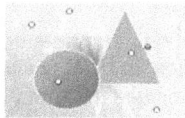

En arrière-plan   Avancée   Au premier plan

Aligner des objets sur les repères
Commencez par afficher les repères :
- *Affichage/Grille et repères*
- Cochez ⊠*Afficher les repères de dessin à l'écran*
- Cliquez sur «OK»

Puis,
- Cliquez et faites glisser les repères pour les positionner

Vous pouvez maintenant faire glisser l'objet que vous voulez aligner à proximité d'un repère : le centre ou le bord de cet objet s'aligne automatiquement sur le repère. Vous pouvez déplacer les repères à l'endroit de votre choix sur la diapositive, et ainsi, centrer vos images ou l'effet visuel sur un point décentré. Votre diapositive ne sera plus organisée autour du centre de la diapositive, mais autour du point focal que vous aurez choisi.

Remarque : dans la barre d'outils *Dessin*, le bouton «Dessin» gère des commandes et sous-menus qui ne seront applicables qu'aux dessins et aux images que vous aurez intégrés à PowerPoint.

Lorsque vous insérez un dessin ou une image, il n'est pas intégré à PowerPoint : si vous regardez les commandes du menu *Dessin*, vous remarquerez que la plupart sont grisées et donc non utilisables. Pour pouvoir utiliser ces commandes (Rotation, Aligner, Ordre), il faudra d'abord dissocier l'objet. Il se transforme en groupe de points quelquefois très serrés.

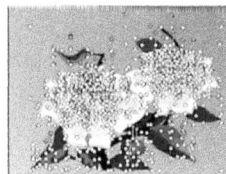

Si vous ne souhaitez pas modifier le dessin, gardez l'objet sélectionné et regroupez-le immédiatement. Vérifiez alors que les commandes sont maintenant accessibles. Pour modifier la constitution du dessin :
- Cliquez en dehors du dessin et modifiez tel ou tel élément de votre choix

EFFETS D'ANIMATION

Pour mettre en évidence des points importants, vous pouvez intégrer des animations à du texte, des graphiques, des diagrammes, et d'autres objets dans vos diapositives. Vous aurez ainsi la possibilité de faire apparaître le texte d'une diapositive ou l'un des objets d'une façon qui permettra de le mettre en relief.

Vous pouvez ainsi faire apparaître le texte à l'écran par lettre, par mot ou par paragraphe, avec ou sans pivotement ou effet de modification de taille. Vous pouvez déterminer à quel instant et de quelle façon chaque élément apparaîtra sur la diapositive. Vous pouvez également ajouter des effets sonores qui s'activeront à l'apparition du texte ou de l'objet. Une fois affiché, le texte peut être masqué ou changer de couleur.

Vous avez le choix pour cela entre deux procédures : utiliser un jeu d'animations prédéfinies, ou utiliser des animations personnalisées.

1 - JEUX D'ANIMATIONS PRÉDÉFINIES

Un jeu d'animations ajoute des effets visuels à du texte sur vos diapositives. Pour simplifier la procédure de conception des animations, vous pouvez utiliser un jeu d'animations prédéfinies, que vous appliquerez à une, plusieurs ou toutes vos diapositives. Vous pourrez l'intégrer dans le masque, ou ne l'appliquer qu'à un nombre choisi de diapositives.

Remarque : les jeux d'animations ne s'appliquent qu'aux zones de texte telles que définies dans le masque, et cela pour la globalité des textes de la diapositive. Si vous avez créé dans une diapositive une zone de texte, celle-ci sera considérée comme un objet, au même titre qu'un dessin ou une image.

En mode *Normal* ou en mode *Trieuse de diapositives* :
- Affichez le volet Office *Conception des diapositives*
- Sélectionnez la ou les diapositives auxquelles vous souhaitez appliquer un effet
- Dans le volet Office, cliquez sur le lien Jeux d'animations
- Dans le volet Office, cliquez sur l'effet de votre choix

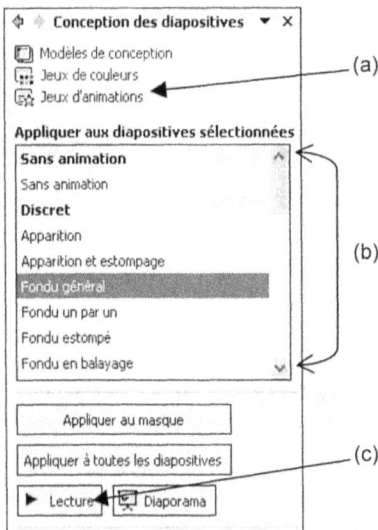

(a) Sélectionnez *Jeux d'animations*.

(b) Choisissez un jeu d'animations.

(c) Affiche automatiquement un aperçu sur la diapositive.

- Si vous souhaitez que cet effet de texte s'applique à un élément sur toute votre présentation, cliquez sur «Appliquer à toutes les diapositives»

EFFETS D'ANIMATION

- Visualisez l'effet obtenu en cliquant sur le bouton «Lecture» pour voir l'effet apparaître dans la diapositive, ou cliquez sur le bouton «Diaporama» pour voir votre diapositive s'afficher en diaporama avec les effets choisis

2 - JEUX D'ANIMATIONS PERSONNALISÉES

Vous pouvez aussi appliquer un effet à un ou plusieurs objets de votre diapositive, en choisissant pour chacun une animation ou une suite d'animations.

- Affichez la diapositive en *mode Normal*
- Sélectionnez l'objet que vous souhaitez animer
- *Diaporama/Personnaliser l'animation*

Le volet Office *Personnaliser l'animation* s'affiche :

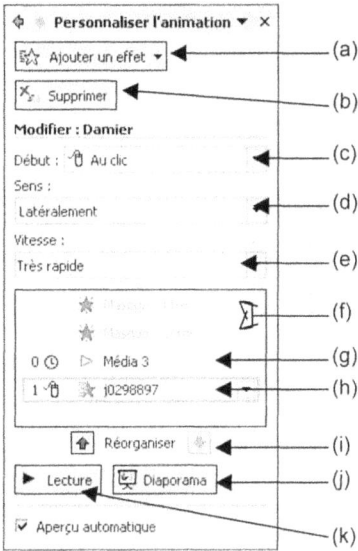

(a) Permet de choisir un effet à ajouter.
(b) Supprime l'effet.
(c) Indique comment débutera l'effet.
(d) Sens de l'effet.
(e) Vitesse de l'effet.
(f) Effet intégré au masque.

(g) Son ou minutage de l'effet.
(h) Démarrage au clic-souris.
(i) Permet de changer l'ordre des effets.
(j) Visualise la diapo en Diaporama.
(k) Permet de voir l'effet sur la diapo.

- Cliquez sur «Ajouter un effet»
- Effectuez une ou plusieurs des opérations suivantes :

(a) Pour que votre objet ou texte soit inséré avec un effet, pointez sur *Ouverture*, puis choisissez.

(b) Si vous souhaitez que le texte ou l'objet ait un effet supplémentaire, pointez sur *Emphase*, puis choisissez.

(c) Si vous souhaitez un effet de départ, pointez sur Fermeture, puis choisissez.

(d) Si vous souhaitez créer un déplacement, pointez sur Trajectoire, puis choisissez.

(e) Réglage de l'objet son.

Remarque : les effets apparaissent dans la liste *Personnaliser l'animation*, classés de haut en bas, dans l'ordre que vous avez choisi. Les éléments animés sont signalés par une balise numérotée, correspondant à sa place dans la liste. Ces balises n'apparaîtront ni à l'impression, ni en mode Diaporama. Les options *Autres trajectoires* et *Autres effets* vous donnent accès à des trajectoires et à des effets plus nombreux et variés.

La liste des effets apparaît dans le volet office.

A chaque effet correspond une liste déroulante qui apparaît quand vous le sélectionnez.

• Cliquez sur un effet, le volet s'adaptera aux possibilités d'aménagements présents pour cet effet :

Vous pourrez choisir le style de démarrage de votre effet et les options d'effet : la façon de débuter, la couleurs (s'il s'agit d'un texte), la vitesse de déroulement, etc.

Réorganiser vos effets

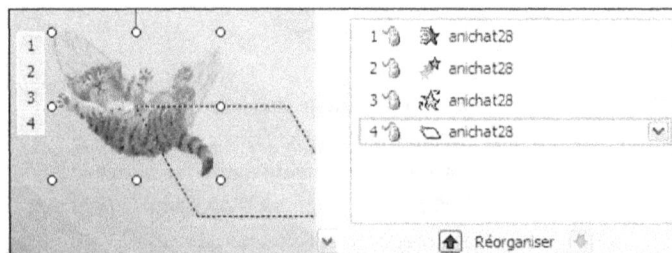

Les flèches *Réorganiser* permettent de modifier l'ordre de passage des effets :

• Sélectionnez un effet

• Cliquez sur les flèches *Vers le haut* ou *Vers le bas* pour modifier l'ordre d'exécution de l'effet

Modifier un effet

Pour modifier un ou plusieurs effets appliqués à un objet.

• Sélectionnez l'objet

• Cliquez sur le numéro de l'effet à modifier

Ou

• Dans le volet Office, sélectionnez dans la liste des effets celui ou ceux que vous souhaitez modifier

• Cliquez sur «Modifier»

• Choisissez un nouvel effet

EFFETS D'ANIMATION

Organiser le déroulement d'un effet

Pour chacun des objets animés d'effets, vous avez la possibilité de déterminer le mode de déclenchement, l'organisation des effets et leur minutage.

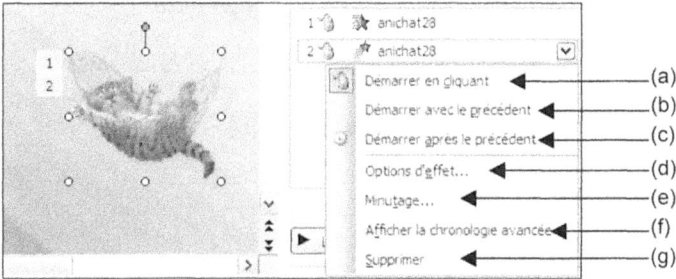

(a) Démarrage manuel, au clic-souris.

(b) Démarrage simultané.

(c) Démarrage à la suite du précédant.

(d) Les options d'effet.

(e) Définir le minutage.

(f) Afficher la chronologie.

(g) Supprimer l'effet.

Déterminer le minutage

- Sélectionnez l'effet à minuter soit en cliquant sur son numéro, soit dans le volet Office en cliquant sur sa référence
- Cliquez sur le menu déroulant qui apparaît
- Cliquez sur «Minutage»

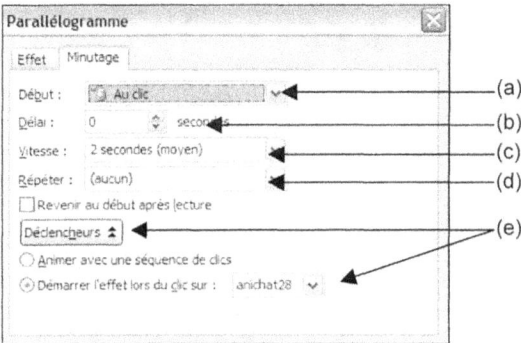

(a) Définit le type de déclenchement.

(b) Définit le délai au bout duquel l'effet va se déclencher.

(c) Détermine la durée de l'effet.

(d) Permet de répéter l'effet.

(e) Détermine le déclencheur de l'effet.

- Cliquez sur «OK»

Supprimer un effet

- Sélectionnez l'objet
- Cliquez sur le numéro de l'effet à supprimer
- Dans le volet Office, cliquez sur «Supprimer»

Où

- Dans le volet Office, sélectionnez dans la liste des effets celui ou ceux à supprimer
- Dans le volet Office, cliquez sur «Supprimer»

3 - CRÉER UNE TRAJECTOIRE PERSONNALISÉE

Vous avez la possibilité, en plus des trajectoires déjà définies, de tracer une trajectoire adaptée à votre diapositive.

- Sélectionnez l'élément (zone de texte, paragraphe ou objet) dont vous voulez personnaliser la trajectoire
- *Diaporama/Personnaliser l'animation* affiche le volet Office *Personnaliser l'animation*
- Dans le volet Office, cliquez sur «Ajouter un effet»
- Cliquez sur *Trajectoires*, puis sur *Tracez une trajectoire personnalisée*

Les choix suivants s'affichent :

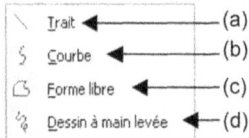

(a) Permet de tracer une trajectoire rectiligne.

(b) Permet de tracer une trajectoire en courbe ou composée de courbes : cliquez chaque fois que vous désirez changer d'orientation, double-cliquez pour quitter le trait.

(c) Vous permet de dessiner à main levée des courbes ou des droites qui s'enchaînent : double-cliquez pour arrêter.

(d) Permet de dessiner totalement à main levée.

L'option *Autres trajectoires* vous donne accès à une liste supplémentaire de trajectoires.

Exemple d'objet auquel une trajectoire personnalisée a été associée :

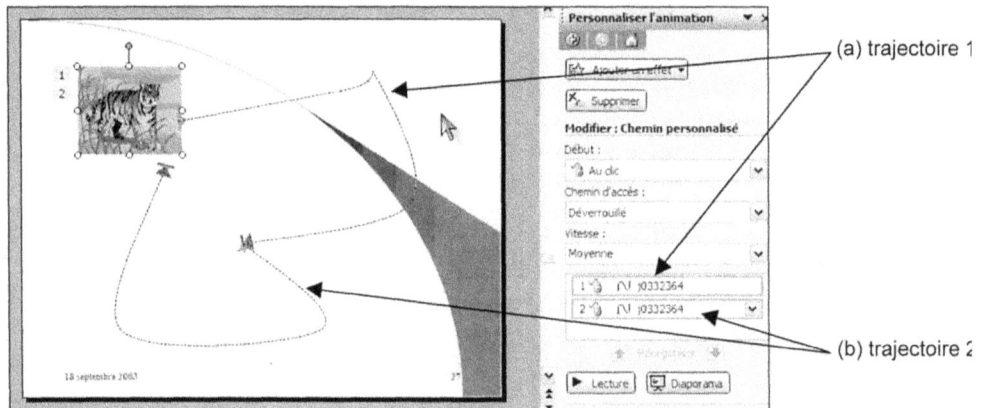

Modifier une trajectoire

Vous pouvez changer la taille et la forme de la trajectoire, ainsi qu'inverser le sens du déplacement.

- Sélectionnez la trajectoire à modifier
- Dans le volet Office, déroulez la liste <Chemin d'accès> et cliquez sur *Modifier les points*, ou sur *Inverser la trajectoire*

4 - AJOUTER UN SON À UN EFFET D'ANIMATION

De même que vous ajoutez un effet à un objet, vous pouvez ajouter un son à votre ou à vos effets concernant un ou plusieurs éléments de votre diapositive. Si vous souhaitez qu'un effet d'animation et le son qui l'accompagnent soient répétés sur toutes les diapositives, vous avez la possibilité d'animer et d'appliquer un son dans le masque des diapositives.

EFFETS D'ANIMATION

- Dans le volet Office, cliquez sur l'animation choisie pour déroulez la liste associée et cliquez sur <Options d'effets>
- Cliquez sur l'onglet Effet

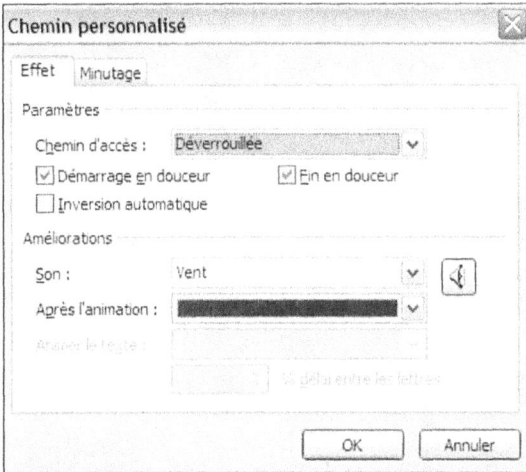

- Déroulez la liste <Son> et sélectionnez-en un
- Choisissez ou non, un effet (couleur ou estompage) pour l'après animation,
- Cliquez sur «OK»

5 - MINUTEZ LES SONS

Comme pour les effets, vous pourrez minuter un son.
- Cliquez sur l'onglet Minutage

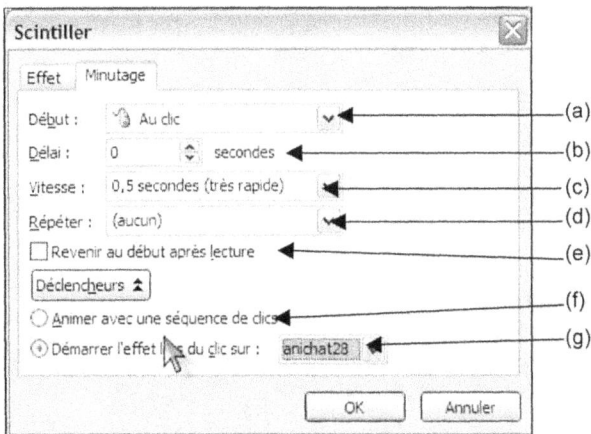

(a) Défini le démarrage de l'effet.

(b) Démarrera après x secondes.

(c) Durée de l'effet.

(d) Sera-t-il répété.

(e) Retour à l'image de démarrage.

(f) Les effets enchaînés seront déclenchés chacun au clic.

(g) Un clic lancera l'ensemble des effets sur l'objet.

EFFETS D'ANIMATION

6 - ANIMER UN DIAGRAMME, UN ORGANIGRAMME OU UN GRAPHIQUE

Les diagrammes, organigrammes ou graphiques sont considérés comme des objets classiques intégrés dans des diapositives.

Vous pourrez donc leur attribuer les mêmes effets qu'aux autres objets. Vous aurez cependant des options d'effet qui se rapporteront à chacun de ces objets plus précisément.

- Sélectionnez un diagramme, un organigramme ou un graphique
- *Diaporama/Personnaliser l'animation* pour afficher le volet Office *Personnaliser l'animation*
- Appliquez à l'objet l'effet d'animation de votre choix

L'animation concernera l'objet dans son ensemble.

Pour aller plus loin

- Sélectionnez l'effet global que vous avez ajouté à votre graphique ou votre diagramme
- Cliquez sur *Options d'effet* dans la liste déroulante associée

Graphique

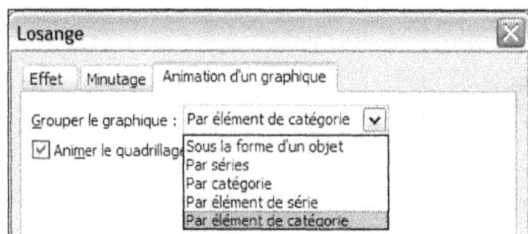

Un onglet s'est ajouté à la boîte de dialogue : *Animation d'un graphique*.

- Cliquez sur cet onglet
- Déroulez la liste déroulante et choisissez un effet

Diagramme

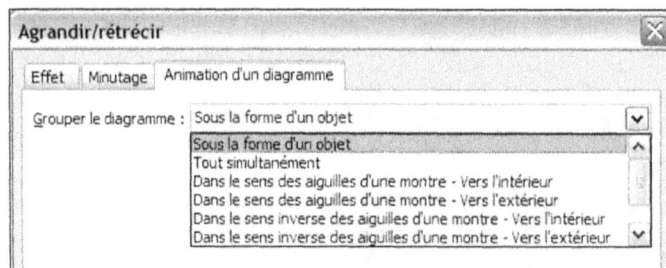

Un onglet s'est ajouté à la boîte de dialogue : *Animation d'un graphique*.

- Sélectionnez l'effet que vous avez ajouté à votre diagramme
- Cliquez sur *Options d'effet* dans la liste déroulante associée

ENRICHIR
LE DIAPORAMA

9

EFFETS DE TRANSITION

Une transition est un effet utilisé pour enchaîner les diapositives et donner un rythme au déroulement du diaporama. Les transitions peuvent varier d'une diapositive à l'autre, Vous pouvez en modifier les effets visuels, la vitesse, et y associer un son. Le volet Office <*Transition*> rassemble toutes les options de transitions visuelles et sonores à votre disposition.

Vous ferez apparaître le volet *Transition* de deux façons :

En déroulant le menu <*Diaporama,*> cliquez sur. La commande 📑 Transition...

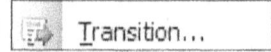

Ou

• En choisissant dans la liste des volets Offices, le volet <*Transition*>

Le volet Office s'affiche à droite de la diapositive :

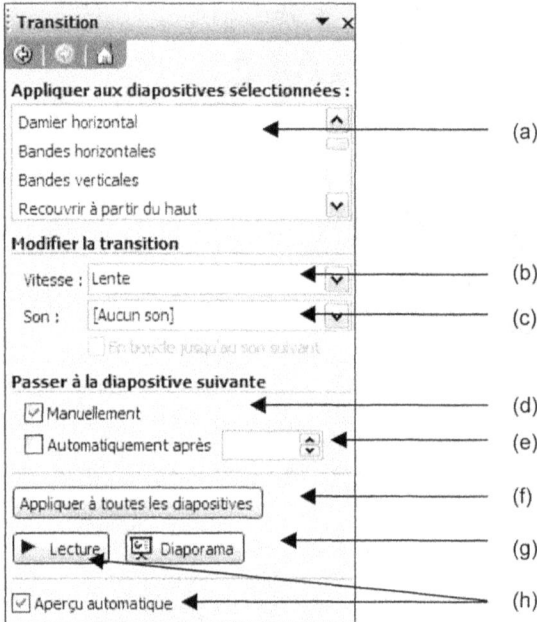

(a) Styles de transition visuelle,

(b) Vitesse de la transition,

(c) Effet sonore à associer à la transition,

(d) Défilement manuel ou automatique,

(e) Durée d'affichage de la diapositive pour les diaporamas automatiques.

(f) La transition sera appliquée à la totalité des diapositives,

(g) Lance le diaporama,

(h) Donnent un aperçu rapide, ou indépendamment, de l'effet sonore ou visuel.

Remarque : les effets de transition servent à rendre vivant un diaporama. Liens entre vos diapositives, ils assurent la fluidité de votre présentation. N'utilisez pas toujours la même transition, c'est lassant. Évitez d'en changer trop souvent, c'est perturbant.

En utilisant le mode <Lecture> du *volet Transition* en mode *Trieuse de diapositives* vous pourrez tester et passer en revue les divers effets de transition, sur chacune des diapositives *vignettes* sélectionnées, sans lancer le diaporama, plus lisiblement qu'en mode diapositive.

Vous pouvez également en mode <Trieuse>, cliquer sur l'icône située sous la diapositive.

Cliquez sur cette icône sous la diapositive disposant d'un effet de transition.

DIAPOSITIVE DE RÉSUMÉ OU DE PLAN

Vous pouvez créer une diapositive résumant les points clés d'une présentation à partir des titres des diapositives sélectionnées. Placée au début de la présentation, elle jouera le rôle d'un sommaire ou d'une table des matières.

1 - CRÉER UNE DIAPOSITIVE DE RÉSUMÉ

• En mode *Trieuse de diapositives*, sélectionnez les diapositives dont les titres doivent apparaître dans la diapositive de résumé

Cliquez sur ce bouton dans la barre d'outils *Trieuse de diapositives*.

Une nouvelle diapositive contenant les titres des diapositives sélectionnées apparaît avant la première diapositive de la sélection.

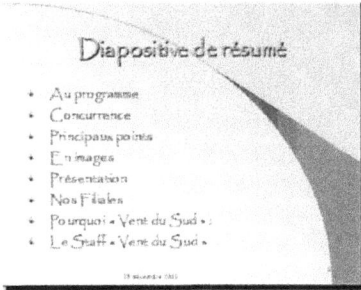

2 - CRÉER UNE DIAPOSITIVE DE PLAN

Il est possible de convertir une diapositive de résumé en une diapositive de plan, simplement en transformant les titres en liens hypertexte. La diapositive devient alors dynamique, permet d'accéder directement aux sections correspondantes de la présentation et de lancer divers diaporamas personnalisés.

Convertir une diapositive de résumé en diapositive de plan

• Affichez la diapositive de résumé en mode Normal

Puis, créer un lien hypertexte pour chaque titre de la liste :

• Sélectionnez le titre
• *Diaporama/Paramètres des actions*
• Cochez ○*Créer un lien hypertexte vers*

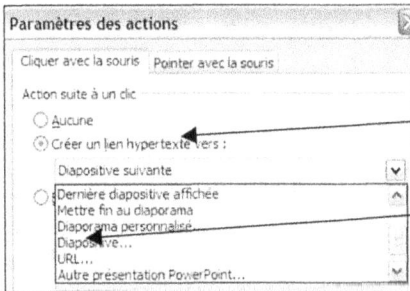

• Dans la liste déroulante au-dessous, cliquez sur (b) *Diapositive…*
• Sélectionnez le titre de la diapositive à atteindre, puis cliquez sur «OK»

Créer une diapositive de plan pour lancer des diaporamas personnalisés

• Vous pouvez, de la même manière crée une diapositive de plan, pour vos diaporamas personnalisés : Pour chaque titre, créez un lien hypertexte vers un diaporama personnalisé.

BOUTONS D'ACTION

Lors d'un diaporama, il est possible d'utiliser un bouton pour effectuer un branchement vers une autre diapositive de la présentation, vers une autre présentation, vers d'autres applications, vers des documents non PowerPoint, ou encore vers une page Web.

PowerPoint comprend un ensemble de boutons 3D prédéfinis pour effectuer ces diverses actions. Certains boutons sont dédiés à la navigation (*Suivant*, *Précédent*, *Accueil*, *Aide*) et sont déjà programmés, les autres nécessitent d'être paramétrés.

L'action associée au bouton pourra être déclenchée en cliquant sur celui-ci ou simplement en amenant le pointeur sur lui.

1 - INSÉRER UN BOUTON D'ACTION SUR UNE DIAPOSITIVE

- Affichez la diapositive en mode Normal
- *Diaporama/Boutons d'action*

(a) (b) (c) (d) (e) (f) (g) (h) (i) (j) (k) (l)

(a) Bouton personnalisé.
(b) Page d'accueil (première diapositive).
(c) Lance l'aide.
(d) Informations.
(e) Précédent.
(f) Suivant.

(g) Début.
(h) Fin.
(i) Retour.
(j) Document.
(k) Son.
(l) Vidéo.

- Cliquez sur un des boutons dans le sous-menu
- Cliquez et faites glisser le pointeur sur la diapositive pour créer le bouton

La boîte de dialogue de paramétrage des actions s'affiche :

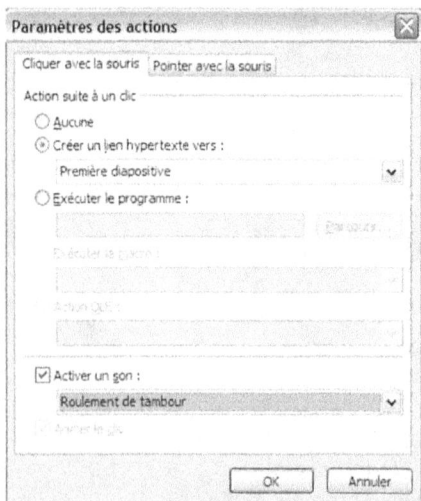

- Cliquez sur l'onglet *Cliquer avec la souris* pour déclencher l'action en cliquant sur le bouton, ou sur l'onglet *Pointer avec la souris* pour déclencher l'action en amenant le pointeur sur le bouton

Si vous avez sélectionné le premier bouton *Personnalisé* (a) ou un bouton autre que ceux dédiés à la navigation, il reste à décrire l'action à associer au bouton.

BOUTONS D'ACTION

2 - CRÉER UN LIEN VERS UNE DIAPOSITIVE

- Dans la boîte de dialogue *Paramètres des actions*, cochez ⊙ *Créer un lien hypertexte vers une diapositive*
- Déroulez la liste que vous venez d'activer et sélectionnez *Diapositive suivante*, *Diapositive précédente*, *Première diapositive* ou *Dernière diapositive*

Ou

- Pour atteindre une diapositive qui ne figure pas dans la liste, sélectionnez *Diapositive*

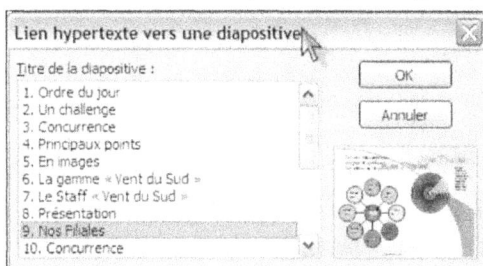

- Sélectionnez la diapositive vers laquelle effectuer le branchement
- Cliquez sur «OK» deux fois pour fermer les boîtes de dialogue

Dès lors, quand vous cliquerez ou quand vous placerez le pointeur de la souris sur ce bouton pendant un diaporama, la diapositive pointée s'affichera automatiquement. Pour revenir à la diapositive de départ après le branchement, créez sur la diapositive vers laquelle on se branche un bouton ramenant à la diapositive de départ.

3 - CRÉER UN LIEN VERS UNE AUTRE PRÉSENTATION

- Dans le dialogue *Paramètres des actions*, cochez ⊙ *Créer un lien hypertexte vers*
- Déroulez la liste que vous venez d'activer et sélectionnez *Autre présentation PowerPoint*

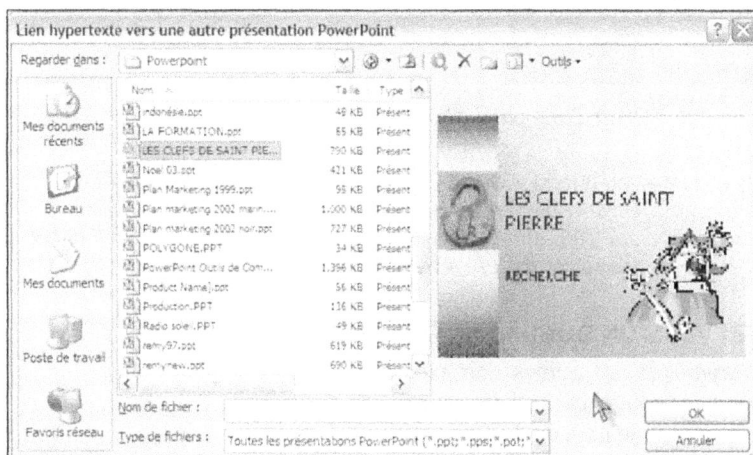

- Sélectionnez le nom de la présentation vers laquelle vous brancher
- Cliquez sur «OK»
- Sélectionnez le nom de la diapositive à partir de laquelle devra débuter la présentation choisie comme cible
- Cliquez sur «OK» deux fois

Dès lors, quand vous cliquerez ou quand vous placerez le pointeur de la souris sur ce bouton pendant le diaporama, la présentation choisie s'affichera. Une fois cette présentation achevée, le diaporama reviendra à la présentation initiale, là où elle avait été interrompue.

4 - CRÉER UN LIEN VERS UN DIAPORAMA PERSONNALISÉ

- Dans le dialogue *Paramètres des actions*, cochez ⊙ *Créer un lien hypertexte vers*
- Déroulez la liste que vous venez d'activer et sélectionnez *Diaporama personnalisé*

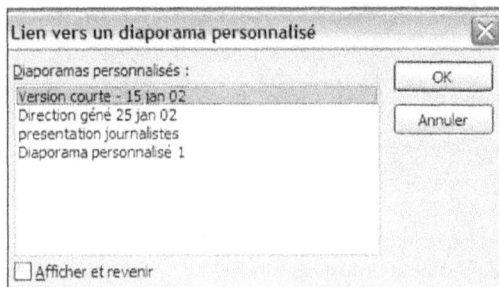

- Sélectionnez le nom du diaporama personnalisé
- Cochez ☒*Afficher et revenir* si vous souhaitez revenir à la présentation de départ après le déroulement du diaporama personnalisé
- Cliquez sur «OK» deux fois

Dès lors, quand vous cliquerez ou quand vous placerez le pointeur de la souris sur ce bouton pendant le diaporama, PowerPoint lancera le diaporama personnalisé choisi.

5 - CRÉER UN LIEN VERS UNE PAGE WEB

- Dans le dialogue *Paramètres des actions*, cochez ⊙ *Créer un lien hypertexte vers*
- Déroulez la liste que vous venez d'activer et sélectionnez *URL*

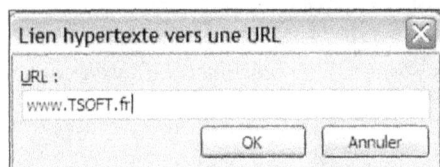

- Tapez l'adresse (on parle d'URL) d'une page Web
- Cliquez sur «OK» deux fois

Dès lors, quand vous cliquerez ou quand vous placerez le pointeur de la souris sur ce bouton pendant le diaporama, PowerPoint se connectera à Internet (ou à votre réseau intranet), lancera votre navigateur Web et affichera la page indiquée. Fermez le navigateur Web et déconnectez-vous si nécessaire pour revenir à la présentation.

6 - CRÉER UN LIEN VERS UN DOCUMENT QUELCONQUE

- Dans le dialogue *Paramètres des actions*, cochez ⊙ *Créer un lien hypertexte vers*
- Déroulez la liste que vous venez d'activer et sélectionnez *Autre fichier*
- Sélectionnez le dossier, puis le nom du fichier
- Cliquez sur «OK» deux fois

Dès lors, quand vous cliquerez ou quand vous placerez le pointeur de la souris sur ce bouton pendant le diaporama, PowerPoint ouvrira le fichier à l'aide de l'application qui a été utilisée pour le créer. Fermez le fichier pour revenir à la présentation.

7 - CRÉER UN LIEN VERS UNE AUTRE APPLICATION

- Dans la boîte de dialogue *Paramètres des actions*, cochez ⊙ *Exécuter le programme*
- Cliquez sur «Parcourir»
- Sélectionnez le dossier, puis le fichier exécutable de l'application

BOUTONS D'ACTION

- Cliquez sur «OK» deux fois

Dès lors, quand vous cliquerez ou placerez le pointeur de la souris sur ce bouton pendant le diaporama, l'application choisie s'ouvrira automatiquement. Quittez l'application pour revenir à la présentation.

8 - PERSONNALISER L'ASPECT D'UN BOUTON

Mettre en forme le bouton

- Double-cliquez sur le bouton

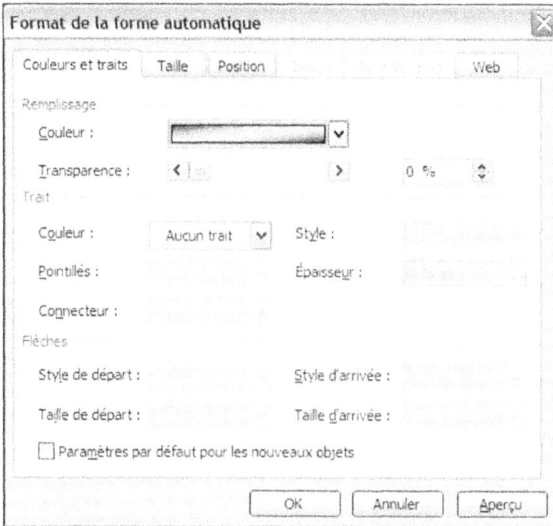

- Faites vos choix
- Cliquez sur «OK»

Modifier le texte affiché par le bouton

- Clic-droit sur le bouton, puis choisissez *<Modifier Texte>* ou *<Ajouter Texte>*
- Tapez un libellé pour le bouton, ou ajoutez une forme ou un dessin
- Mettez accessoirement ce texte en forme à l'aide des divers boutons de la barre d'outils *<Mise en forme>*
- Adaptez la taille du bouton en faisant glisser l'une des poignées qui l'entourent
- Cliquez en dehors du bouton pour terminer

Remarque : pensez à grouper les différents objets de type *Texte* ou *Dessin* que vous auriez intégrés au bouton avant de modifier sa taille.

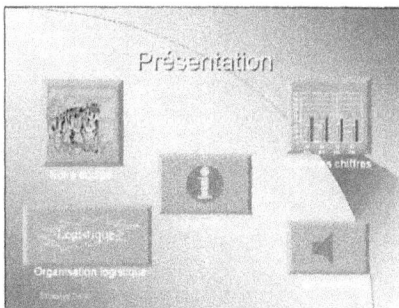

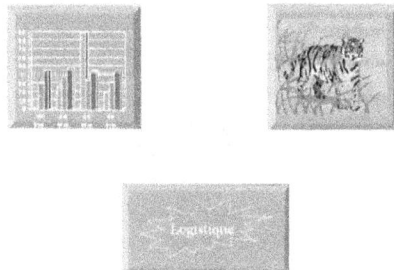

LIENS HYPERTEXTE

Lors d'un diaporama, plutôt que d'utiliser un bouton d'action, il est possible d'utiliser un lien hypertexte pour déclencher les mêmes actions : branchement vers une autre diapositive de la présentation, vers une autre présentation, vers d'autres applications, vers des documents non PowerPoint, ou encore vers une page Web.

Un lien hypertexte apparaît sur une diapositive soit sous la forme d'un texte en couleur et souligné, soit sous la forme d'une image :

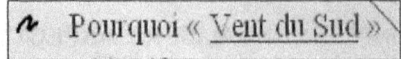

> ↷ Pourquoi « Vent du Sud »

Trois méthodes distinctes sont disponibles pour créer des liens hypertexte, la dernière permettant notamment de créer un lien pointant vers une nouvelle présentation (présentation pas encore créée) ou vers une adresse de messagerie (pour envoyer un message).

1 - PREMIÈRE MÉTHODE

A part le début de la procédure, cette méthode est semblable à celle utilisée pour créer un bouton d'action et propose exactement les mêmes fonctionnalités.

- Affichez la diapositive dans laquelle créer le lien hypertexte
- Tapez le texte ou insérez l'image à transformer en lien hypertexte
- Sélectionnez le texte ou l'image
- *Diaporama/Paramètres des actions*
- Cliquez sur l'onglet *Cliquer avec la souris* pour déclencher l'action en cliquant sur le lien, ou sur l'onglet *Pointer avec la souris* pour déclencher l'action en amenant le pointeur sur le lien
- Cochez ⊙ *Créer un lien hypertexte vers*
- Pour décrire l'action à associer au lien, procédez comme pour un bouton d'action

2 - SECONDE MÉTHODE

Cette méthode consiste à créer des liens hypertexte par *Copier/Coller - Coller avec liaison*

Si le lien doit pointer vers une diapositive :
- Ouvrez la présentation vers laquelle doit pointer le lien
- Passez en mode *Trieuse de diapositives*
- Sélectionnez la diapositive vers laquelle doit pointer le lien
- *Edition/Copier*

Ou bien
Si le lien doit pointer vers un document :
- Lancez l'Explorateur Windows
- Affichez le contenu du dossier contenant le document
- Sélectionnez le document vers lequel doit pointer le lien
- *Edition/Copier*

Puis,
- Ouvrez la présentation dans laquelle placer le lien
- Affichez en *mode Normal* la diapositive dans laquelle vous souhaitez placer le lien
- Placez le curseur dans une zone de texte, là où le lien doit apparaître
- *Edition/Collage spécial*
- Cochez ⊙ *Coller avec liaison*
- <En tant que> : sélectionnez *Joindre un lien hypertexte*
- Cliquez sur «OK»

Le lien hypertexte est créé et il affiche soit le titre de la diapositive pointée, soit le nom du document pointé :

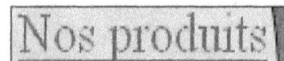

> Nos produits

LIENS HYPERTEXTE

3 - TROISIÈME MÉTHODE

- En *mode Normal*, affichez la diapositive dans laquelle insérer le lien
- Créez une zone de texte là où l'adresse du lien devra apparaître ou sélectionnez l'image à transformer en lien

Cliquez sur ce bouton dans la barre d'outils *Standards*, ou *Insertion/lien hypertexte*, *ou appuyez sur* Ctrl + **K**

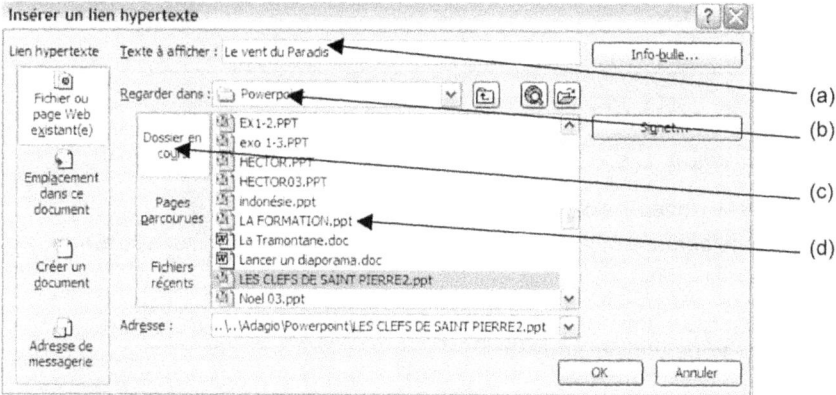

(a) Tapez le texte du lien que vous créez

(b) Choisissez une présentation PowerPoint ou un fichier d'une autre origine,

(c) Recherchez le dossier dans lequel se trouve le fichier recherché

(d) Sélectionnez le nom de la présentation ou du fichier

S'il s'agit d'une présentation PowerPoint, le lien peut pointer non seulement vers la présentation, mais plus précisément sur l'une de ses diapositives :

- Cliquez sur «Signet» dans la boîte de dialogue de création du lien

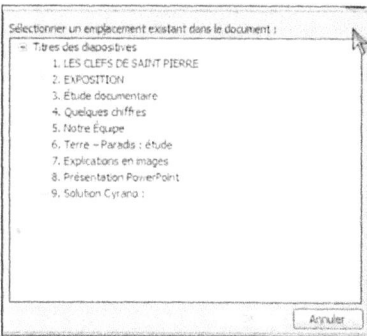

- Sélectionnez le titre de la diapositive vers laquelle pointer
- Cliquez sur «OK»

Pour une adresse URL que vous utilisez souvent

Pages parcourues	Cliquez sur ce bouton

LIENS HYPERTEXTE

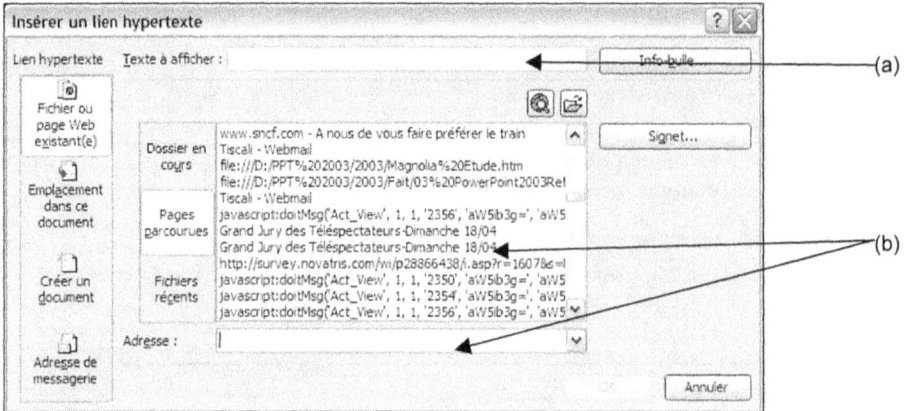

(a) <Texte à afficher> : tapez le texte du lien

(b) Sélectionnez une adresse URL récemment utilisée ou tapez-en une dans la zone <Adresses>

• Cliquez sur «OK»

Pour un fichier que vous utilisez souvent

Fichiers récents   Cliquez sur ce bouton.

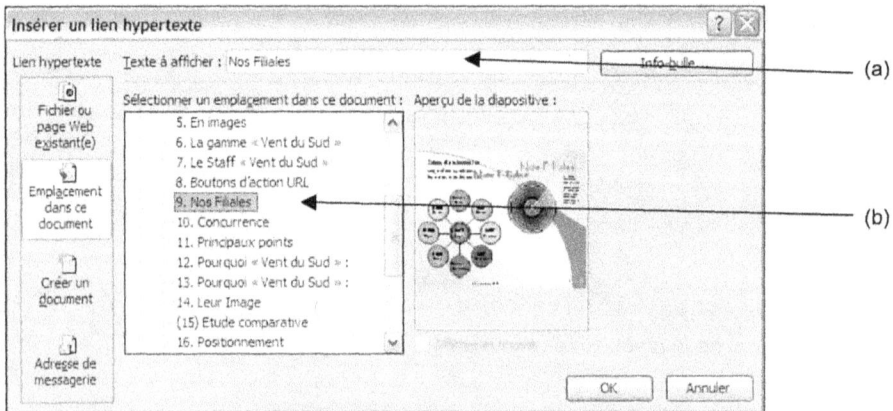

• <Texte à afficher> : tapez le texte du lien
• Sélectionnez le nom d'une présentation ou d'un fichier récemment utilisé
• Cliquez sur «OK»

Créer un lien vers une diapositive ou vers un diaporama personnalisé

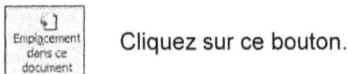

Emplacement dans ce document   Cliquez sur ce bouton.

Tapez le texte du lien ou gardez le titre de la diapositive vers laquelle vous pointez

Sélectionnez le titre de la diapositive ou du diaporama personnalisé à atteindre

• Cliquez sur «OK»

LIENS HYPERTEXTE

Créer un lien vers une nouvelle présentation

Créer un document	Cliquez sur ce bouton.

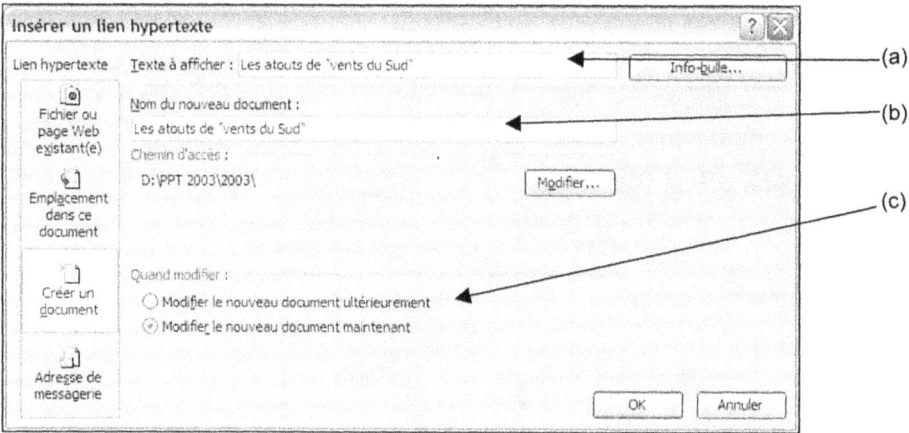

(a) Tapez le texte du lien

(b) Tapez un nom pour le document

(c) Indiquez quand la nouvelle présentation sera créée

• Cliquez sur «OK»

Créer un lien vers une adresse de messagerie

Adresse de messagerie	Cliquez sur ce bouton.

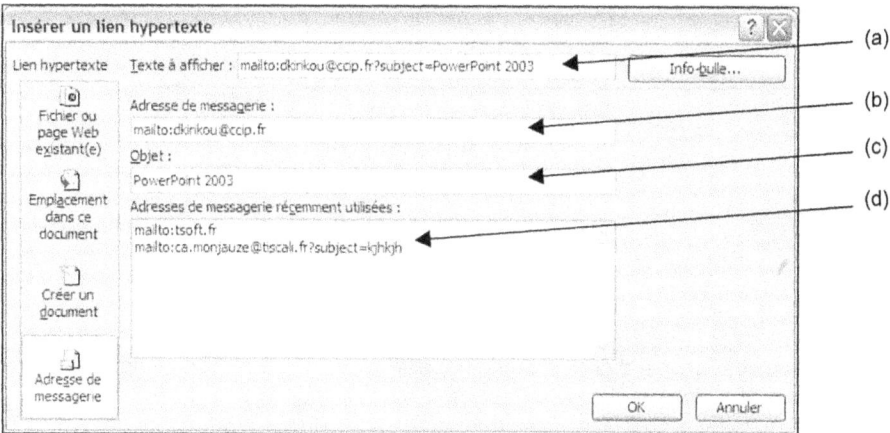

(a) Tapez le texte du lien

(b) Tapez l'adresse de messagerie du destinataire du message

(c) Tapez l'objet du message

Ou

(d) Sélectionnez en une adresse de messagerie que vous avez utilisée récemment

• Cliquez sur «OK»

DIAPORAMA PERSONNALISÉ

Il est possible, à partir d'une présentation, de créer diverses versions ne comprenant que certaines des diapositives. Ces versions sont enregistrées dans le même fichier que la présentation principale. Si un discours est associé au diaporama, son contenu s'adapte aux diapositives choisies.

Ainsi, pouvez vous adapter à vos différents publics, et organiser plusieurs diaporamas personnalisés :

1 - LANCER UN DIAPORAMA PERSONNALISÉ

• *Diaporama/Diaporamas personnalisés*

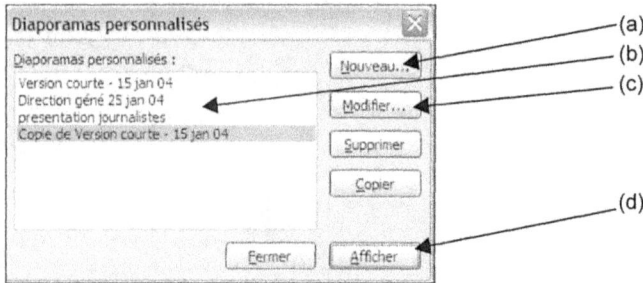

• Sélectionnez le nom du diaporama personnalisé à lancer dans la zone (b)
• Cliquez sur *<Afficher>* (d)

Cliquez sur *<Nouveau>* (a) ou sur *<Modifier>* (c) pour créer ou modifier un diaporama personnalisé :

2 – CRÉER / MODIFIEZ UN DIAPORAMA PERSONNALISÉ

• *Diaporama/Diaporamas personnalisés/Nouveau (ou /Modifier)*

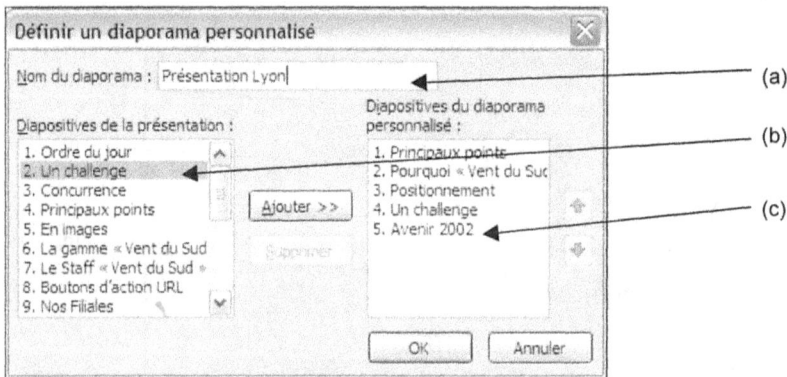

• Tapez en (a) un nom pour le diaporama personnalisé (vous pouvez utiliser jusqu'à trente et un caractères au maximum)
• Sélectionnez en (b) les diapositives que vous voulez inclure dans le diaporama personnalisé : pour sélectionner plusieurs diapositives, maintenez la touche ⟦Ctrl⟧ enfoncée et cliquez sur chacune des diapositives souhaitées
• Cliquez sur «Ajouter»

Pour modifier l'ordre dans lequel les diapositives s'affichent :
• Sélectionnez la diapositive à déplacer en (c)
• Cliquez sur les flèches afin de déplacer la diapositive vers le haut ou vers le bas dans la liste
• Cliquez sur «OK», puis cliquez sur «Fermer»

ENREGISTRER UN DISCOURS

Cette fonctionnalité permet d'enregistrer un discours qui sera retransmis lors du déroulement automatique du diaporama. Votre ordinateur doit être équipé d'une carte son d'un microphone et de hauts parleurs. L'enregistrement du discours s'effectue en faisant défiler le diaporama. On peut réviser et réenregistrer le discours à partir d'une diapositive particulière.

Attention : le discours est prioritaire sur les objets audio présents dans la diapositive et sera susceptible de masquer la lecture de certains d'entre eux.

1 - ENREGISTRER UN DISCOURS

- Sélectionnez ou affichez la première diapositive
- *Diaporama/Enregistrer la narration*

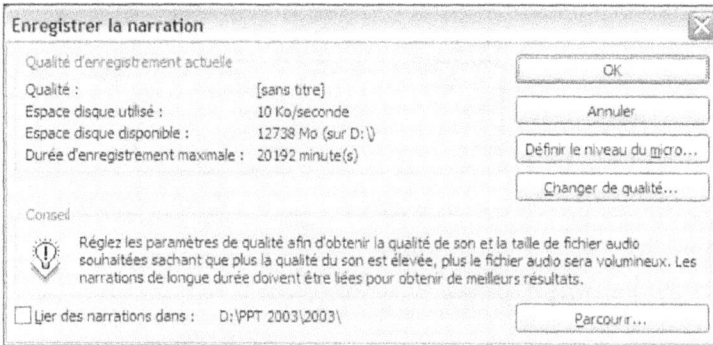

- Cochez ⊠ *Lier des narrations* pour enregistrer le discours dans un fichier son (.wav) indépendant, lié à la présentation. Sinon, le fichier audio sera incorporé à la présentation
- Utilisez le bouton «Définir le niveau du micro» pour vérifier le bon fonctionnement du micro et réglez son volume
- Utilisez le bouton «Changer de qualité» pour choisir une qualité d'enregistrement de type radio, téléphone ou CD. Plus la fréquence d'échantillonnage sera élevée, meilleure sera la qualité de l'enregistrement, mais le fichier audio associé peut alors atteindre une taille importante
- Cliquez sur «OK» pour commencer l'enregistrement

PowerPoint passe alors automatiquement en mode Diaporama.

- Enregistrez votre discours en fonction du déroulement du diaporama.

A la fin du diaporama, un message s'affiche.

- Cliquez sur «Enregistrer» pour enregistrer le minutage en même temps que le discours, ou cliquez sur «Ne pas enregistrer» pour enregistrer seulement le discours

Une icône de son en forme de haut-parleur apparaît dans le coin inférieur droit de chaque diapositive contenant un discours

2 - MODIFIER LE DISCOURS À PARTIR D'UNE DIAPOSITIVE PARTICULIÈRE

- Affichez la diapositive à partir de laquelle réviser le discours
- *Diaporama/Enregistrer la narration*
- Un premier dialogue s'affiche : cliquez sur «OK»

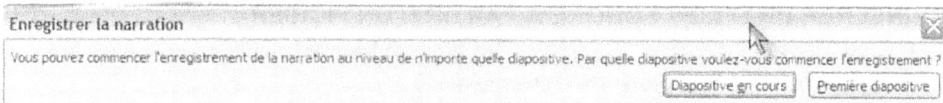

- Si vous cliquez sur «Diapositive en cours»

Le diaporama est relancé à partir de cette diapositive.

- Réenregistrez le discours

SÉQUENCES AUDIO

On peut insérer dans une diapositive une séquence audio (format Wav, Midi, Rmi, Aif, Au, Mp3, etc.). Cette séquence audio peut provenir d'un fichier enregistré sur votre disque, de la Bibliothèque multimédia (Collection Office, Vos Collections, Collections Web) ou d'un CD audio.

1 - INSÉRER UN SON ISSU DE LA BIBLIOTHÈQUE MULTIMÉDIA

• *Insertion/Films et sons/Son de la Bibliothèque multimédia*

Le volet Office *Image clipart* lance immédiatement une recherche de sons dans la bibliothèque.

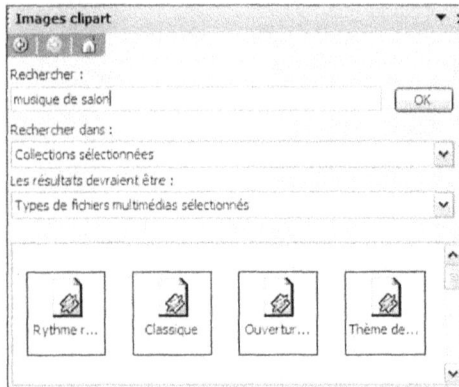

Le résultat de la recherche s'affiche.

• Cliquez sur l'icône de la séquence audio de votre choix

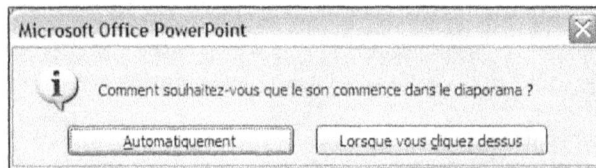

• Cliquez sur «Automatiquement» pour que la séquence audio soit lue automatiquement à l'affichage de la diapositive

Ou

• Cliquez sur «Lorsque vous cliquez dessus» si vous préférez avoir à cliquer sur une icône pour en déclencher la lecture

Une icône représentant un haut-parleur apparaît sur la diapositive.

• Cliquez et faites glisser cette icône à l'emplacement voulu sur la diapositive. Il est également possible de la redimensionner

Lors du diaporama, si le déclenchement de la lecture du fichier sonore n'est pas automatique, cliquez sur cette icône pour écouter la séquence.

2 - INSÉRER UN OBJET SONORE À PARTIR D'UN FICHIER

• En mode Normal, affichez la diapositive dans laquelle insérer l'objet musical ou sonore
• *Insertion/Films et sons/À partir d'un fichier audio*
• Sélectionnez le dossier, puis le nom du fichier son à insérer
• Cliquez sur «OK»

Continuez comme pour n'importe quel objet son.

SÉQUENCES AUDIO

3 - INSÉRER UN OBJET SONORE À PARTIR D'UN CD AUDIO

- Insérez le CD audio dans le lecteur CD-ROM de votre ordinateur
- En mode Normal, sélectionnez la diapositive dans laquelle insérer un titre du CD
- *Insertion/Films et sons/Lire une piste de CD audio*

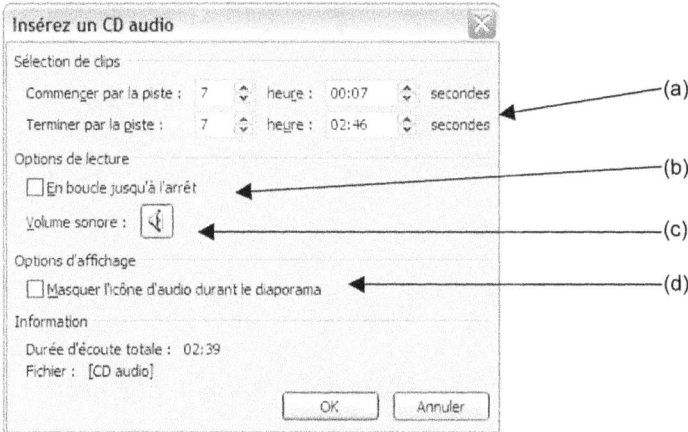

(a) Précisez en le titre de départ, le moment du départ, le titre de fin et la durée
(b) Cochez la case si vous souhaitez que la lecture du son pendant le diaporama se fasse en boucle, jusqu'à la fin
(c) réglez le volume sonore du clip
(d) Masquez l'icône (départ automatique !)

- Cliquez sur «OK»

Continuez comme pour n'importe quel objet son.

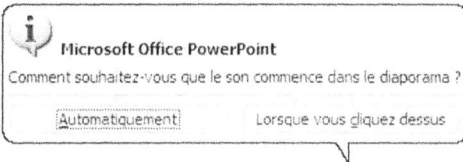

- Cliquez «Oui» pour lire la séquence audio lors de l'affichage de la diapositive

Ou

- Cliquez sur «Non» si vous préférez cliquer sur une icône pour en déclencher la lecture

Une icône représentant un CD apparaît sur la diapositive

4 - ENREGISTRER ET INSÉRER UN COMMENTAIRE VOCAL

Vous devez disposer d'un microphone connecté à votre carte son.

- *Insertion/Films et sons/Enregistrer un son*

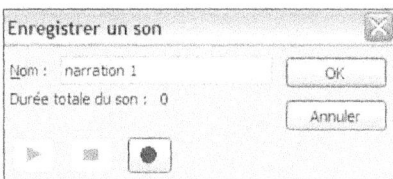

SÉQUENCES AUDIO

- Tapez un nom

Cliquez sur ce bouton pour démarrer l'enregistrement.

- Parlez devant le microphone

Cliquez sur ce bouton pour mettre fin à l'enregistrement.

- Cliquez sur «OK»

Une icône représentant un haut parleur apparaît sur la diapositive.

- Cliquez et faites glisser cette icône à l'emplacement voulu sur la diapositive. Il est également possible de la redimensionner

Lors du diaporama, si le déclenchement de la lecture du fichier sonore n'est pas automatique, cliquez sur cette icône pour lancer la séquence.

5 - RÉGLAGE/MODIFICATION DU DÉCLENCHEMENT D'UN OBJET SONORE

Pour redéfinir le fait que l'objet sonore doit être lu automatiquement à l'affichage de la diapositive, ou lorsque l'on clique sur son icône, ou pour l'intégrer aux animations des images de votre diapositive.

- Sélectionnez l'icône de l'objet sonore
- *Diaporama/Personnaliser l'animation*

Le volet Office *Personnaliser l'animation* s'affiche.

- *<Début>* : sélectionnez un type de déclencheur

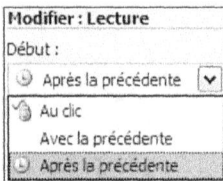

Lorsque vous avez plusieurs objets son, il vous est possible de faire les réglages individuellement en sélectionnant l'objet, et en utilisant le menu déroulant qui lui est affecté

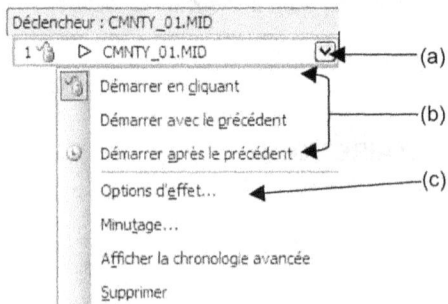

(a) Cliquez pour dérouler la liste de commande

(b) Choisir le style de démarrage

(c) Choisir les options d'effets : le minutage, le effets et les paramètres audio sont des onglets de la boite de dialogue *<Options d'effets>*

SÉQUENCES AUDIO

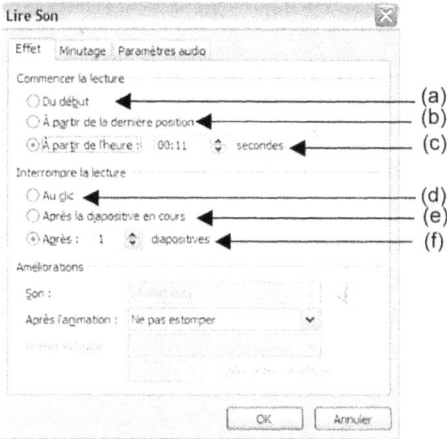

Lire Son

Effet | Minutage | Paramètres audio

Commencer la lecture
- Du début — (a)
- À partir de la dernière position — (b)
- À partir de l'heure : 00:11 secondes — (c)

Interrompre la lecture
- Au clic — (d)
- Après la diapositive en cours — (e)
- Après : 1 diapositives — (f)

Améliorations

Son :

Après l'animation : Ne pas estomper

OK | Annuler

(a) commencer le clip au début,
(b) Démarrer là ou il s'était arrêté précédemment
(c) Déterminer le temps après lequel il d
démarrer.
(d) Interrompre le son au clic
(e) Après la diapositive
(f) Déterminer la durée du son par rappc
au déroulement des diapositives

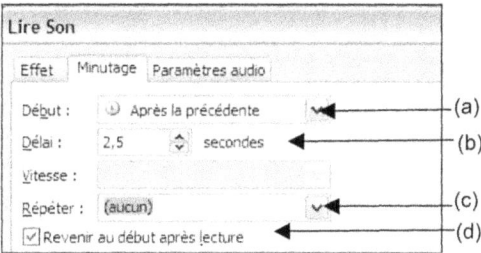

Lire Son

Effet | Minutage | Paramètres audio

Début : Après la précédente — (a)

Délai : 2,5 secondes — (b)

Vitesse :

Répéter : (aucun) — (c)

☑ Revenir au début après lecture — (d)

(a) Démarrer le son après le précédent
(b) Déterminer le temps séparant les deu animations
(c) Répéter le son
(d) Revenir au début après lecture

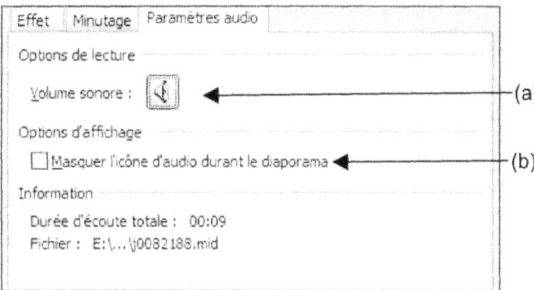

Effet | Minutage | Paramètres audio

Options de lecture

Volume sonore : — (a)

Options d'affichage

☐ Masquer l'icône d'audio durant le diaporama — (b)

Information

Durée d'écoute totale : 00:09
Fichier : E:\...\j0082188.mid

(a) Cliquez pour régler le volume du so
(b) Masquer l'icône lors du diaporama

• Fermez le volet Office

VIDÉOS ET SÉQUENCES ANIMÉES

On peut insérer dans une diapositive un clip vidéo (formats Avi, Mov, Cda, M1v, Mp2, Mpa, etc.), une animation ou une image Gif animée.

Cette séquence animée peut provenir d'un fichier enregistré sur votre disque ou de la Bibliothèque Microsoft multimédia.

1 - INSÉRER UNE VIDÉO/ANIMATION DE LA BIBLIOTHÈQUE MULTIMÉDIA

• *Insertion/Films et sons/Film de la Bibliothèque multimédia*

Le volet Office *Insérer une image clipart* lance immédiatement une recherche son dans la bibliothèque. Le résultat de la recherche s'affiche aussitôt :

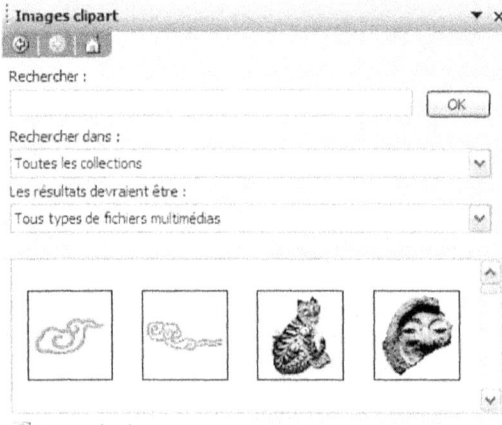

• Cliquez sur l'icône de la séquence vidéo ou l'animation de votre choix

S'il s'agit d'une vidéo, le message suivant s'affiche :

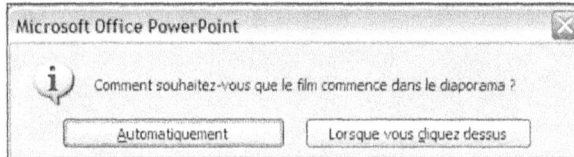

• Cliquez sur «Oui» pour que la vidéo ou l'animation soit lue à l'affichage de la diapositive
Ou
• Cliquez sur «Non» pour avoir à cliquer sur une vignette pour en déclencher la lecture

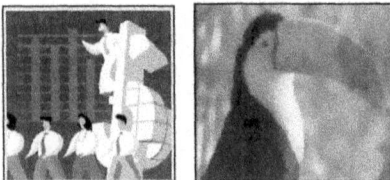

Une vignette représentant une image du clip apparaît sur la diapositive. Suivant la nature du fichier cette icône peut prendre plusieurs aspects : la première image du clip si c'est une vidéo, ou l'image du clip s'il s'agit d'un clip animé.

• Cliquez et faites glisser cette icône à l'emplacement voulu sur la diapositive. Il est également possible de la redimensionner

Lors du diaporama, si le déclenchement de la lecture de la vidéo n'est pas automatique, cliquez sur sa vignette pour la lancer.

VIDÉOS ET SÉQUENCES ANIMÉES

2 - INSÉRER UNE VIDÉO/ANIMATION À PARTIR D'UN FICHIER

- En mode Normal, affichez la diapositive dans laquelle insérer l'objet vidéo
- *Insertion/Films et sons/Film en provenance d'un fichier*
- Sélectionnez le dossier, puis le nom du fichier vidéo à insérer
- Cliquez sur «OK»

Continuez comme pour n'importe quel objet vidéo.

- Cliquez sur «Oui» pour que la séquence soit lue automatiquement à l'affichage de la diapositive, ou sur «Non» si vous préférez avoir à cliquer sur une vignette pour en déclencher la lecture

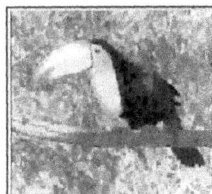

La première image de la séquence apparaît sur la diapositive sous la forme d'une vignette.

- Cliquez et faites glisser la vignette affichant la première image de la séquence à l'emplacement voulu sur la diapositive. Il est également possible de la redimensionner

3 - OPTIONS DE DÉCLENCHEMENT POUR UNE VIDÉO OU UNE ANIMATION

- Sélectionnez l'objet ou son icône
- *Diaporama/Personnaliser l'animation*
- Dans le volet Office *Personnaliser l'animation*, déroulez la liste <Début>
- Sélectionnez un type de déclencheur
- Fermez le volet Office

4 - INSÉRER UNE VIDÉO OU UNE ANIMATION SOUS FORME D'ICÔNE

Lorsque vous affichez une séquence animée sous forme d'icône, l'icône sélectionnée apparaît à la place de la première image du film. Et la lecture de la vidéo se fera dans une fenêtre distincte.

- Affichez en mode Normal la diapositive sur laquelle vous voulez insérer l'icône de la séquence
- *Insertion/Objet*
- Cochez ⊙ *À partir d'un fichier*
- Cliquez sur «Parcourir»
- Sélectionnez le dossier, puis le nom du fichier vidéo
- Cliquez sur «OK»
- Cochez ☒*Afficher sous forme d'icône*
- Cliquez sur «OK»

Cette icône apparaît sur la diapositive.

Lors du diaporama, cliquez sur cette icône pour ouvrir une fenêtre qui affichera la séquence.

1 - MASQUER OU DÉMASQUER UNE DIAPOSITIVE

En masquant une diapositive, on se laisse le choix de l'afficher ou non lors de la présentation.

- En *mode Trieuse de diapositives*, sélectionnez la ou les diapositives à masquer
- En *mode Normal*, affichez la diapositive à masquer, menu, puis

Cliquez sur ce bouton dans la barre d'outils *Trieuse de diapositives*,

ou

- *Diaporama/Masquer la/les diapositive(s)*

La diapositive apparaît dans la trieuse avec son numéro d'ordre barré :

 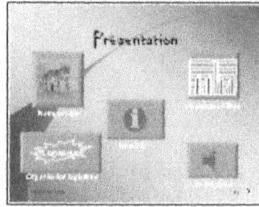 

2 - LANCER UN DIAPORAMA PERSONNALISÉ

- *Diaporama/Diaporamas personnalisés*

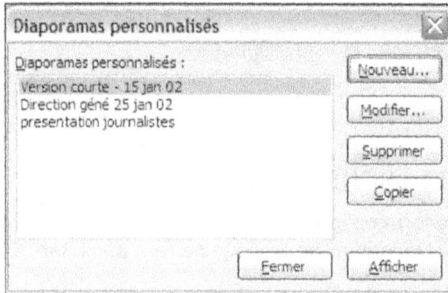

- Sélectionnez le nom du diaporama personnalisé à lancer
- Cliquez sur «Afficher»

3 - CRÉER UN DIAPORAMA PERSONNALISÉ

- *Diaporama/Diaporamas personnalisés*
- Cliquez sur «Nouveau»

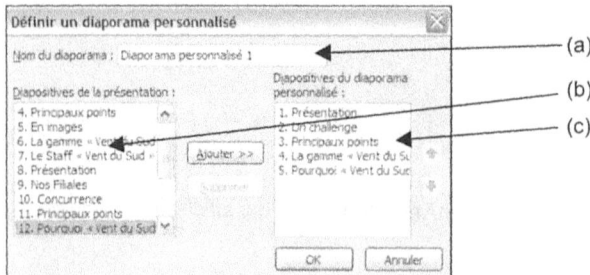

ORGANISATION DU DIAPORAMA

- Tapez en (a) un nom pour le diaporama personnalisé (vous pouvez utiliser jusqu'à trente et un caractères)
- Sélectionnez en (b) les diapositives que vous voulez inclure dans le diaporama personnalisé : pour sélectionner plusieurs diapositives, maintenez la touche ⌨Ctrl enfoncée et cliquez sur chacune des diapositives souhaitées
- Cliquez sur «Ajouter»

Pour modifier l'ordre dans lequel les diapositives s'affichent :
- Sélectionnez la diapositive à déplacer en (c)
- Cliquez sur les flèches afin de déplacer la diapositive vers le haut ou vers le bas dans la liste
- Cliquez sur «OK»
- Cliquez sur «Fermer»

4 - MINUTAGE DES DIAPOSITIVES

Par défaut, le passage à la diapositive ou à l'animation suivante est manuel : il faut cliquer sur le bouton de la souris, appuyer sur la barre d'espace ou cliquer sur les flèches de navigation de la barre d'outils diaporama

Mais vous avez aussi la possibilité de définir le temps d'exposition des diapositives et des animations lors d'un diaporama : soit vous définissez la durée d'affichage de chaque effet et de chaque diapositive, soit vous répétez le déroulement de votre présentation en enregistrant le temps de passage de chaque effet, et diapositive.

PowerPoint enregistre alors le temps d'affichage des diapositives pendant cette simulation. Vous définissez ainsi votre minutage.

Régler manuellement le minutage

- En *mode Trieuse de diapositives*, sélectionnez une ou plusieurs diapositives
- En *mode Normal*, affichez la diapositive

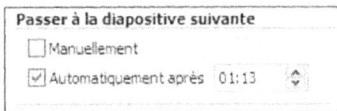

Passer à la diapositive suivante

☐ Manuellement

☑ Automatiquement après 01:13 ↕

- Dans le menu *Diaporama*, cliquez sur la commande `▨ Transition…`, ou
  Choisissez dans la liste des volets Office, le volet *Transition*, le volet s'affiche à droite de la diapositive : dans le volet Office *Transition*, cochez ☒*Automatiquement après*
- Tapez le nombre de secondes pendant lesquelles la ou les diapositives doivent rester affichées

En *mode Trieuse de diapositives*, la durée d'affichage ainsi définie apparaît sous la diapositive.

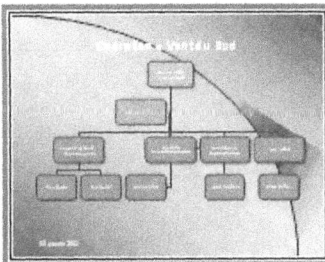

01:11   **10**

ORGANISATION DU DIAPORAMA

Enregistrer le minutage pendant une répétition

 Cliquez sur ce bouton dans la barre d'outils *Trieuse de diapositives,* ou

- *Diaporama/Vérification du minutage*

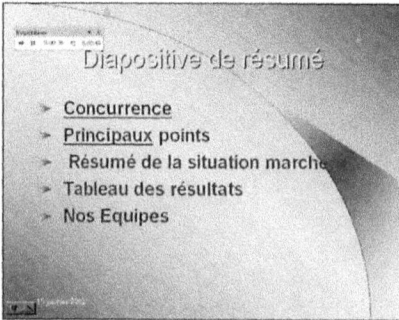

Le diaporama commence et cette barre d'outils apparaît :

(a) (b)   (c)   (d)   (e)

(a) Étape suivante.

(b) Suspendre.

(c) Temps d'affichage de la diapositive.

(d) Répéter

(e) Durée actuelle du diaporama

- Faites défiler la présentation en passant à l'étape suivante d'une animation, ou à la diapositive suivante, en cliquant sur le premier bouton de la barre d'outils ou en appuyant sur la barre d'espace

- Minutez ainsi le temps souhaité pour chaque animation et pour l'affichage de chaque diapositive de votre présentation.

Quand la présentation s'est entièrement déroulée, le message suivant s'affiche :

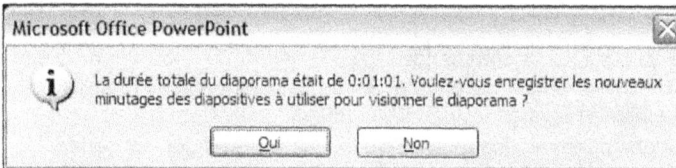

- Cliquez sur «Oui» pour valider le minutage des diapositives ou sur «Non» pour recommencer

En mode Trieuse de diapositives, le minutage apparaît sous les diapositives :

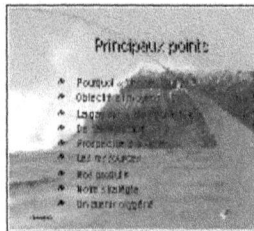

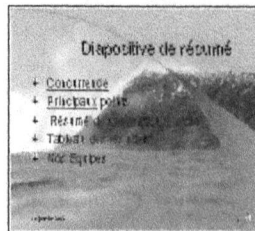

00:10   1   00:15   2   00:18   3

ORGANISATION DU DIAPORAMA

5 - PARAMÈTRES ET OPTIONS POUR LE DIAPORAMA

• *Diaporama/Paramètres du diaporama*

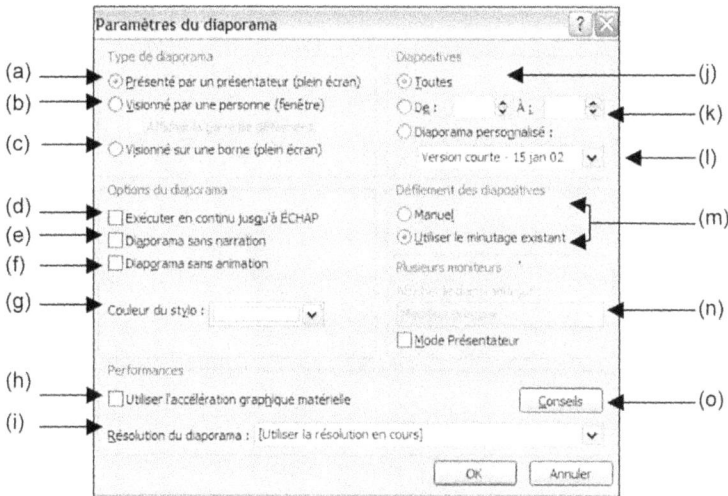

(a) Présentation en plein écran, le mode le plus fréquent et qui nécessite un conférencier. Vous contrôlez totalement le diaporama. Vous pouvez l'exécuter automatiquement ou manuellement.

(b) Présentation sur un écran plus petit, par exemple une présentation destinée à être parcourue par une seule personne via un réseau d'entreprise. La présentation s'affiche dans une fenêtre plus petite qui contient des commandes permettant de se déplacer dans la présentation.

(c) Présentation qui s'exécute automatiquement, par exemple dans le cadre d'une démonstration commerciale ou d'un salon. L'assistance peut faire avancer les diapositives ou cliquer sur les boutons de liens hypertexte et d'actions, mais ne peut pas modifier la présentation.

(d) Pour visionner le diaporama en continu.

(e) Exécute le diaporama sans activer la narration vocale.

(f) Exécute le diaporama sans activer les animations.

(g) Couleur du stylo, l'outil utilisé pour annoter une diapositive au cours d'un diaporama.

(h) Améliore les performances du diaporama si votre ordinateur a de bonnes capacités graphiques.

(i) Permet de modifier la résolution de l'affichage écran.

(j) Plage de diapositives à afficher.

(k) Permet de choisir les diapositives à afficher lors du diaporama.

(l) Exécute le diaporama personnalisé choisi dans la liste.

(m) Mode de défilement des diapositives.

(n) À partir de la version 98 de Windows, il est possible de connecter deux écrans à votre ordinateur. Cette zone dans le dialogue permet alors d'indiquer sur lequel des écrans le diaporama doit être affiché.

(o) Ce bouton affiche une fenêtre d'aide et de conseils divers.

• Faites vos choix et cliquez sur «OK»

PRÉSENTER UN DIAPORAMA

10

PRÉSENTER UN DIAPORAMA

Lorsqu'on lance un diaporama, PowerPoint prend la précaution de désactiver l'écran de veille de Windows ainsi que le mode d'économie d'énergie dont sont équipés les portables, afin d'éviter que la présentation soit interrompue par l'économiseur d'écran ou un écran noir inopportun.

1 - LANCER LE DIAPORAMA

Cliquez sur ce bouton à l'extrémité gauche de la barre de défilement horizontal, ou *Diaporama/Visionner le diaporama*, ou *Affichage/Diaporama*, ou appuyez sur F5.

Si vous choisissez un défilement manuel, vous pouvez vous déplacer d'une diapositive à l'autre à l'aide de la souris, du clavier ou du menu contextuel du diaporama.

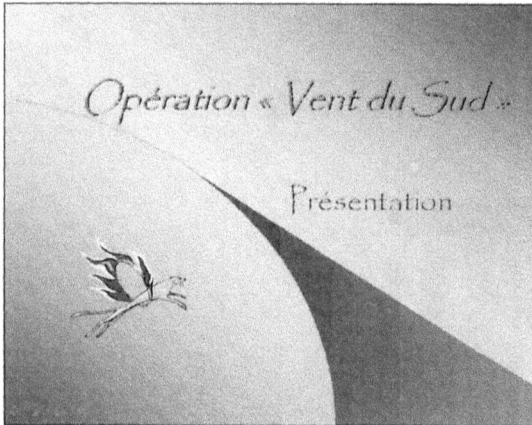

2 - BARRE D'OUTILS DU DIAPORAMA

Les deux boutons du milieu vont nous servir à dérouler le menu *Diaporama* et à utiliser et paramétrer le pointeur

(a) diapositive précédente

(b) Paramétrage du pointeur

(c) Menu déroulant du diaporama

(d) Diapositive suivante

Masquer la barre d'outils Diaporama et le pointeur

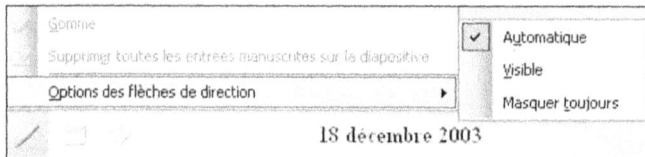

-- Cliquez sur [ ] ou tapez Ctrl -**M**, ou cliquez-droit, puis *Options des flèches de direction*

-- Ctrl -**U**, ou la commande automatique permet d'afficher le pointeur si l'on s'en sert, il disparaît au bout de 7 secondes (au mouvement de la souris) et réapparaît à l'utilisation

ACTIONS LORS DU DIAPORAMA

3 - DÉPLACEMENT À L'AIDE DE LA SOURIS ET DU CLAVIER

Diapositive ou animation suivante

• Cliquez sur la souris ou la barre d'espace, ou
 Appuyez sur l'une de ces touches : **S**, ⊞, ⊞ ou ⊞

Revenir à la diapositive ou à l'animation précédente

• Appuyez sur l'une de ces touches : ⊞, **P**, ⊞, ⊞ ou ⊞

Atteindre une diapositive

• Tapez le numéro de diapositive
• Appuyez sur ⊞

4 - DÉPLACEMENT À L'AIDE DU MENU CONTEXTUEL

Diapositive suivante ou précédente

• Lors du diaporama, cliquez sur le bouton droit de la souris
• Cliquez sur *Suivant* ou *Précédent* dans le menu contextuel

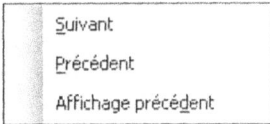

Atteindre une diapositive

• Lors du diaporama, cliquez sur le bouton droit de la souris, dans le menu contextuel
• Cliquez sur *Aller à* et choisir la diapositive de destination

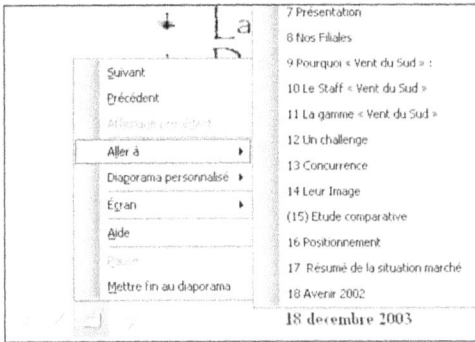

• Cliquez sur le nom de la diapositive à atteindre.

5 - DÉPLACEMENT À L'AIDE DE LA BARRE D'OUTILS DU DIAPORAMA

Utilisez les flèches de défilement pour avancer ou reculer au cours de votre diaporama

(a) diapositive précédente
(b) diapositive suivante

ACTIONS LORS DU DIAPORAMA

Lors d'un diaporama, vous avez la possibilité de dessiner sur vos diapositives afin de mettre l'accent sur tel ou tel point à l'attention de vos spectateurs. Vous pouvez également afficher une diapositive masquée, noircir l'écran, lancer un diaporama personnalisé, interrompre ou redémarrer un diaporama automatique, etc.

Pour obtenir l'aide, vous pouvez :

– Appuyer sur la touche F1 au cours d'un diaporama, ou

– Utiliser le menu contextuel du diaporama et sélectionner <Aide>

Cet écran liste les raccourcis clavier utiles lors du déroulement d'un diaporama :

Aide du diaporama	
Pendant le diaporama :	OK
S, clic avec le bouton gauche, Espace, Droite ou Bas, Entrée ou Pg. suiv	Passer à la diapositive suivante
P, Ret. arr, Gauche ou Haut, Pg. préc	Revenir à la diapositive précédente
Numéro+ENTRÉE	Afficher cette diapositive
N ou .	Écran noir/Mode Diapositive
B ou ,	Écran blanc/Mode Diapositive
F ou =	Afficher/Masquer le pointeur en flèche
A ou +	Arrêter/Reprendre le diaporama
ÉCHAP, Ctrl+PAUSE ou - (moins)	Fin du diaporama
E	Effacer le dessin à l'écran
M	Atteindre la diapositive masquée
T	Nouvel intervalle de temps
O	Intervalle de temps prédéfini
V	Diapositive suivant un clic
Maintien des 2 boutons enfoncés pdt 2 s.	Revenir à la première diapositive
Ctrl+P	Transformer le pointeur en stylo
Ctrl+A	Transformer le pointeur en flèche
Ctrl+E	Transformer le pointeur en gomme
Ctrl+M	Masquer le pointeur et le bouton
Ctrl+U	Masquer/afficher automatiquement la flèche
Clic avec le bouton droit	Menu contextuel/Diapositive précédente
Ctrl+S	Boîte de dialogue Toutes les diapositives
Ctrl+T	Afficher la barre des tâches
Ctrl+N	Afficher/Masquer les notes manuscrites

2 – OUTILS D'ECRITURE DURANT LE DIAPORAMA

Choisir son outil

Vous pouvez, au cours du diaporama, intervenir sur vos diapositives en utilisant l'outil de votre choix : flèche, stylo, surligneur, avec la couleur de votre choix.

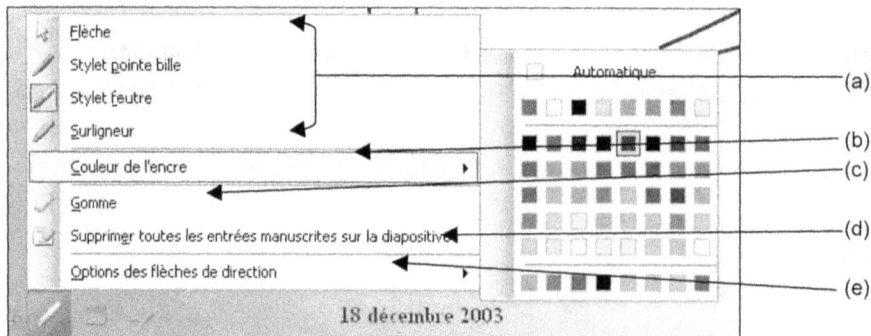

ACTIONS LORS DU DIAPORAMA

– Cliquez sur [ ] , ou tapez [Ctrl]-**P**, ou cliquez-droit, puis en (a) choisissez et définissez votre outil pour « écrire sur l'écran » en cours de présentation

Modifier la couleur de l'encre

• Cliquez sur [ ] ou cliquez-droit, puis sur (b) *Couleur de l'encre*

• Choisissez une couleur

Inscriptions manuscrites

Lorsque vous écrivez sur vos diapositives au cours du diaporama, vous pouvez :

(c) Gommer vos inscriptions avec l'outil *Gomme* dans le menu *Diaporama*

(d) supprimer toutes les entrées manuscrites

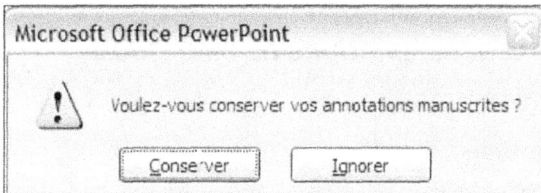

A la fin du diaporama, PowerPoint vous demandera si vous souhaitez conserver ou non les annotations manuscrites

3 – OPTIONS DE L'ECRAN

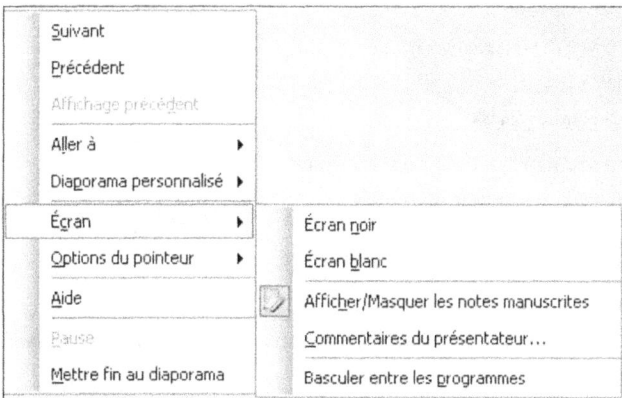

Écran noir

• Appuyez sur **N**, ou cliquez-droit puis *Écran/Écran noir*

• Appuyez à nouveau sur **N**, ou cliquez n'importe où pour réafficher la diapositive

Écran Blanc

• Appuyez sur **B**

• Appuyez à nouveau sur **B**, ou cliquez n'importe où pour réafficher la diapositive

4 - SAISIR DES COMMENTAIRES

• Déroulez le menu du diaporama ou cliquez-droit puis choisissez la commande *Écran* puis cliquez sur *Commentaires du présentateur*

ACTIONS DU DIAPORAMA

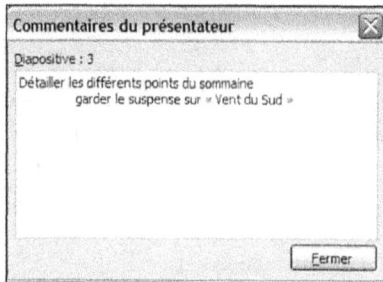

Commentaires du présentateur

Diapositive : 3

Détailler les différents points du sommaire
garder le suspense sur « Vent du Sud »

Fermer

- Tapez vos commentaires ou modifiez ceux que vous avez déjà saisis
- Cliquez sur «Fermer»

5 - AFFICHER UNE DIAPOSITIVE MASQUÉE EN COURS DE DIAPORAMA

Suivant

Précédent

Affichage précédent

Aller à ▶

Diaporama personnalisé ▶

Écran ▶

Aide

Pause

Mettre fin au diaporama

8 Nos Filiales

9 Pourquoi « Vent du Sud » :

(10) Le Staff « Vent du Sud »

11 Un challenge

(12) Concurrence

13 Leur Image

(14) Etude comparative

15 Positionnement

16 Résumé de la situation marché

17 Avenir 2002

18 décembre 2003

Deux diapositives masqu

- Déroulez le menu du diaporama, ou cliquez-droit puis sur *Aller à*
- Cliquez sur le titre de la diapositive masquée (son numéro d'ordre apparaît entre parenthèses)
- Pour démasquer une diapositive, repassez la même commande.

Remarque : La Commande *Pause* permet de s'arrêter sur une diapositive, pour répondre à une question ou préciser un point. Il suffit de cliquer à nouveau ou d'utiliser la barre d'espace pour reprendre le fil de la présentation.

Enfin, si vous souhaitez mettre fin au diaporama, utilisez la commande du menu :
- *Diaporama/Mettre fin au Diaporama*
Ou
- Appuyez sur la touche Echap en haut à gauche du clavier

DIAPORAMA PERSONNALISÉ

1 - LANCER UN DIAPORAMA PERSONNALISÉ

• Déroulez le menu du diaporama ou cliquez-droit puis sur *Diaporama personnalisé*

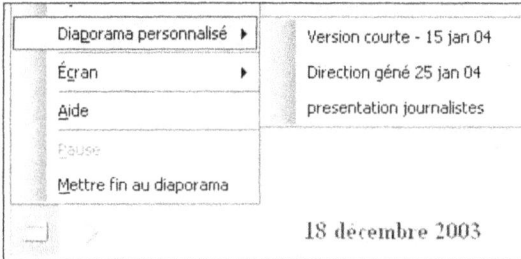

Diaporama personnalisé ▶	Version courte - 15 jan 04
Écran ▶	Direction géné 25 jan 04
Aide	presentation journalistes
Pause	
Mettre fin au diaporama	
	18 décembre 2003

• Cliquez sur le nom du diaporama personnalisé à lancer

2 – INTERROMPRE OU REDÉMARRER UN DIAPORAMA AUTOMATIQUE

• Déroulez le menu du diaporama ou bien appuyez sur **A** ou cliquez-droit puis sur *Pause*

3 - METTRE FIN AU DIAPORAMA

• Appuyez sur Echap, Déroulez le menu du diaporama ou cliquez-droit puis sur *Mettre fin au diaporama*

DIFFUSION D'UNE PRÉSENTATION

11

La Collaboration en ligne et les volets Espaces de travail partagés font appel à des fonctionnalités 2003 de Microsoft SharePoint. Elles peuvent être utilisées avec tous les produits Office 2003 et notamment PowerPoint, mais sont des fonctionnalités liées à Microsoft SharePoint Server. Elles ne sont pas traitées dans cet ouvrage sur PowerPoint.

DIFFUSION PAR MESSAGERIE

On peut envoyer un message directement à partir de PowerPoint, en joignant la présentation courante en tant que pièce jointe. Les procédures suivantes supposent que vous utilisez Outlook 2003 comme programme de messagerie.

1 - ENVOYER UNE PRÉSENTATION PAR MESSAGERIE

● Affichez la présentation

Cliquez sur ce bouton dans la barre d'outils *Standard*, ou *Fichier/Envoyer vers/Destinataire du message* (en tant que pièce jointe).

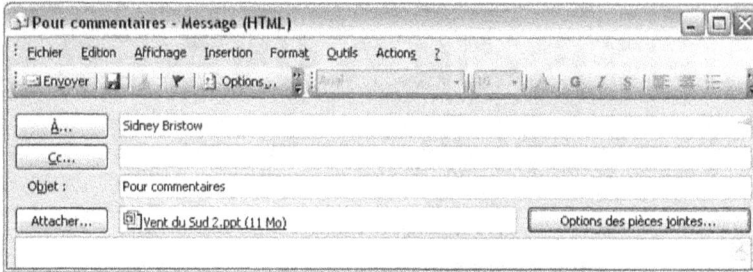

Votre programme de messagerie est lancé et le fichier de la présentation placé en pièce jointe

Saisissez le nom ou l'adresse du destinataire en (a), ou cliquez sur ce bouton pour le sélectionner dans votre carnet d'adresses.

● Renseignez de même le champ <Cc>
● Tapez, en (b) l'objet du message et en (c) son contenu

Cliquez sur ce bouton dans la barre d'outils pour envoyer le message.

2 - ENVOYER UNE PRÉSENTATION POUR RELECTURE

Le principe consiste à envoyer la présentation à une autre personne pour qu'elle y fasse des modifications et y insère des commentaires. Lorsque cette personne vous renverra la présentation modifiée, vous pourrez fusionner ses modifications et ses commentaires dans la présentation d'origine, puis utiliser les outils de relecture pour appliquer ou non les modifications suggérées.

● Affichez la présentation
● *Fichier/Envoyer vers/Destinataire du message (pour révision)*

Votre programme de messagerie est lancé et le fichier de la présentation placé en pièce jointe. Lorsque le message est envoyé pour révision, il comporte un objet prédéfini ainsi qu'un bandeau jaune indiquant, (avec Outlook), qu'il y a une action à effectuer, avec si nécessaire la date attendue.

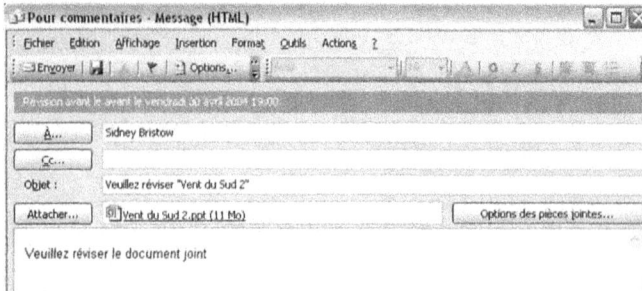

4 - COMMENTER ET MODIFIER UNE PRÉSENTATION REÇUE POUR RÉVISION

Chez le destinataire, le message apparaîtra avec un indicateur de message et de pièce jointe.

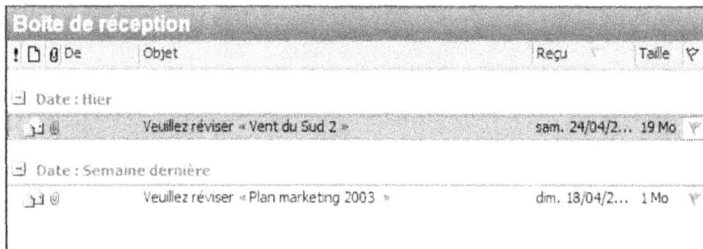

- Enregistrez la présentation reçue en pièce jointe
- Dans le menu *Outils* : cliquez sur la commande *Comparaison et fusion des présentations*
- Une boîte de dialogue vous demande de sélectionner la présentation à fusionner

Votre présentation s'affiche, avec, sur les diapositives, des balises de couleur, indiquant les modifications faites par les relecteurs, deux barres d'outils *Révision* et *Révisions* dont l'une agencée en volet à droite de l'écran.

Remarque : lorsque vous recevez votre présentation modifiée par un collaborateur, il vous est toujours possible, au cours de la fusion, d'accepter ou de refuser telle ou telle modification.

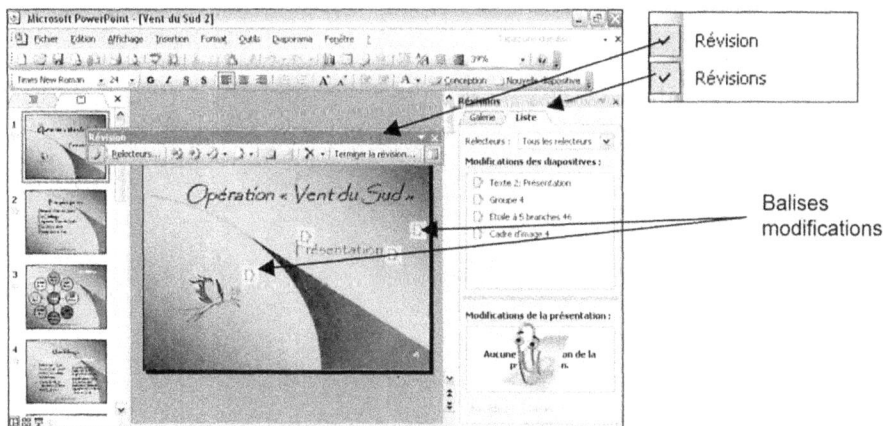

RÉVISION ET FUSION DES PRÉSENTATIONS

- La barre d'outils de révision est alors active :

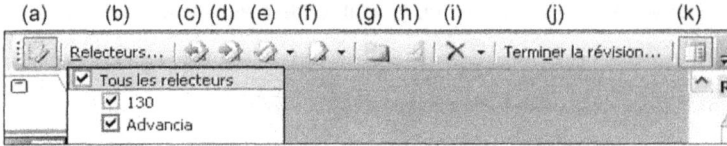

| (a) | (b) | (c) (d) (e) | (f) | (g) (h) | (i) | (j) | (k) |

(a) Affiche ou masque la balise

(b) Liste des relecteurs

(c) Balise modification précédente

(d) Balise modification suivante

(e) Applique ou non la modification proposée ou accepte toutes les modifications de la présentation

(f) Annule ou non la modification proposée ou annule toutes les modifications de la présentation

(g) Possibilité d'insérer des commentaires

(h) Modifier le commentaire ou le supprimer

(i) Supprimer la ou les marques de la diapositive ou de la présentation

(j) Terminer la révision

(k) Afficher/masquer le Volet révisions

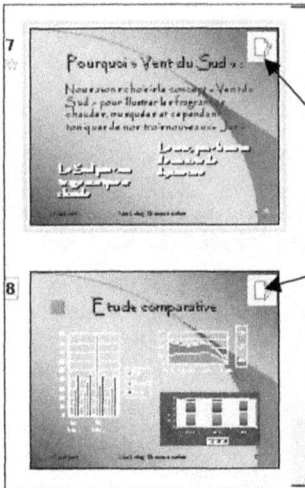

Le volet plan vous permet de visualiser rapidement les diapositives supprimées

Lorsque vous cliquez sur une balise, un commentaire apparaît avec les modifications proposées.

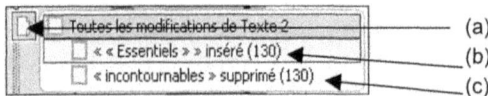

(a) Balise (développée)

(b) Modification proposée

(d) Terme modifié

Le volet <Révisions> apparaît à droite affichant, diapositive par diapositive les modifications apportées.

RÉVISION ET FUSION DES PRÉSENTATIONS

Elle possède deux onglets :

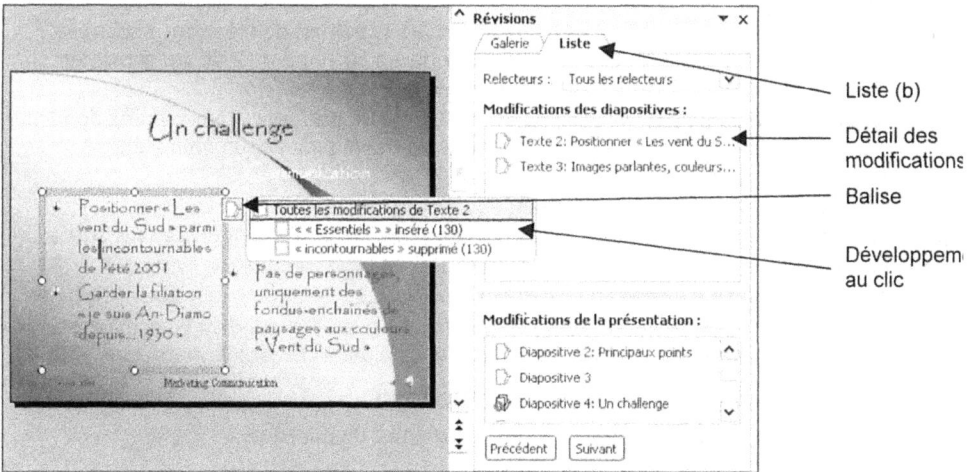

– L'onglet en mode *Liste*, (b) permet le développement et le détail des modifications

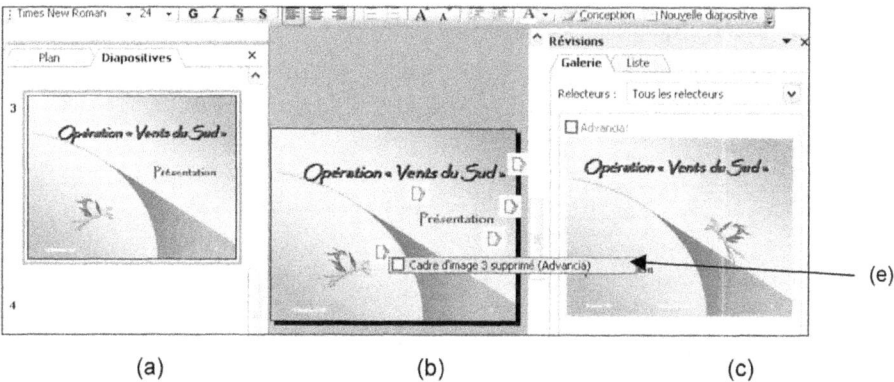

| (a) | (b) | (c) |

– L'onglet diapositive de plan (a) permet de voir l'état original,
– Les balises indiquent sur la diapositive (b) les modifications proposées,
– L'onglet (c) permet de visualiser les modifications proposées
– L'encart (e) donne le détail de cette modification lorsque l'on clique sur la balise

Terminez la fusion

• Lorsque vous avez terminé, cliquez sur *<Terminer la révision>*

Un avertissement vous dit alors que vous risquez de perdre toutes les modifications qui n'auront pas été « traitées ».

• Cliquez sur « OK »

Les différentes versions de la présentation seront fusionnées en fonctions de vos choix.

PRÉSENTATION À EMPORTER

1 - PACKAGE POUR CD-ROM

PowerPoint vous permet maintenant de distribuer vos présentations grâce à la nouvelle fonction *<Package pour CD-ROM>*. -Cette fonction vous permet de créer des packages incluant vos présentations ainsi que les fichiers annexes liés ou non et de les copier sur CD. Vos présentations seront alors automatiquement exécutées à partir du CD.

Le programme PowerPoint Viewer, fait partie intégrante du package. Vous n'aurez donc plus besoin de la visionneuse PowerPoint pour faire vos présentation sur un ordinateur ne possédant pas le logiciel.

La fonction Package pour CD-ROM permet également de créer des packages de présentations dans un dossier afin de les archiver ou de les publier sur un partage réseau.

Vous pouvez utiliser un des types de CD-ROM suivants : CD vierge enregistrable (CD-R), CD vierge réinscriptible (CD-RW) ou CD-RW incluant un contenu que vous pouvez écraser.

Si vous utilisez un CD-R, veillez à copier en une fois tous les fichiers dont vous avez besoin. Une fois tous les fichiers copiés, vous ne pourrez plus ajouter d'autres fichiers dans le CD.

Créer le package d'une présentation sur un CD-ROM

- Ouvrez la présentation pour laquelle vous voulez créer un package
- Insérez un CD dans le lecteur de CD-ROM

Remarque : vérifiez que vous n'avez pas laissé d'informations personnelles, manuscrites ou de commentaires.

- Dans le menu *Fichier*, cliquez sur *Package pour CD-ROM*

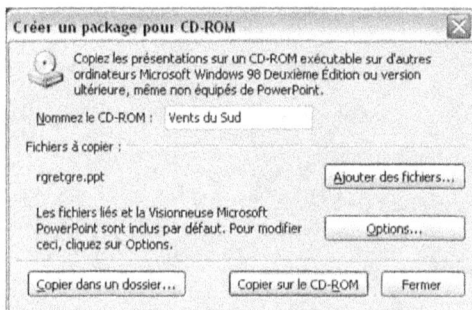

Ajouter des fichiers de présentation

- Cliquez sur le bouton «Ajouter des fichiers ...» : sélectionnez les fichiers que vous voulez ajouter, puis cliquez sur «Ajouter»

Par défaut, la présentation ouverte se trouve déjà dans la liste <Fichiers à copier>. Les fichiers liés à la présentation, comme les fichiers graphiques, sont automatiquement inclus mais n'apparaissent pas dans la liste

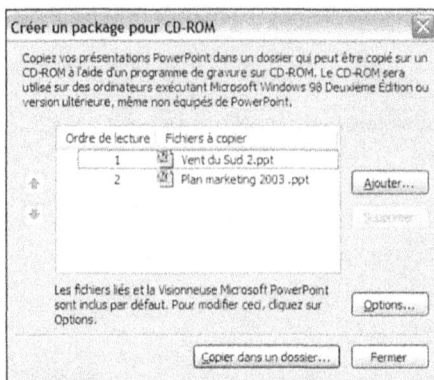

PRÉSENTATION À EMPORTER

Supprimer un fichier de présentation

- sélectionnez la présentation
- appuyez sur la touche ⌈Suppr⌉, ou cliquez sur le bouton «Supprimer»

Modifier l'ordre de lecture des présentations

- Sélectionnez une présentation
- Cliquez sur la touche de direction ⬆ ou ⬇ pour la déplacer vers une nouvelle position dans la liste

Modifier les paramètres par défaut

- Cliquez sur le bouton «Options»

(a) Désactivez ou non la visionneuse PowerPoint selon que vos correspondant sont ou ne sont pas équipés du logiciel.

(b) sélectionnez votre préférence dans la zone liste <Sélectionnez le mode de lecture des présentations dans la visionneuse>.

Par défaut, les présentations sont configurées de façon à ce qu'elles soient lues dans l'ordre dans lequel elles sont répertoriées dans la liste <Fichiers à copier>.

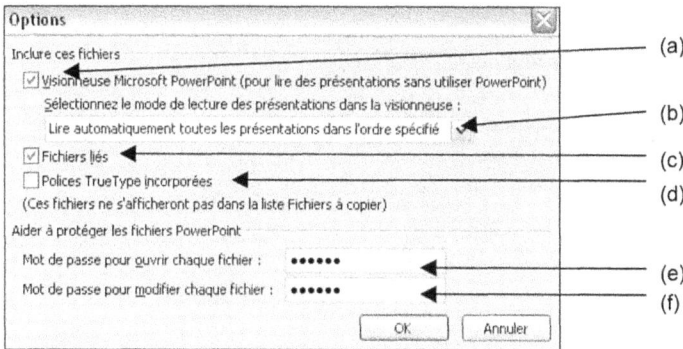

(c) Choisissez de lier les fichiers annexes ou non ; les pages Web avec les fichiers liés seront plus longues à s'afficher.

(d) Permet d'inclure les polices TrueType, (Attention, vérifiez dans l'aperçu que votre police n'a pas été substituée par une autre (Problème de copyright).

(e) mot de passe qui sera demandé pour ouvrir les fichiers.

(f) mot de passe qui sera demandé pour modifier les fichiers.

Les choix de mode de lecture des fichiers sont les suivants :

– Lire automatiquement les présentations dans l'ordre
– Lire uniquement la première présentation
– Laisser le choix au présentateur
– Ne pas lire automatiquement le CD
– Autoriser l'ouverture de chacun des fichiers
– Autoriser la modification de chacun des fichiers

- Cliquez sur <Copier sur le CD-ROM>

Remarque : La création d'un dossier suivra exactement la même procédure : simplement, choisissez <Copier dans un dossier>, au lieu de <Copier sur le CD-ROM>. Vous aurez alors à indiquer l'emplacement du dossier, emplacement réseau ou autre.

Si nécessaire, vous utiliserez le programme de votre choix pour graver le *contenu du dossier*, et *non le dossier lui-même*, sur un CD-ROM

PUBLICATION DE VOTRE PRÉSENTATION

Vous avez plusieurs options pour publier votre présentation :

– sur le site intranet de votre entreprise, (un serveur de fichiers utilisant le protocole TCP/IP et distribuant des documents au format HTML pouvant être consultés avec un navigateur Web),

– sur le Web, sur le site que vous propose Microsoft Messenger ou sur votre site personnel si vous en avez un. La procédure sera la même pour ces différentes options. On parle de publication de votre présentation.

Il est nécessaire de disposer des droits nécessaires pour accéder à ce type de dossiers.

1 - AJOUTER LE SERVEUR ET LE DOSSIER INTRANET À VOS DOSSIERS WEB

 Cliquez sur ce bouton dans la barre d'outils *Standard*, ou *Fichier/Ouvrir*, ou appuyez sur Ctrl-**O**, ou encore sur Ctrl-F12.

 Cliquez sur ce bouton dans la partie gauche du dialogue.

 Cliquez sur ce bouton dans la *barre d'outils*.

- L'Assistant *Ajout d'un favori réseau* s'affiche
- Cliquez sur «Suivant»
- L'assistant vous demande de taper une adresse URL ou de «Parcourir» ; par le volet de navigation vous accédez à votre site.
- Vous pouvez alors créer un dossier (a)

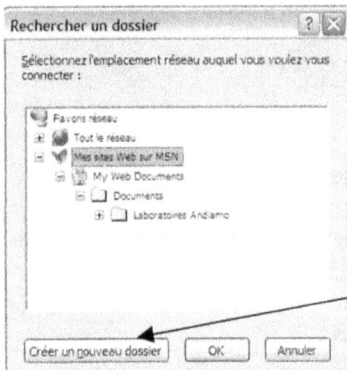

(a)

- Tapez un nom pour ce raccourci
- Cliquez sur «Terminer»

2 - ENREGISTRER UNE PRÉSENTATION SUR UN SERVEUR INTRANET

- Ouvrez la présentation
- *Fichier/Enregistrer en tant que page Web*

Une fenêtre Enregistrer sous est affichée

 Cliquez sur ce bouton dans la partie gauche du dialogue

PUBLICATION DE VOTRE PRÉSENTATION

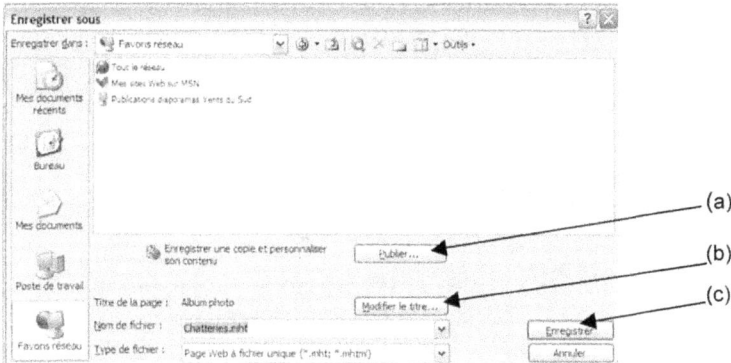

- Double-cliquez sur le nom du site intranet
- Double-cliquez sur le dossier de votre choix
- Cliquez sur «Modifier le titre» (b) et tapez le titre qui devra apparaître dans la barre de titre du navigateur Internet utilisé pour afficher la présentation
- Cliquez sur (c) <enregistrez>

Pour enregistrer une copie modifiée de votre présentation à publier :
- Cliquez sur (a) «*Publier*» afin de modifier vos options

Options de la publication

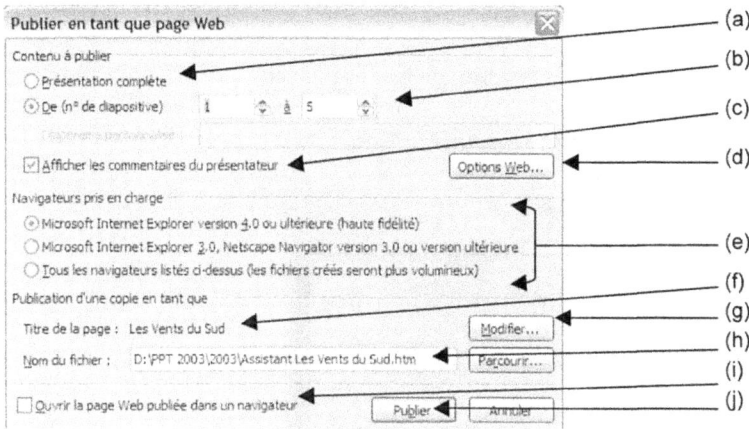

(a) Choix de la présentation complète

(b) Précise les diapositives à publier

(c) Affiche les commentaires du présentateur

(d) Ouvre la boite de dialogue <Options Web>

(e) Choix de type de navigateur de vos correspondants

(f) Titre que vous souhaitez voir afficher dans la page Web

(g) Modification de ce titre

(h) Nom (et avec parcourir) chemin d'accès au fichier

(i) Visualiser votre présentation avec votre navigateur

(j) Publier votre présentation

Remarque : Lorsque vous cliquez sur <*Publier*>, La présentation modifiée est affichée dans votre navigateur Web et enregistrée dans le dossier Web sélectionné.

Options Web

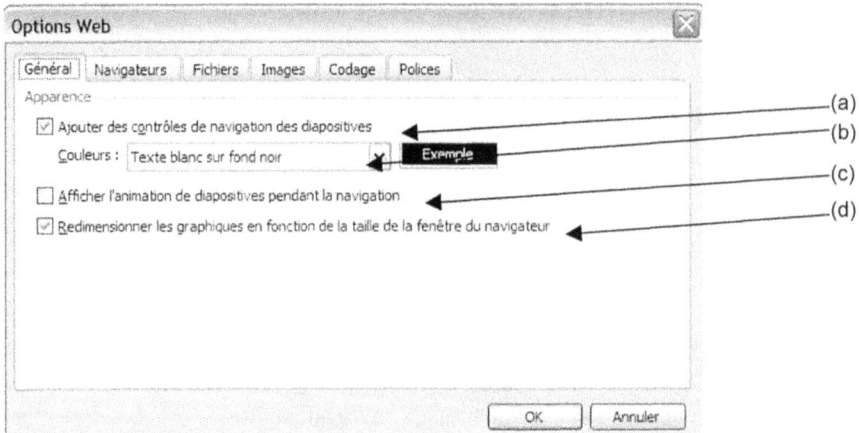

(a) Permet d'avoir et d'utiliser les outils de contrôle de navigation dans la présentation
(b) Choix de texte noir/blanc ou blanc/noir
(c) Affiche l'animation des diapositives
(d) Adapte les graphiques en fonction de la taille du navigateur

3 - OUVRIR UNE PRÉSENTATION ENREGISTRÉE SUR UN SERVEUR INTRANET

• Lancez Internet Explorer
• Dans la barre d'adresse, tapez l'adresse (URL) de la présentation
• Appuyez sur ⏎

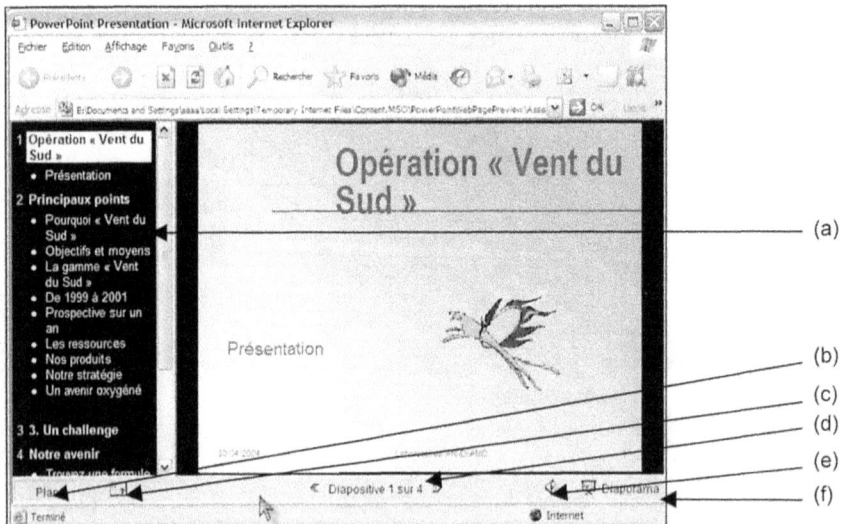

(a) Volet Plan
(b) Affiche/masque le volet plan
(c) Développe/réduit le plan
(d) Navigateur de diapositives
(e) Active la narration du commentateur
(f) Lance la présentation en diaporama

CONSEILS
PRATIQUES

12

Réfléchissez à votre message

Vous connaissez maintenant les outils de travail de PowerPoint. Mais, avant de démarrer une présentation, vous avez, bien sûr, une information, un message à communiquer : prenez le temps d'y réfléchir avant d'entrer dans "le feu de l'action".

- Définissez et délimitez clairement les objectifs de votre présentation
- Évaluez le temps dont vous disposez pour votre intervention
- Cherchez le meilleur plan d'action pour convaincre votre public

Soyez percutant

- Une seule idée par diapositive (déclinée si nécessaire avec dessin, image et texte)
- Ne dépassez pas : 6 lignes par diapositives, au-delà, la lecture devient fastidieuse
- Vos phrases doivent être des « schémas de texte », pas de long discours
- Grâce au masque, gardez la cohérence des styles
- N'intégrez pas plus de 3 tailles de caractères différentes
- Limitez le nombre de polices que vous utilisez à 2 par écran
- Évitez de recourir trop souvent aux lettres capitales, pensez à utiliser les petites capitales,
- Les italiques permettent de mettre une phrase en exergue, mais rendent, pour un paragraphe, la lecture plus difficile
- Un titre est lu 5 fois plus que le corps du paragraphe
- Choisissez vos couleurs en fonction de leur lisibilité, et n'oubliez pas qu'elles ont un signification (jaune : gaîté, santé ; vert : renouveau, repos ; rouge : stimulant, interdit, etc.)
- Les couleurs contrastées donnent du relief et permettent d'équilibrer votre page.
- Répétez votre présentation si possible devant un auditoire
- Méfiez-vous des polices trop originales qui ne se trouveraient pas sur l'ordinateur « hôte »

Facilitez-vous la tâche en partant d'un document Word,

Profitez des options et le travail sur Word pour vous faciliter la tâche.

- Utilisez les styles de Word (*Titre 1*, *Titre 2*, etc.) et hiérarchisez votre rapport (si vous savez utiliser les styles, c'est évidemment plus facile)
- A chaque intitulé de style *Titre 1*, correspondra une diapositive dont le nom sera *Titre 1*, les titres 2 et suivant s'inscriront dans la diapositive (n'utilisez pas plus de trois niveaux)
- En mode plan Word, choisissez deux ou trois niveaux de titres
- Exécutez *Fichier/envoyer vers/PowerPoint*

Le plan sera déjà construit dans PowerPoint, et vous n'aurez plus qu'à choisir un modèle de conception pour que votre présentation soit faite.

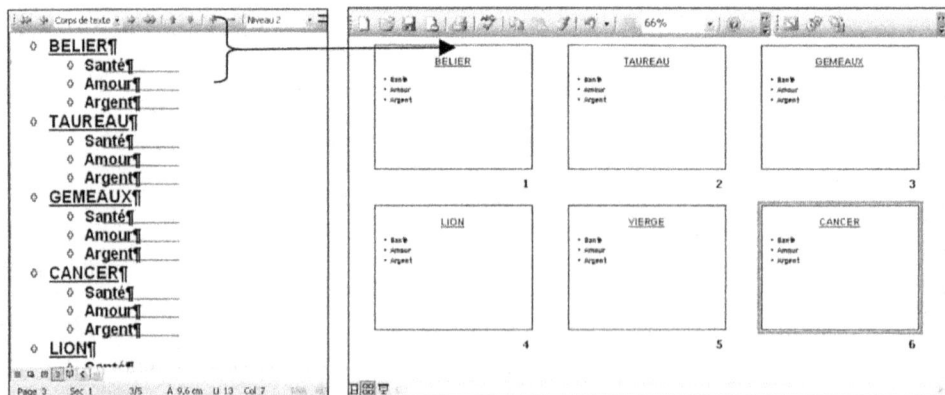

UTILISER UN MODÈLE DE CONCEPTION

Créez votre modèle de conception

En allant travailler dans le masque des diapositives et masque de titre, créez votre arrière plan, laissez-vous aller à votre créativité mais respectez (si elle existe) la charte graphique de votre entreprise. Lorsque vous avez mis la touche finale à votre modèle :

- Exécutez *Fichier/enregistrer sous*
- Nommez, bien sûr, votre modèle
- Choisissez dans <Type de fichier> : *Modèle de conception*

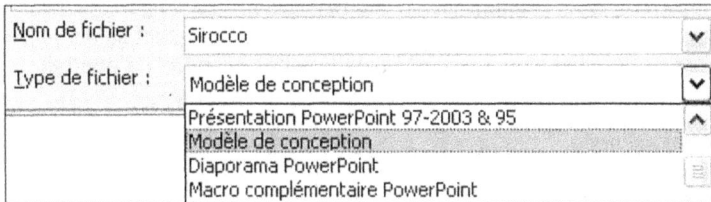

Nom de fichier :	Sirocco	∨
Type de fichier :	Modèle de conception	∨
	Présentation PowerPoint 97-2003 & 95	∧
	Modèle de conception	
	Diaporama PowerPoint	
	Macro complémentaire PowerPoint	

Vous le retrouverez dans la liste proposée par Volet Office *<Modèle de conception>*.

Appropriez-vous un modèle de conception

Lorsque vous appliquez un modèle de conception de PowerPoint, vous pouvez modifier chaque élément (ou presque chaque).

- Choisissez un modèle de conception dont certains éléments vous plaisent
- Allez dans le masque des diapositives et modifiez :
- – le masque de titre
- – le masque des diapositives

Pour cela, vous pouvez :

- Modifier les couleurs de l'arrière plan
- S'il se compose de dessins, dissociez les et utilisez les autrement, à votre goût

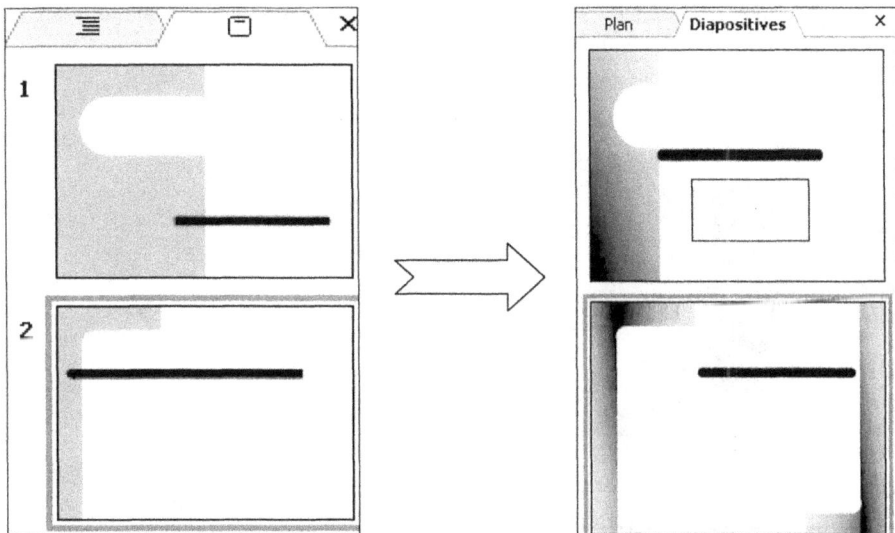

- Enregistrez le en tant que *Modèle de conception* sous un nom que vous choisissez
- Ajoutez votre logo…

COMPRESSER LES IMAGES

Le scanner et l'appareil photo numérique ou tout simplement le Web, vous permettent d'enrichir vos présentations par des photos et des images et de jouer la complémentarité texte-image, afin de renforcer votre message

L'inconvénient de cette facilité est que les fichiers s'alourdissent très vite. PowerPoint permet de compresser les images et les photos que vous utilisez. Cette fonctionnalité réduit la résolution des images donc leur "poids", sans perte de qualité :

Insérer une image

Les images doivent être insérées dans la diapositive d'une manière qui les rend modifiable par PowerPoint. N'utilisez pas copier/coller (à partir d'un logiciel photo par exemple ou de Ms Picture manager). La photo deviendrait alors un objet PowerPoint et le logiciel ne pourrait pas l'optimiser.

- Insérer la photo par *Insertion/image*
  - *À partir du fichier* : sélectionnez le fichier, ou
  - *À partir d'un scanneur ou d'un appareil photo numérique…* :

Ou

- Utilisez le volet <Images clipart>, sélectionnez la photo et insérez-la

  pour lancez votre recherche sur uniquement sur les photos, ne sélectionnez que les photos dans la zone <Les résultats devraient être :>

Compresser les photos

Tous les fichiers images ne sont pas forcément compressibles.

- Fichiers non compressibles
  les images de type vectoriel (images calculées par des formules mathématiques) n'ont pas à être optimisées, car elles ne sont pas déterminées par des pixels, entre autre les extensions de fichier telles que EMF, WMF, CDR et EPS.

- Fichier compressibles
  En revanche, vous pouvez sans problème optimiser une photographie, en fait, tous les fichiers dont les extensions sont par ex. JPEG, TIFF, PNG, BMP et GIF.

Pour compresser une ou des images ou photos :

- Sélectionnez les images ou photos

- Cliquez sur l'outil [icon] *Compresser les images* dans la barre d'outils *Image*

ou

- Double-cliquez sur la photo, puis cliquez sur le bouton «Compresser»,

COMPRESSER LES IMAGES

Résolution et compression

Lorsque vous avez cliqué sur l'outil *Compresser les images* dans la barre d'outils *Image*, la boîte de dialogue *Compression d'images* s'affiche

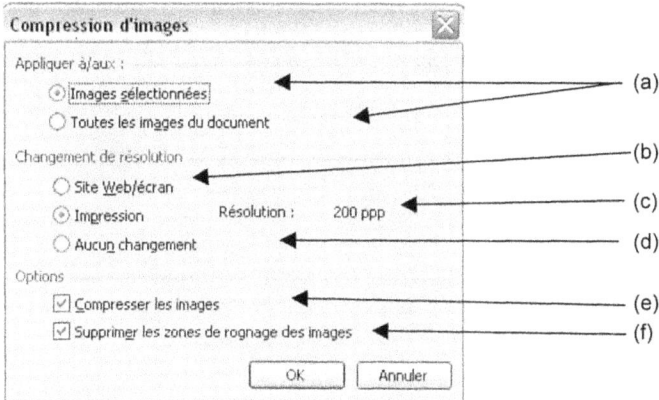

Compression d'images
Appliquer à/aux :
  ● Images sélectionnées — (a)
  ○ Toutes les images du document
Changement de résolution — (b)
  ○ Site Web/écran
  ● Impression   Résolution :   200 ppp — (c)
  ○ Aucun changement — (d)
Options
  ☑ Compresser les images — (e)
  ☑ Supprimer les zones de rognage des images — (f)
            OK   Annuler

- Spécifiez les options pour réduire la taille et le poids de vos images, afin de les adapter à leur usage
  - (a) Choix des images : vous pouvez appliquer la compression à touts les images de la présentation ou seulement à celle(s) sélectionnée(s).
  - (b) Optimise la résolution à 96 ppp (points par pouce) images destinées à un sites Web.
  - (c) Optimise la résolution à 200 ppp, pour l'impression.
  - (d) Aucun changement dans l'image, si vous avez besoin d'agrandissement et d'une très fine résolution de la photo.
  - (e) Diminue les nuances de couleur (cela dépend du nombre de couleurs de votre affichage) donc prend moins d'octets par pixel, sans affecter la qualité de l'image.
  - (f) Coupe les parties des images que vous avez rognées.
- Cliquez sur «OK» puis sur «Appliquer»

Passez en diaporama pour vérifiez la qualité du résultat et s'il ne vous convient pas, rétablissez la résolution initiale :
- Sélectionnez l'image
- Cliquez sur le bouton 🖼 *Réinitialiser l'image* dans la barre d'outils *Image*

Rogner une image
La barre d'outils *Image* vous offre la possibilité de rogner une photo :
- Cliquez sur l'outil 🔲 *Rogner* dans la barre d'outils *Image*
- Faites glisser vers l'intérieur le bord de l'image que vous voulez rognez

Cette manipulation ne diminue pas le poids de l'image, elle se contente de cacher les parties que vous trouvez gênantes. Son avantage par contre, est que vous pouvez, à tout moment restaurer les parties rognées en utilisant le même outil, mais en sens opposé.

Rogner définitivement l'image
Vous pouvez aussi couper définitivement ces parties indésirables. Votre image en sera d'autant allégée.
- Dans le menu Compression des images
- Cochez ☑*Supprimer les zones de rognage des images* (f)
Cette option réduira la taille du fichier, en fonction bien sûr de la taille des rognages.

➔ Si vous utilisez souvent les caractères spéciaux, insérez un bouton pour accéder directement aux caractères spéciaux dans la barre d'outils :
- Exécutez *Affichage/Barre d'outils/Personnaliser*
- Cliquez sur l'onglet *Commandes*
- Dans la zone <Catégories :> sélectionnez *Insertion*, puis dans la zone <Commandes :> choisissez le bouton $\boxed{\Omega}$ *<Caractères spéciaux>*

➔ Pour que votre présentation s'ouvre directement en *Diaporama* chez votre correspondant, enregistrez la sous forme PPS :
- *Fichier/Enregistrer sous*
- Zone déroulante <Type de fichiers>
- Choisissez *Diaporama PowerPoint*

Le diaporama se déroulera automatiquement.

➔ Pour insérer des diapositives dans un site Web et diminuer leur poids de façon significative, enregistrez votre présentation en JPEG :
- *Fichier/Enregistrer sous*
- Zone déroulante <Type de fichiers>
- Choisissez *Fichiers d'échanges JPEG*

➔ Lorsque vous souhaitez avoir une forme automatique "parfaite" : ligne horizontale ou verticale, carré, rond,
- Appuyez sur la touche $\boxed{\Uparrow}$
- Cliquez-glissez pour dessiner votre objet

Si vous utilisez la touche contrôle, l'objet se dessinera à partir du centre.

➔ L'utilisation de la touche $\boxed{\text{Alt}}$, en même temps que vous déplacez un objet, vous permettra de le placer plus finement, et annulera la grille magnétique en arrière plan. N'hésitez pas pour cela à utiliser le zoom.

➔ Pour dupliquer rapidement un objet,
- Appuyez sur la touche $\boxed{\text{Ctrl}}$
- Cliquez-glissez l'objet à dupliquer vers l'endroit ou vous voulez le déposer
- Relâchez d'abord le clic ensuite la touche contrôle

➔ Pour changer la police par défaut d'une zone de texte ou d'un objet :
- Sélectionnez une zone de texte (même vide)
- Exécutez *Format/Police*

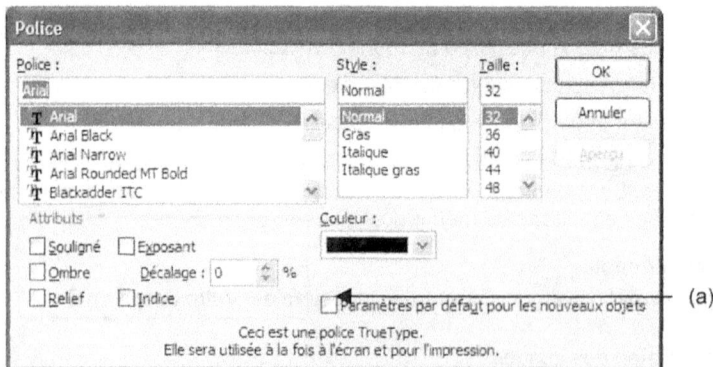

(a)

- Choisissez la police de votre choix
- Cochez (a) ☑*Paramètre par défaut pour les nouveaux objets*

RACCOURCIS CLAVIER

Dans le volet office

Ctrl + espace,	appuyez sur pour afficher la liste des volets.

Utiliser les boites de dialogue

⇥	Passer à l'option suivante ou au groupe d'options suivant.
⇧+⇤	Passer à l'option précédente ou au groupe d'options précédent.
Ctrl +⇥	Basculer vers l'onglet suivant dans une boîte de dialogue.
Ctrl +⇧+⇤	Basculer vers l'onglet précédent dans une boîte de dialogue.
Touches de direction	Se déplacer dans les options dans une liste déroulante ouverte, ou dans les options d'un groupe d'options.
espace	Activer ou désactiver la case à cocher sélectionnée.
Alt+↓	Ouvrir une liste déroulante sélectionnée.
Echap	Fermer une liste déroulante sélectionnée ; annuler une commande et fermer une boîte de dialogue.

Naviguer à l'intérieur d'un texte

Inser	À la fin d'une ligne.
⇱	Au début d'une ligne.
Ctrl + ↑	D'un paragraphe vers le haut.
Ctrl + ↓	D'un paragraphe vers le bas.
Ctrl + Fin	À la fin d'une zone de texte.
Ctrl + ⇱	Au début d'une zone de texte.
Ctrl + ↵	Passe de zone réservée à zone réservée. S'il s'agit du dernier espace réservé dans une diapositive, ce raccourci insère une nouvelle diapositive ayant la même mise en page que la diapositive d'origine.

Copier des mises en forme de caractères

Ctrl + ⇧ + C	Copier des mises en forme.
Ctrl + ⇧ + V	Coller des mises en forme.

Modifier ou redimensionner la police de caractères

Ctrl + ⇧ + F	Sélectionne la zone « police » dans la barre d'outils.
Ctrl + ⇧ + P	Sélectionne la zone « taille de la police » dans la barre d'outils.
Ctrl + ⇧ + K	Augmenter la taille de la police.
Ctrl + ⇧ + J	Réduire la taille de la police.

Appliquer des mises en forme de caractères

⇧ + F3	Bascule entre majuscule initiale, minuscule et majuscule pour la mise en forme de caractères.
Ctrl + G	Met les caractères en gras.
Ctrl + U	souligne les caractères.
Ctrl + I	Met les caractères en italique.
Ctrl + signe =	Mettre en indice (espacement automatique).
Ctrl + ⇧ + signe =	Mettre en exposant (espacement automatique).
Ctrl + espace	Annuler une mise en forme manuelle de caractères comme la mise en indice ou en exposant.

RACCOURCIS CLAVIER

Aligner des paragraphes

Ctrl + **E**	Centrer un paragraphe.
Ctrl + **J**	Justifier un paragraphe.
Ctrl + ⇧ + **G**	Aligner un paragraphe à gauche.
Ctrl + ⇧ + **D**	Aligner un paragraphe à droite.

Travailler dans un plan

Alt + ⇧ + ←	Faire monter un paragraphe.
Alt + ⇧ + →	Abaisser un paragraphe.
Alt + ⇧ + ↑	Faire monter les paragraphes sélectionnés.
Alt + ⇧ + ↓	Faire descendre les paragraphes sélectionnés.
Alt + ⇧ + **1**	Afficher le titre de 1er niveau.
Alt + ⇧ + **J**	Développer le texte sous un titre.
Alt + ⇧ + **K**	Réduire le texte sous un titre.
Alt + ⇧ + **A**	Afficher ou réduire intégralement le texte ou les titres.

Insérer une forme

Alt + **R**	sélectionner *<Formes automatiques>* dans la barre outils *<Dessin>*.
Ctrl + ↵.	Valide la forme.

Insérer une zone de texte

Insertion / Zone de texte	Insère une zone de texte.
Ctrl + ↵.	Pour entrer dans le texte.
Echap	Lorsque vous avez terminé de taper le texte.

Sélectionner un texte et des objets

⇧ + →	Un caractère vers la droite.
⇧ + ←	Un caractère vers la gauche.
Ctrl + ⇧ + →	Fin d'un mot.
Ctrl + ⇧ + ←	Début d'un mot.
⇧ + ↑	Une ligne vers le haut.
⇧ + ↓	Une ligne vers le bas.
Echap	Un objet (avec le texte sélectionné à l'intérieur de l'objet).
⇥ *ou* ⇧ + ⇥	jusqu'à ce que l'objet souhaité soit sélectionné Un objet (avec un objet sélectionné).
↵	Le texte à l'intérieur d'un objet (avec objet sélectionné).
Ctrl + **A**	Sélectionne { • dans l'onglet Diapositives : Tous les objets • en mode Trieuse: Toutes les diapositives • dans l'onglet Plan : Tout le texte

Passer d'une forme a l'autre au clavier

⇥	Fait avancer d'un objet vers l'autre.
⇧ + ⇥	Fait reculer d'un objet vers l'autre.
Ctrl + ⇧ + **H**.	Pour dissocier des objets groupés groupe.

RACCOURCIS CLAVIER

Passer d'une forme a l'autre au clavier

⇥	Fait avancer d'un objet vers l'autre.
⇧ + ⇥	Fait reculer d'un objet vers l'autre.
Ctrl + ⇧ + H.	Pour dissocier des objets groupés groupe.

Afficher ou masquer une grille ou des repères

⇧ + F9	Afficher ou masquer la grille.
Alt + F9	Afficher ou masquer les repères.
Ctrl + ⇧ + F5	Modifier les paramètres des grilles ou des repères.

Supprimer et copier un texte et des objets

Ctrl + X	Couper l'objet sélectionné.
Ctrl + C	Copier l'objet sélectionné.
Ctrl + V	Coller un objet coupé ou copié.
Ctrl + Z	Annuler la dernière action.
Ctrl + Y	Répéter la dernière action.

Diaporama

Passer d'une diapositive à l'autre **S, ⏎, ⊞, ↓, ou espace** (ou cliquez avec la souris)	Exécuter l'animation suivante ou avancer à la diapositive suivante.
P, ⊞, ⬆, ←, ↑, ou ← (Retour arrière)	Exécuter l'animation précédente ou retourner à la diapositive précédente.
numéro+⏎	Atteindre la diapositive numéro.

F1	au cours d'un diaporama pour afficher la liste des commandes disponibles.
N ou Point-virgule	Afficher un écran noir ou revenir au diaporama à partir d'un écran noir
B ou Virgule	Afficher un écran blanc ou revenir au diaporama à partir d'un écran blanc.
A ou Signe +	Arrêter ou reprendre un diaporama automatique.
Echap	Mettre fin à un diaporama.
E	Effacer les annotations à l'écran.
H	Atteindre la diapositive masquée suivante.
1+ ⏎ (pavé num.)	Revenir à la première diapositive.
Ctrl +**P**	Afficher le pointeur masqué et/ou transformer le pointeur en stylo
Ctrl +**F**	Afficher le pointeur masqué et/ou transformer le pointeur en flèche
Ctrl +**M**	Masquer le pointeur et le bouton de navigation immédiatement

RACCOURCIS CLAVIER

Ctrl +U	Masquer le pointeur et le bouton de navigation dans 15 secondes
⇧ + F10 (ou cliquez le bouton droit de la souris)	Afficher le menu contextuel
⇆	Dans la diapositive : Atteindre le premier lien hypertexte ou le suivant dans une diapositive
⇧ + ⇆	Atteindre le dernier lien hypertexte ou le précédent dans une diapositive
↵ lorsqu'un lien hypertexte est sélectionné	Provoquer l'action qui se produit lorsque vous cliquez avec la souris sur le lien hypertexte sélectionné
Signe **+**	Stoppe ou reprend le cours du diaporama (en cas de question...)

PARTIE 2
CAS PRATIQUES

CRÉER UNE PRÉSENTATION

1

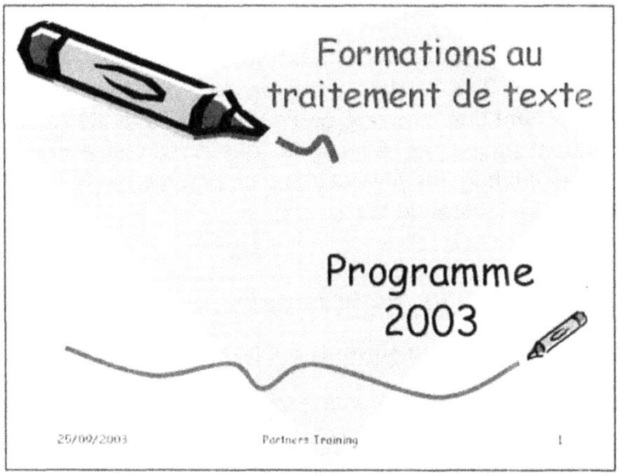

Formations au
traitement de texte

Programme
2003

25/09/2003   Partners Training   1

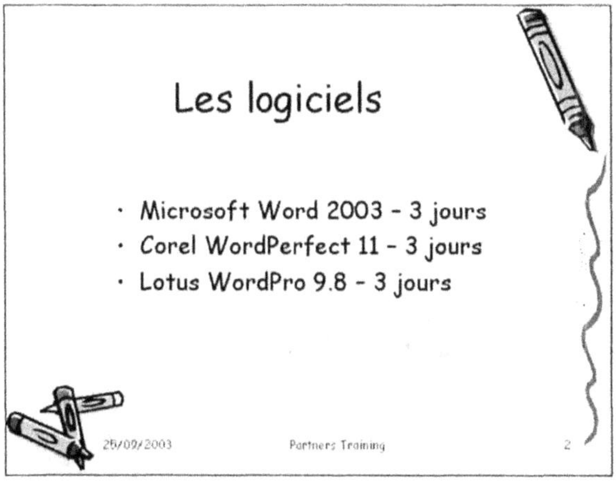

Les logiciels

- Microsoft Word 2003 – 3 jours
- Corel WordPerfect 11 – 3 jours
- Lotus WordPro 9.8 – 3 jours

25/09/2003   Partners Training   2

Pour obtenir plus
d'informations

- Stages inter/intra-entreprises
- Contenu détaillé des stages
- Tél : 01 42 43 39 02
- Fax : 01 42 43 85 06

25/09/2003   Partners Training   3

Fonctions utilisées

– *Assistant Sommaire automatique* – *Supprimer/Déplacer des diapositives*

– *Mode Plan* – *Saisir du texte*

– *Mode Diapositive* – *Modèle de présentation*

– *Mode Trieuse de diapositives* – *Résumé, sauvegarde et impression*

20 mn

Nous allons créer rapidement une première présentation à l'aide de l'assistant Sommaire automatique en répondant simplement à quelques questions concernant son contenu et sa forme. Il s'agit de la présentation des prestations d'un organisme de formation dans le domaine des logiciels de traitement de texte.

❶ DÉMARRER UNE NOUVELLE PRÉSENTATION

La première partie de la procédure suivante suppose que vous utilisez Windows XP.

démarrer Cliquez sur ce bouton à l'extrémité gauche de la barre des tâches.

• Cliquez sur *Tous les programmes*, puis *Microsoft Office*

• Cliquez sur *Microsoft Office PowerPoint 2003*

Le programme est lancé.

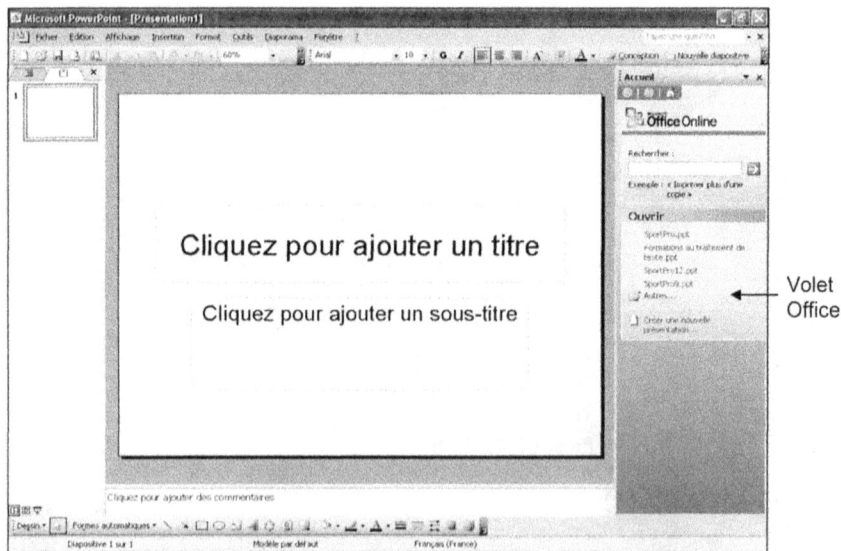

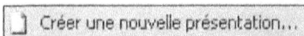

Volet Office

Créer une nouvelle présentation... Dans le volet Office, cliquez sur ce lien.

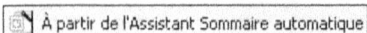

À partir de l'Assistant Sommaire automatique Dans le volet Office, cliquez sur ce lien.

❷ RÉPONDRE AUX QUESTIONS DE L'ASSISTANT

- Un premier dialogue s'affiche : cliquez sur «Suivant»

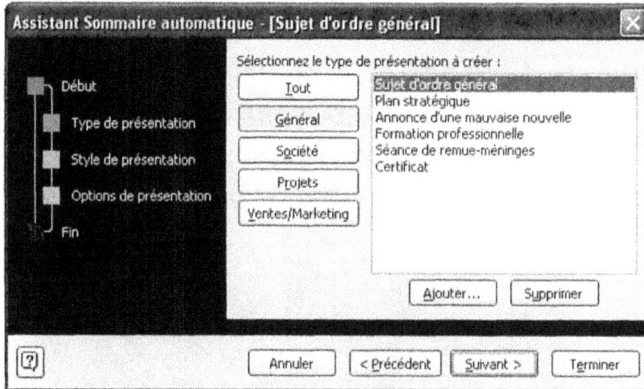

- Dans la liste, sélectionnez *Sujet d'ordre général*
- Cliquez sur «Suivant»

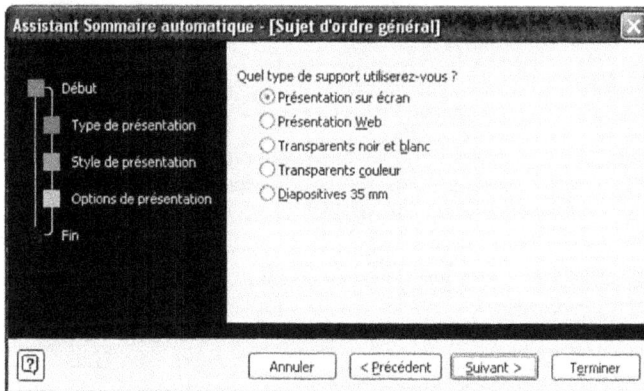

- Cochez ⊙ Présentation sur écran
- Cliquez sur «Suivant»

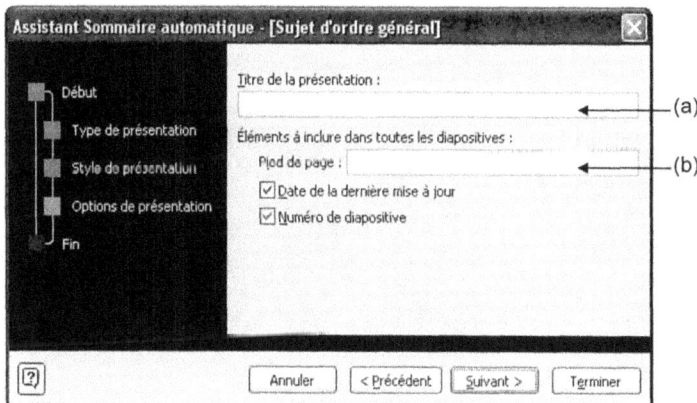

- Tapez *Formations au traitement de texte* en (a)
- Tapez *Partners Training* en (b)
- Cliquez sur «Suivant», puis sur «Terminer»

PowerPoint génère et affiche la nouvelle présentation à l'écran. Elle apparaît en mode *Normal*.

• Cliquez sur l'onglet *Plan* en (a)

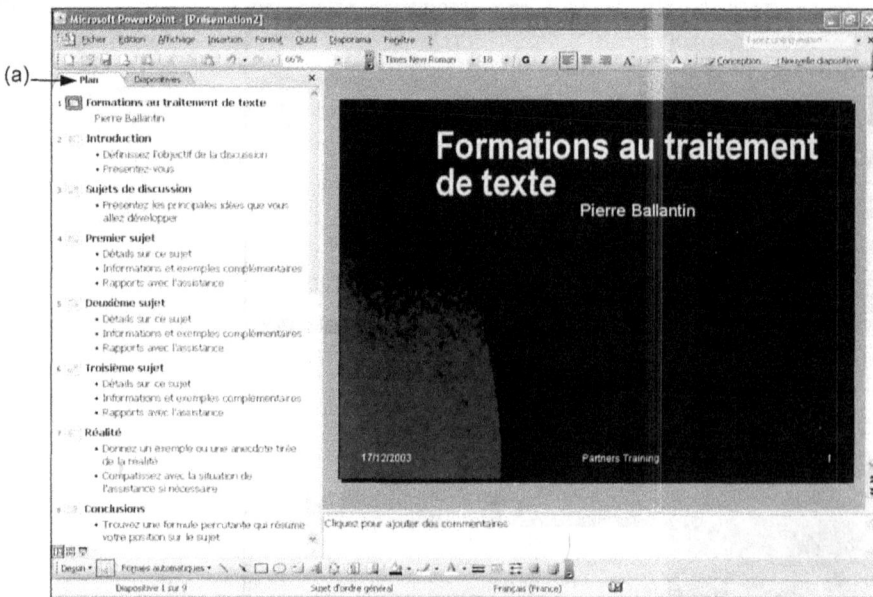

La présentation comporte neuf diapositives. La première a été personnalisée en fonction des renseignements que vous avez saisis précédemment. Le nom de l'utilisateur (défini dans le dialogue amené par la commande *Outils/Options*, sous l'onglet *Général*) est automatiquement proposé.

Les diapositives suivantes abordent des sujets divers que l'on pourra modifier par la suite en fonction du message à faire passer.

❸ SE DÉPLACER ENTRE LES DIAPOSITIVES

Dans le volet de gauche, nous allons afficher des vignettes afin de mieux visualiser les diapositives.

• Dans le volet de gauche, cliquez sur l'onglet *Diapositives*

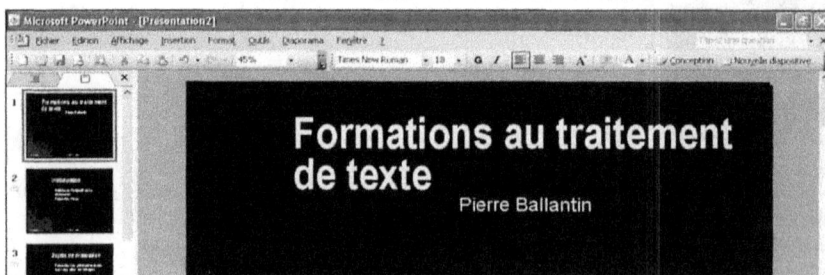

Passons à la diapositive suivante

Cliquez sur ce bouton au bas de la barre de défilement vertical.

Revenons à la diapositive précédente

Cliquez sur ce bouton au bas de la barre de défilement vertical.

Affichons à la dernière diapositive

• Appuyez sur [Ctrl]-[Fin]

Revenons à la première diapositive

• Appuyez sur [Ctrl]-[κ]

Affichons une diapositive particulière (la sixième par exemple)

Faites défiler les miniatures dans le volet gauche, puis cliquez sur la vignette de la sixième diapositive.

---

❹ SUPPRIMER/DÉPLACER DES DIAPOSITIVES

Nous allons passer en mode *Trieuse de diapositives* afin de réorganiser les diapositives de notre présentation.

 Cliquez sur ce bouton dans le coin inférieur gauche de la fenêtre de PowerPoint.

Ou

• *Affichage/Trieuse de diapositives*

Puis,

• A l'extrémité droite de la barre d'outils *Standard*, sélectionnez un zoom de *50%* en (a)

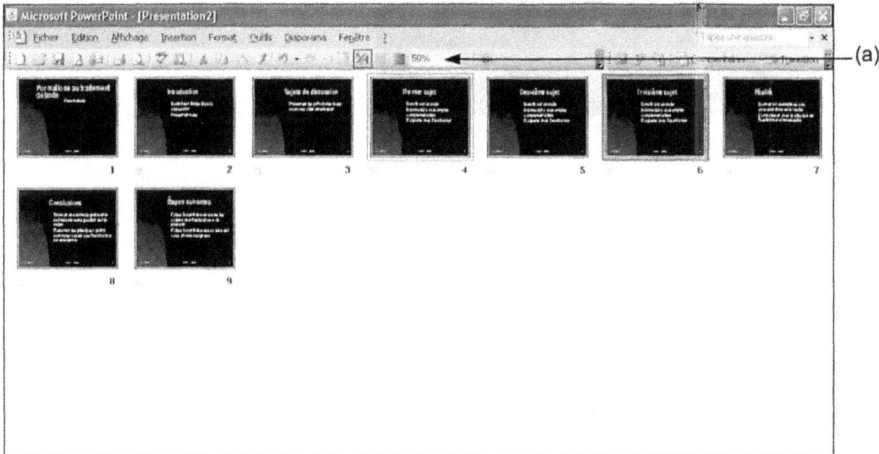

Remarque : si les barres d'outils *Standard* et *Trieuse de diapositives* sont sur la même ligne, il se peut que l'outil Zoom ne soit pas visible. Faites alors glisser la poignée de la barre d'outil *Trieuse de diapositives* pour la placer plus bas.

Supprimons les diapositives 2, 4, 5, 6, 7 et 8

• Cliquez sur la diapositive n° 2
• Maintenez appuyée la touche [Ctrl]
• Cliquez successivement sur les diapositives n° 4, 5, 6, 7 et 8 pour également les sélectionner
• Relâchez la touche [Ctrl]
• *Edition/Supprimer la diapositive*, ou appuyez sur [Suppr]

Il ne reste plus que trois diapositives.

Déplaçons la première diapositive en troisième position

- Cliquez sur la diapositive n° 1 et faites-la glisser vers la droite, en dernière position

- De la même façon, remettez-la en première position

---

❺ MODIFIER LE TEXTE

- Double-cliquez sur la seconde diapositive pour l'afficher en mode *Normal*

Effaçons le texte existant

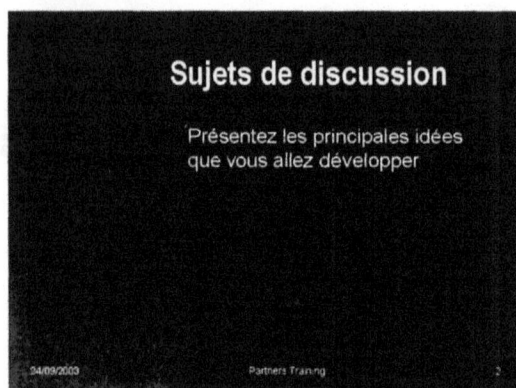

- Cliquez sur le terme *Sujets de discussion*
- Cliquez sur l'un des bords du cadre qui entoure ce titre pour le sélectionner
- Appuyez sur Suppr
- Cliquez sur le terme *Présentez les principales idées que vous allez développer*
- Cliquez sur l'un des bords du cadre qui entoure cette zone pour la sélectionner
- Appuyez sur Suppr

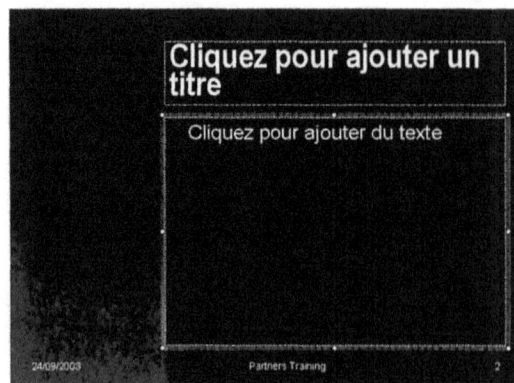

Saisissons du texte

- Cliquez dans la zone <Cliquez pour ajouter un titre>
- Tapez Les logiciels

- Cliquez dans la zone <Cliquez pour ajouter du texte>
- Tapez *Microsoft Word 2003 - 3 jours*
- Appuyez sur ⏎ pour aller à la ligne
- Tapez *Corel WordPerfect 11 - 3 jours*
- Appuyez sur ⏎ pour allez à la ligne
- Tapez *Lotus WordPro 9.8 - 3 jours*
- Pour terminer, cliquez en dehors du cadre dans lequel vous venez d'effectuer la saisie

On obtient :

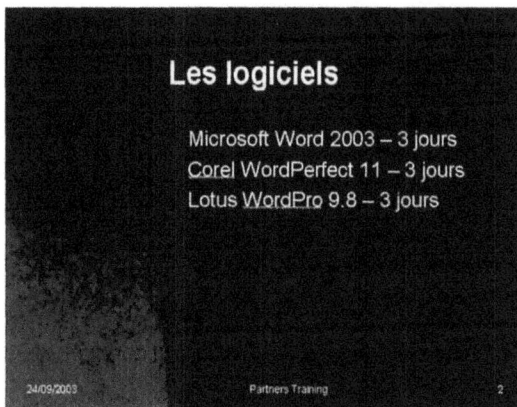

- Appuyez sur ⊞ pour passer à la diapositive suivante

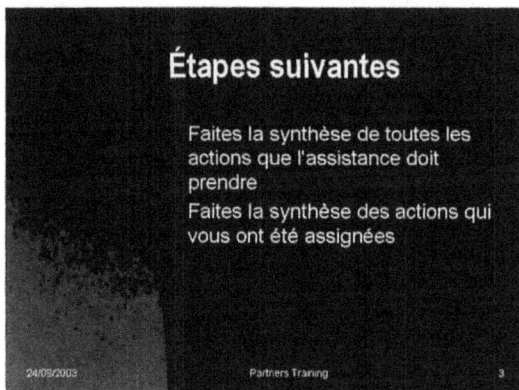

- Cliquez sur le terme *Étapes suivantes*
- Cliquez sur l'un des bords du cadre qui entoure ce titre afin de le sélectionner

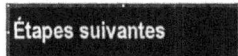

- Appuyez sur Suppr
- Tapez *Pour obtenir plus d'informations*
- Cliquez trois fois sur le terme *Faites la synthèse de toutes les actions que l'assistance doit prendre* pour sélectionner ce paragraphe

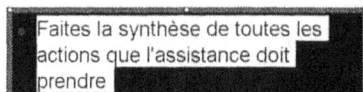

- Appuyez sur Suppr pour supprimer ce paragraphe

- Cliquez trois fois sur le terme *Faites la synthèse des actions qui vous ont été assignées* pour sélectionner ce paragraphe
- Tapez *Stages inter/intra-entreprises*
- Appuyez sur ⏎
- Tapez *Contenu détaillé des stages*
- Appuyez sur ⏎
- Tapez *Tél : 01 42 43 39 02*
- Appuyez sur ⏎
- Tapez *Fax : 01 42 43 85 06*
- Pour terminer, cliquez en dehors du cadre dans lequel vous venez d'effectuer la saisie

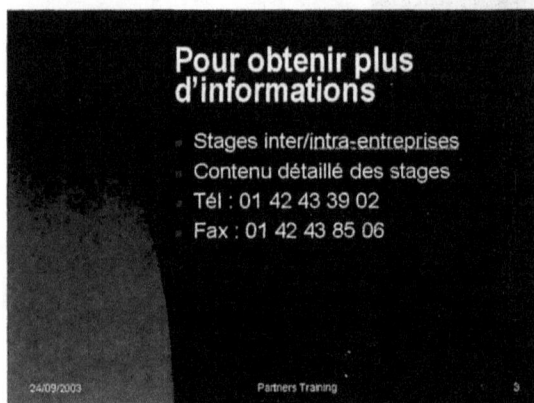

Pour obtenir plus d'informations

- Stages inter/intra-entreprises
- Contenu détaillé des stages
- Tél : 01 42 43 39 02
- Fax : 01 42 43 85 06

24/09/2003   Partners Training   3

Notez que les mots non reconnus par le dictionnaire sont soulignés par un trait ondulé rouge. Pour les corriger : clic-droit sur le mot souligné, puis cliquez sur l'une des suggestions proposées, ou sur *Ignorer tout*, ou sur *Ajouter au dictionnaire*.

❻ PEAUFINER L'ASPECT DES DIAPOSITIVES

- Appuyez sur Ctrl-⌂ pour afficher la première diapositive
- Cliquez dans le nom d'utilisateur qui apparaît sous le titre
- Cliquez sur l'un des bords du cadre entourant ce bloc de texte et faites-le glisser vers le bas de façon à centrer ce nom dans la hauteur de la diapositive
- Cliquez trois fois dans ce nom pour le sélectionner
- Tapez *Programme 2003*
- Cliquez trois fois dans le mot *Programme* pour sélectionner ce paragraphe
- Dans la barre d'outils *Mise en forme*, sélectionnez la taille *44*
- Cliquez en dehors de ce bloc de texte

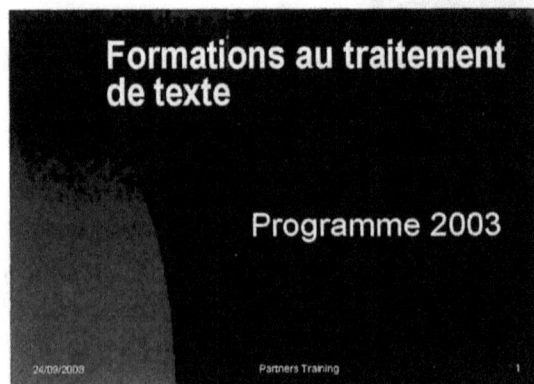

Formations au traitement de texte

Programme 2003

24/09/2003   Partners Training   1

- Appuyez sur ⊞ pour passer à la diapositive suivante
- Cliquez dans la liste à puce

- Cliquez sur l'un des bords du cadre entourant la liste à puces pour le sélectionner
- Cliquez sur la poignée (petit cercle blanc) qui se trouve au milieu du bord inférieur du cadre et faites-la glisser vers le haut afin de réduire de moitié la hauteur de cette boîte de texte
- Cliquez sur l'un des bords du cadre entourant la liste à puces et faites-le glisser vers le bas afin de centre cette boîte de texte dans la hauteur de la diapositive
- Cliquez en dehors de cette boîte de texte

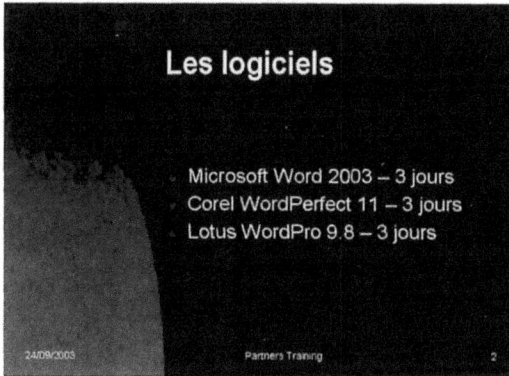

- Appuyez sur ⬇ pour passer à la troisième diapositive
- Cliquez dans la liste à puce
- Cliquez sur l'un de ses bords pour la sélectionner
- Cliquez sur la poignée (petit cercle blanc) qui se trouve au milieu du bord inférieur et faites-la glisser vers le haut afin de réduire de moitié la hauteur de cette boîte de texte
- Cliquez sur l'un des bords de la boîte de texte et faites glisser vers le bas afin de centre cette boîte de texte dans la hauteur de la diapositive
- Cliquez en dehors de cette boîte de texte

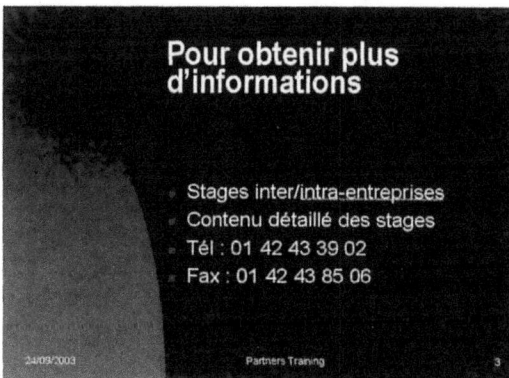

❼ APPLIQUER UN MODÈLE DE PRÉSENTATION DIFFÉRENT

La première ébauche de la présentation est terminée. Nous allons maintenant la modifier en appliquant un modèle de présentation différent qui change le jeu de couleurs, les polices et quelques autres caractéristiques de la présentation.

| Conception | Cliquez sur ce bouton, ou *Format/Conception de diapositive*.

- Dans le volet Office qui vient de s'afficher, cliquez sur le modèle *Crayons.pot*. Pour visualiser le nom du modèle associé à une vignette, amenez le pointeur sur celle-ci et son nom s'affiche.

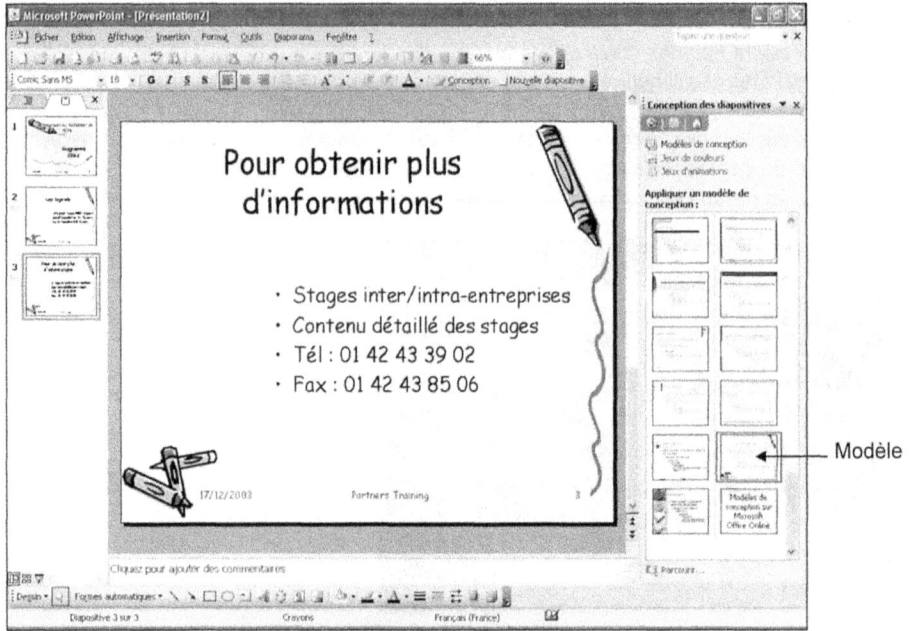

- Appuyez sur $\boxed{\text{Ctrl}}$-$\boxed{\uparrow}$ pour afficher la première diapositive
- Cliquez dans le titre de la diapositive
- Faites glisser la poignée qui se trouve au milieu du bord gauche du cadre entourant le titre afin d'en réduire la largeur d'environ 25%
- Cliquez en-dehors de ce cadre
- Appuyez sur $\boxed{\downarrow}$ pour passer à la seconde diapositive
- Cliquez dans la liste à puces
- Cliquez sur le cadre entourant la liste et faites-le glisser vers la gauche pour centrer cette liste dans la diapositive
- Cliquez en-dehors de ce cadre
- Appuyez sur $\boxed{\downarrow}$ pour passer à la troisième diapositive
- Comme précédemment, centrez la liste à puces dans la diapositive
- Appuyez sur $\boxed{\text{Ctrl}}$-$\boxed{\uparrow}$ pour afficher la première diapositive
- Fermez le volet Office en cliquant sur sa case de fermeture

Passons en mode *Trieuse de diapositives* pour visualiser le résultat :

🔳 Cliquez sur ce bouton dans le coin inférieur gauche de la fenêtre de PowerPoint.

- Demandez un zoom de 100%.

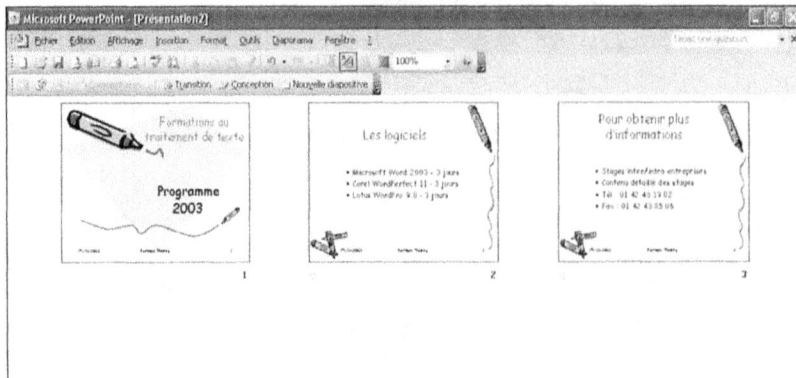

❽ REMPLIR LE RÉSUMÉ

Nous allons renseigner une fiche de résumé associée à cette présentation. Certaines de ces informations pourront être utilisées ultérieurement comme critères de recherche afin de retrouver la présentation.

• *Fichier/Propriétés*, puis cliquez sur l'onglet *Résumé*

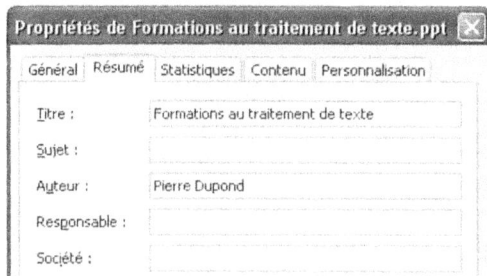

• <Titre> : tapez *Formations au traitement de texte*
• <Auteur> : tapez votre nom
• <Mots clés> : tapez *Stage Formation Texte*
• Cliquez sur «OK»

---

❾ ENREGISTRER LA PRÉSENTATION

Nous allons enregistrer la présentation que l'on vient de réaliser sous le nom de *Formations au traitement de texte.ppt*, et dans le dossier C:*Exercices PowerPoint 2003*.

Cliquez sur ce bouton dans la barre d'outils *Standard*, ou *Fichier/Enregistrer*, ou appuyez sur ⌈Ctrl⌉-**S**.

Dans la partie gauche du dialogue qui s'affiche, cliquez sur ce bouton.

• Double-cliquez sur l'unité de disque *C:*
• Double-cliquez sur le dossier *Exercices PowerPoint 2003*

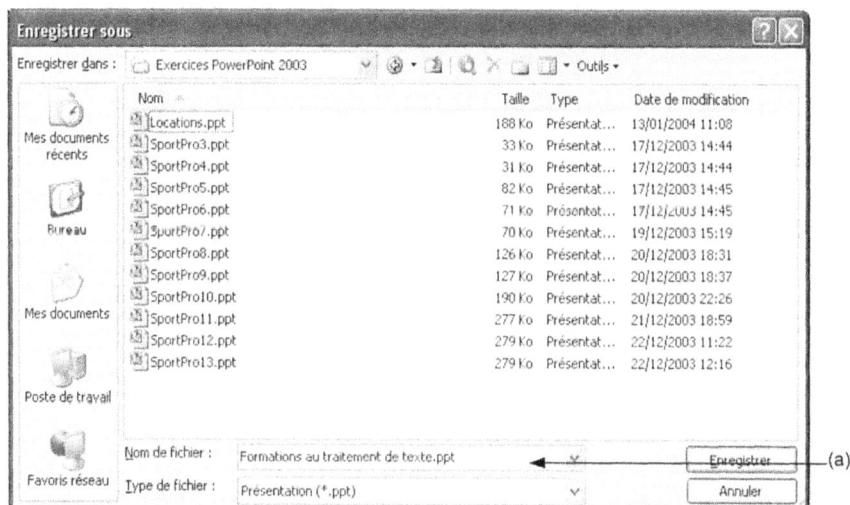

• Tapez *Formations au traitement de texte* en (a)
• Cliquez sur «Enregistrer»

⑩ IMPRIMER LA PRÉSENTATION

Nous allons imprimer la totalité de la présentation en un exemplaire, à raison d'une diapositive par page.

- *Fichier/Imprimer*, ou appuyez sur Ctrl-**P**

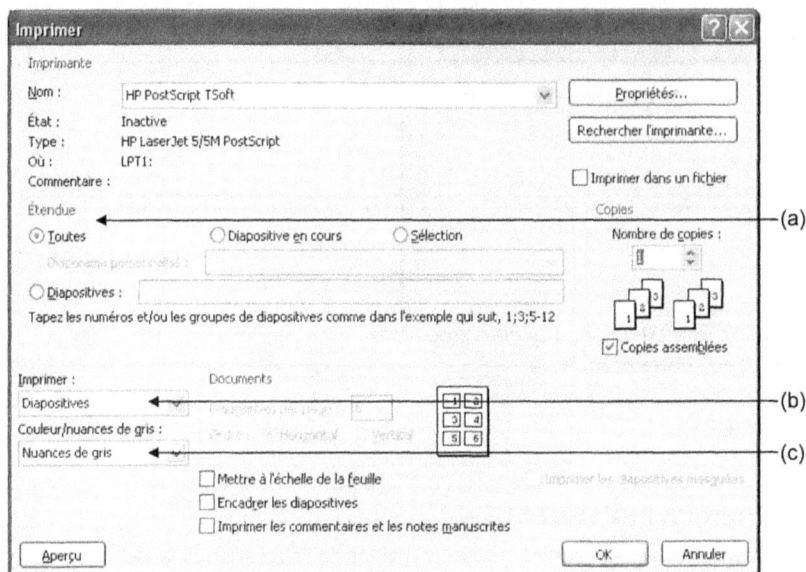

- Cochez ○ *Toutes* en (a)
- Sélectionnez *Diapositives* en (b)
- Sélectionnez *Nuances de gris* en (c)
- Cliquez sur «OK»

---

⑪ FERMER LA PRÉSENTATION ET QUITTER POWERPOINT

- *Fichier/Fermer* pour fermer la présentation
- *Fichier/Quitter* pour quitter PowerPoint

SportPro SA
Toujours à la pointe de la compétition automobile

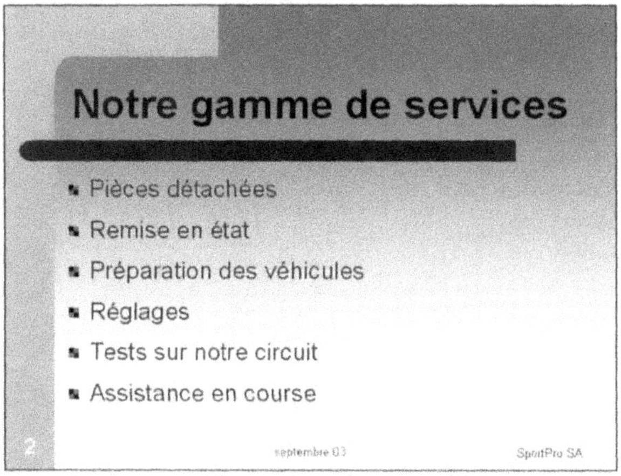
Notre gamme de services
Pièces détachées
Remise en état
Préparation des véhicules
Réglages
Tests sur notre circuit
Assistance en course
2
septembre 03
SportPro SA

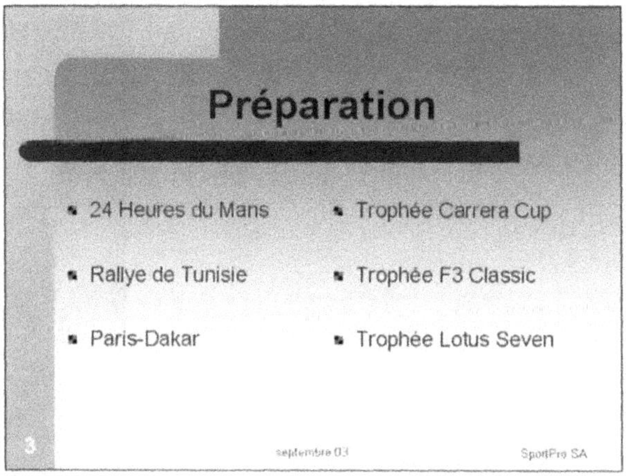
Préparation
24 Heures du Mans
Rallye de Tunisie
Paris-Dakar
Trophée Carrera Cup
Trophée F3 Classic
Trophée Lotus Seven
3
septembre 03
SportPro SA

On peut choisir de se passer des services de l'assistant Sommaire automatique sans pour autant vouloir se retrouver face à un écran vierge.

Nous allons commencer une nouvelle présentation en sélectionnant un modèle qui détermine le jeu de couleurs, les polices et diverses autres caractéristiques. Cette présentation de trois diapositives nous servira de point de départ et nous l'étofferons progressivement au cours des exercices suivants.

---

❶ CHOISIR UN MODÈLE

Lancez PowerPoint :

démarrer   Cliquez sur ce bouton à l'extrémité gauche de la barre des tâches.

• Cliquez sur *Tous les programmes*, puis sur *Microsoft Office*

Outils Microsoft Office ▸
Microsoft Office Access 2003
Microsoft Office Excel 2003
Microsoft Office Outlook 2003
Microsoft Office PowerPoint 2003
Microsoft Office Word 2003
Microsoft Picture Library

• Cliquez sur *Microsoft Office PowerPoint 2003*

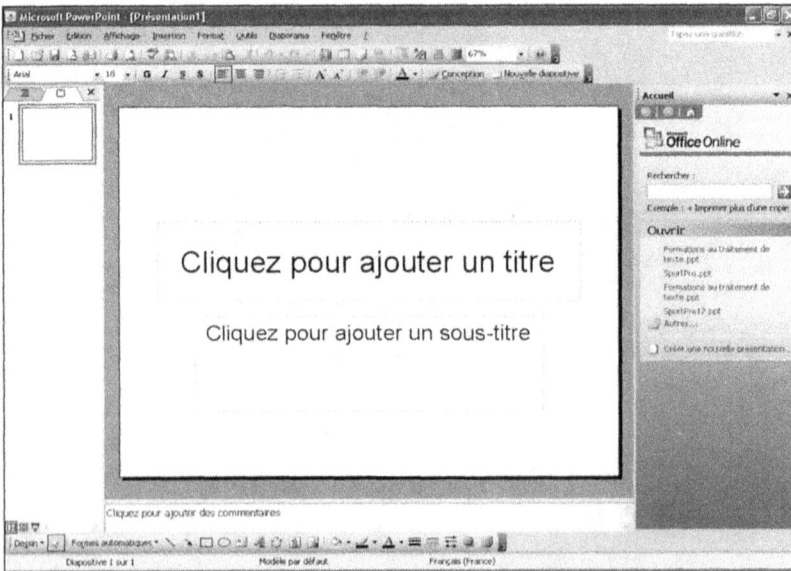

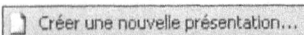

Cliquez pour ajouter un titre

Cliquez pour ajouter un sous-titre

Créer une nouvelle présentation...   Dans le volet Office, cliquez sur ce lien.

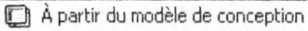

| À partir du modèle de conception | Dans le volet Office, cliquez sur ce lien.

Le volet Office propose une série de modèles présentés par ordre alphabétique. Leur nom apparaît lorsque vous amenez le pointeur sur la vignette d'un modèle dans le volet Office.

- Cliquez sur le modèle *Capsules.pot*

- *Format/Mise en page des diapositives*

Diverses mises en page de diapositives sont alors proposées dans le volet Office. Une mise en page prévoit des espaces réservés pour disposer du texte ou des objets divers (tableaux, images, graphiques, etc.).

- Par défaut, cette diapositive possède déjà la mise en page souhaitée : *Diapositive de titre* (la première de la zone <Disposition du texte>)

Pour le moment une seule diapositive est en préparation et sa miniature est visible dans le volet de gauche.

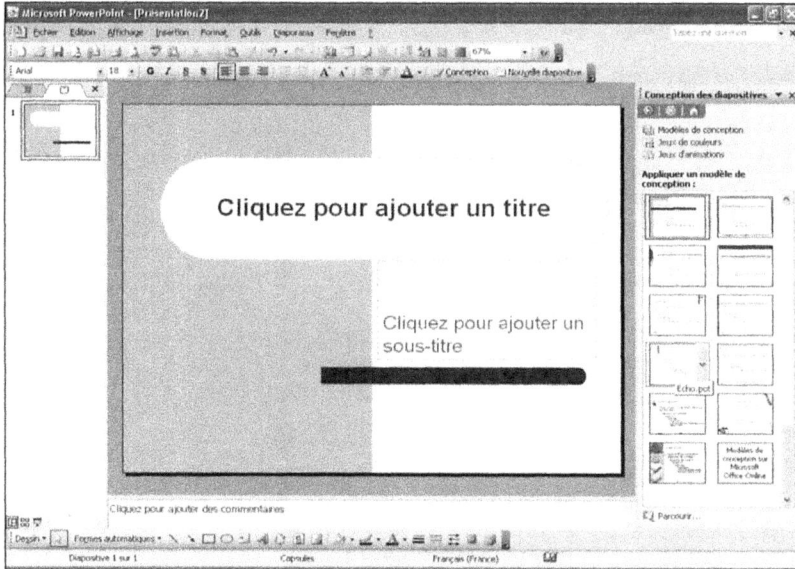

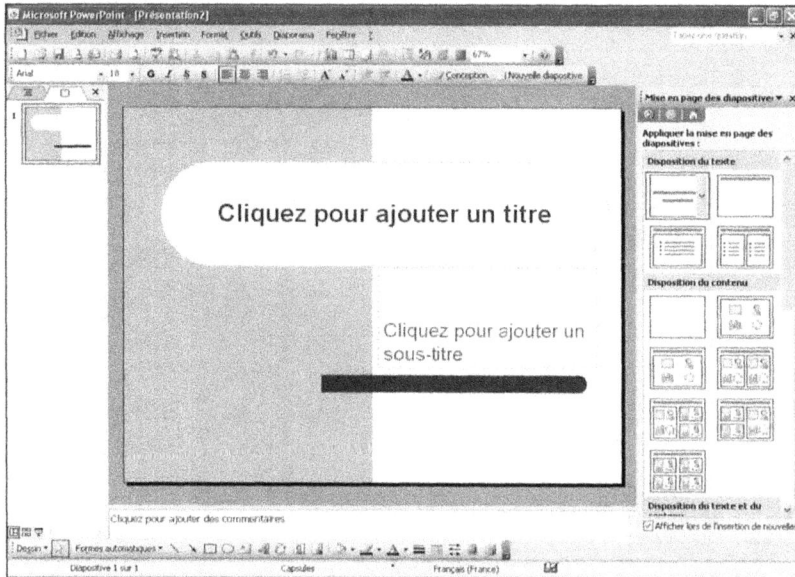

❷ AJOUTER DEUX DIAPOSITIVES DE TYPE TEXTE

| Nouvelle diapositive | Cliquez sur ce bouton dans la barre d'outils *Mise en forme*, ou *Insertion/Nouvelle diapositive*, ou appuyez sur `Ctrl`-**M**. |

La diapositive est créée et une miniature supplémentaire apparaît dans le volet de gauche.

• Dans le volet Office, cliquez sur la mise en page *Titre et texte*

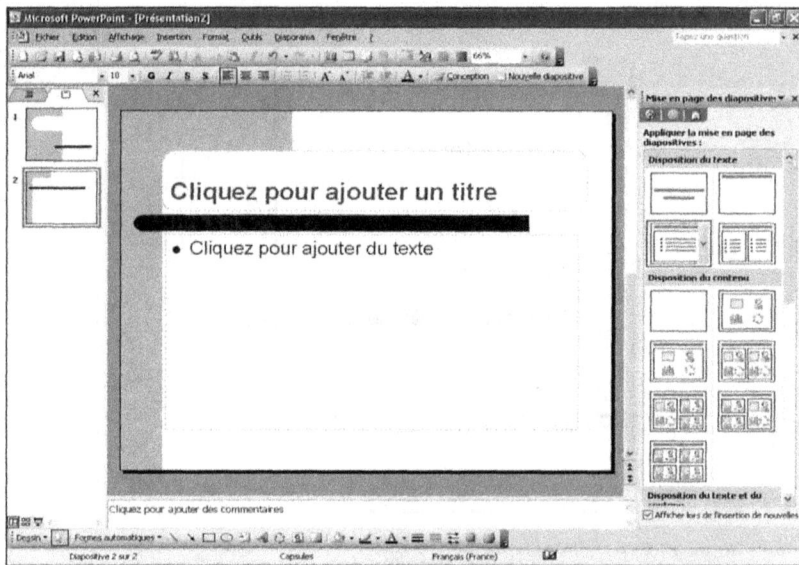

| Nouvelle diapositive | Cliquez sur ce bouton dans la barre d'outils *Mise en forme*, ou *Insertion/Nouvelle diapositive*, ou appuyez sur `Ctrl`-**M**. |

La diapositive est créée et sa miniature apparaît dans le volet de gauche.

• Dans le volet Office, cliquez sur la mise en page *Titre et texte sur 2 colonnes*

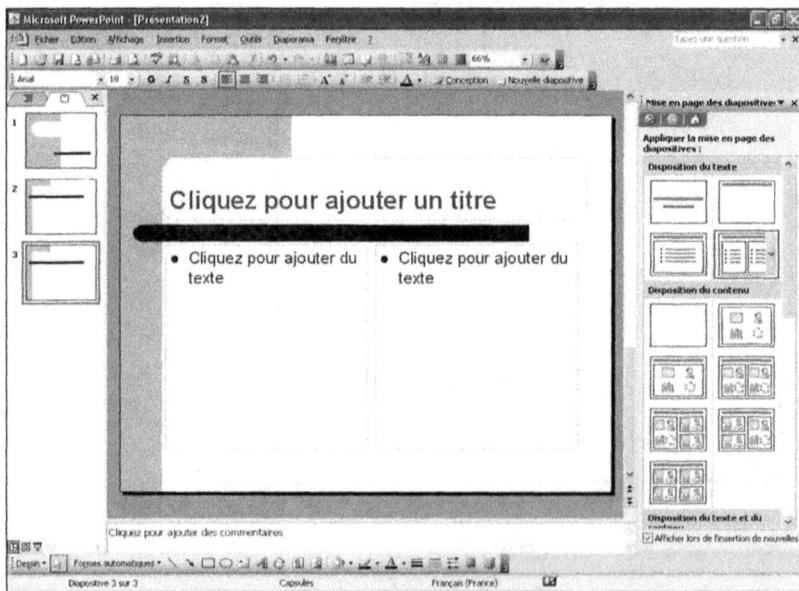

La présentation comporte maintenant trois diapositives et la dernière qui est affichée.

❸ SAISIR LE TEXTE

- Appuyez sur ⌈Ctrl⌉-⌈←⌉ pour réafficher la première diapositive
- Cliquez dans l'espace réservé <Cliquez pour ajouter un titre>
- Tapez *SportPro SA*
- Cliquez dans l'espace réservé *<Cliquez pour ajouter un sous-titre>*
- Tapez *Toujours à la pointe de la compétition automobile*
- Cliquez en dehors de ce cadre pour terminer
- Appuyez sur ⊞ pour afficher la diapositive suivante
- Cliquez dans l'espace réservé *<Cliquez pour ajouter un titre>*
- Tapez *Notre gamme de services*
- Cliquez dans l'espace réservé *<Cliquez pour ajouter du texte>*
- Tapez *Pièces détachées* et appuyez sur ⌈←⌉
- Tapez *Remise en état* et appuyez sur ⌈←⌉
- Tapez *Préparation des véhicules* et appuyez sur ⌈←⌉
- Tapez *Réglages* et appuyez sur ⌈←⌉
- Tapez *Tests sur notre circuit* et appuyez sur ⌈←⌉
- Tapez *Assistance en course*
- Cliquez en dehors de ce cadre pour terminer
- Appuyez sur ⊞ pour afficher la diapositive suivante

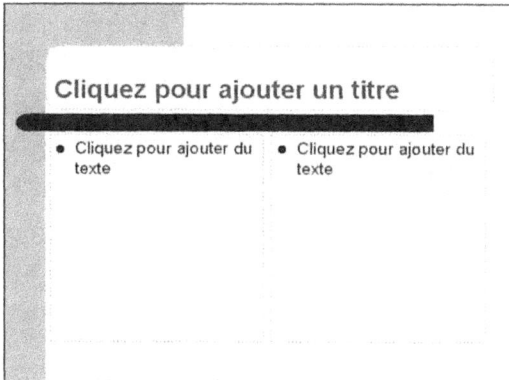

- Cliquez dans l'espace réservé *Cliquez pour ajouter un titre*
- Tapez *Préparation*
- En dessous, cliquez dans l'espace réservé de gauche
- Tapez *24 Heures du Mans* et appuyez sur ⌈←⌉
- Tapez *Rallye de Tunisie* et appuyez sur ⌈←⌉
- Tapez *Paris - Dakar*
- Cliquez dans l'espace réservé de droite
- Tapez *Trophée Carrera Cup* et appuyez sur ⌈←⌉
- Tapez *Trophée F3 Classic* et appuyez sur ⌈←⌉
- Tapez *Trophée Lotus Seven*
- Cliquez en dehors des cadres
- Refermez le volet Office en cliquant sur sa case de fermeture

---

❹ VISUALISER LA PRÉSENTATION EN MODE TRIEUSE DE DIAPOSITIVES

Passons en mode *Trieuse de diapositives* pour visualiser le résultat :

▦ Cliquez sur ce bouton dans le coin inférieur gauche de la fenêtre de PowerPoint.

- A l'aide de la barre d'outils *Standard*, sélectionnez un zoom de *100%*

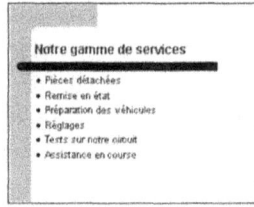
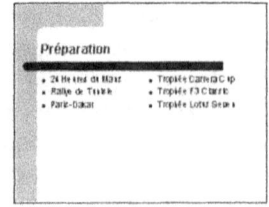

1   2   3

---

❺ PERSONNALISER LE MASQUE DE TITRE ET LE MASQUE DES DIAPOSITIVES

Personnalisons le masque de titre

Le rôle des masques est de garantir une certaine homogénéité entre les diapositives. Tout texte saisi dans le masque de titre et toute mise en forme appliquée au masque de titre se retrouvera sur toutes les diapositives de titre de la présentation. Même si cette présentation ne comportera qu'une seule diapositive de titre, il est bon de prendre dès maintenant de bonnes habitudes et nous allons donc personnaliser le masque de titre pour mettre en forme le titre et le sous-titre de la première diapositive.

Passons en *mode Normal* :

☐ Cliquez sur ce bouton dans le coin inférieur gauche de la fenêtre.

- Cliquez sur l'onglet *Diapositive* si l'affichage dans le volet de gauche est en mode *Plan*
- Cliquez sur la première miniature des diapositives (la diapositive de titre)
- *Affichage/Masque/Masque des diapositives*

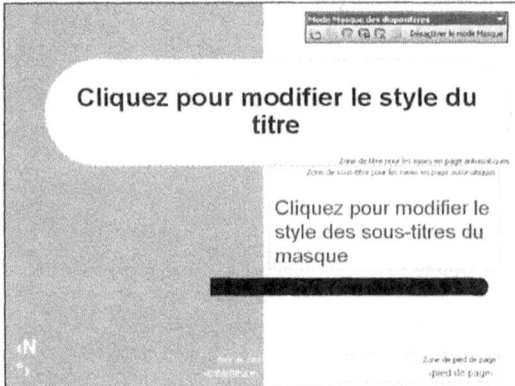

Mettons en forme le titre
- Cliquez dans l'espace réservé au titre
- Dans la barre d'outils *Mise en forme*, sélectionnez la police *Arial* et la taille *72*

Arial	72

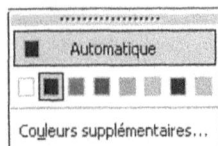   Cliquez sur la flèche associée à ce bouton dans la barre d'outils *Mise en forme* afin de changer la couleur du texte.

Dans la liste qui se déroule, cliquez sur *Couleurs supplémentaires*

- Cliquez sur une variante de la couleur bleue
- Cliquez sur «OK»
- Cliquez en dehors de cette boîte de texte

Il est normal que le contenu dépasse provisoirement de la zone de texte

Mettons en forme le sous-titre

- Cliquez dans l'espace réservé au sous-titre
- Dans la barre d'outils *Mise en forme*, sélectionnez la taille *40*

G Cliquez sur ce bouton dans la barre d'outils *Mise en forme*, ou appuyez sur Ctrl-**G** pour activer le gras.

A ▾ Cliquez sur la flèche associée à ce bouton dans la barre d'outils *Mise en forme* pour changer la couleur du texte.

- Cliquez sur *Couleurs supplémentaires*
- Cliquez sur une variante de la couleur rouge
- Cliquez sur «OK»
- Cliquez en dehors de la diapositive, dans la partie grisée

Désactiver le mode Masque   Cliquez sur ce bouton dans la barre d'outils *Mode Masque*.

Nos choix sont appliqués à la diapositive de titre :

Personnalisons le masque des diapositives

Tout texte saisi dans le masque des diapositives et toute mise en forme appliquée au masque des diapositives se retrouvera sur toutes les diapositives. Personnalisons-le.

- Dans le volet de gauche, cliquez sur la deuxième miniature des diapositives
- *Affichage/Masque/Masque des diapositives*

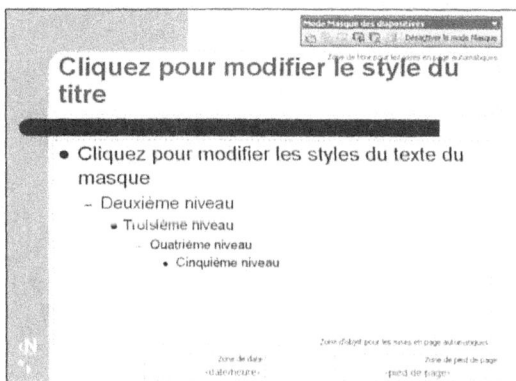

Mettons en forme les titres

- Cliquez dans l'espace réservé au titre
- Dans la barre d'outils *Mise en forme*, sélectionnez la police *Arial* et la taille *48*

| Arial ▾ | 48 ▾ |

Cliquez sur ce bouton dans la barre d'outils *Mise en forme* pour centrer le texte du titre au sein de la zone de titre.

Cliquez sur la flèche associée à ce bouton dans la barre d'outils *Mise en forme* pour changer la couleur du texte.

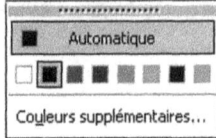

■ Automatique

Couleurs supplémentaires...

- Cliquez sur *Couleurs supplémentaires*
- Cliquez sur une couleur bleu foncé
- Cliquez sur «OK»

Modifions le style des puces du premier niveau

- Cliquez dans l'espace réservé au texte, dans la première ligne (le premier niveau de puces)
- *Format/Puces et numéros*
- Cliquez sur «Image»

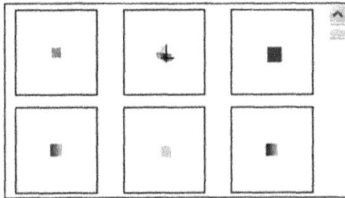

- Sélectionnez la puce de vôtre choix
- Cliquez sur «OK»
- Cliquez en dehors de la diapositive, dans la partie grisée

Désactiver le mode Masque   Cliquez sur ce bouton dans la barre d'outils *Mode Masque*.

On obtient :

Notre gamme de services

- Pièces détachées
- Remise en état
- Préparation des véhicules
- Réglages
- Tests sur notre circuit
- Assistance en course

❻ MODIFIER L'ARRIÈRE-PLAN DES DIAPOSITIVES

Nous allons modifier l'arrière-plan pour toutes les diapositives de la présentation et demander un dégradé grisé.

- *Format/Arrière-plan*

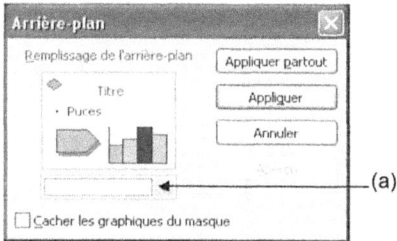

(a)

- Cliquez sur la flèche associée à la liste (a)
- Cliquez sur *Motifs et textures*, puis sur l'onglet *Dégradé*

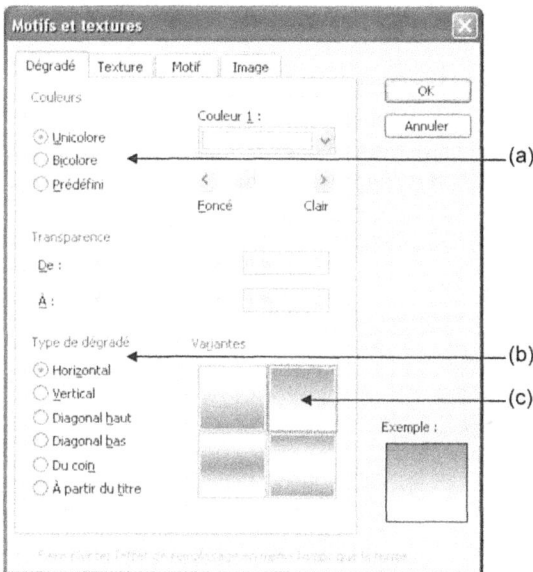

(a)

(b)

(c)

- Cochez ⊙*Unicolore* en (a) et ⊙*Horizontal* en (b)
- En (c), cliquez sur la deuxième vignette de la première ligne
- Cliquez sur «OK», puis sur «Appliquer partout»

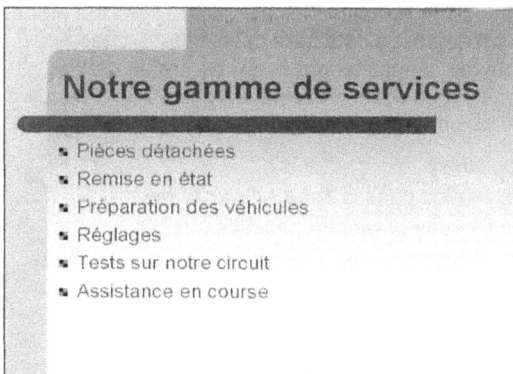

Notre gamme de services

- Pièces détachées
- Remise en état
- Préparation des véhicules
- Réglages
- Tests sur notre circuit
- Assistance en course

❼ AJOUTER LA DATE ET NUMÉROTER LES DIAPOSITIVES

Ajoutons la date du jour et un numéro d'ordre sur les diapositives, sauf la première.

- *Affichage/En-tête et pied de page*, puis cliquez sur l'onglet *Diapositive*

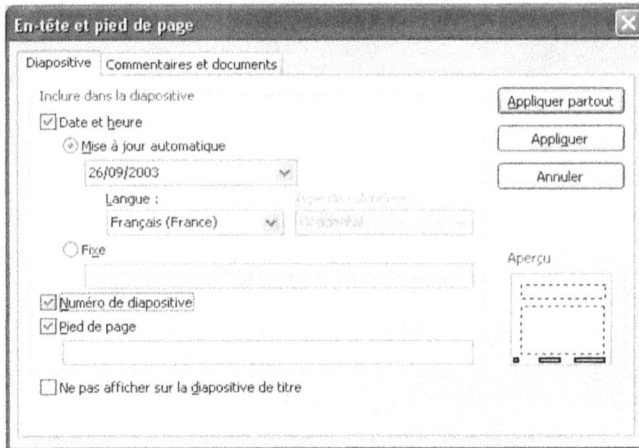

- Cochez ☒*Date et heure*, puis ⊙*Mise à jour automatique*
- Dans la liste en dessous, sélectionnez le sixième format pour la date
- Cochez ☒*Numéro de diapositive* et ☒*Pied de page*
- En dessous, tapez *SportPro SA*
- Cochez ☒*Ne pas afficher sur la diapositive de titre*
- Cliquez sur «Appliquez partout»

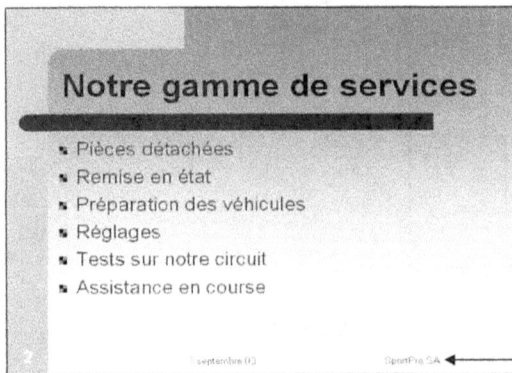

Le pied de page

La date apparaît en bas et au centre sur chaque diapositive, le numéro s'affiche en bas et à gauche, et le pied de page en bas et à droite. La date sera mise à jour à chaque ouverture de la présentation. Nous souhaitons maintenant mieux centrer la date et positionner le pied de page plus à droite. Nous allons devoir intervenir sur le masque des diapositives car c'est dans ce masque qu'ont été insérés la date et le pied de page.

- *Affichage/Masque/Masque des diapositives*
- Dans la partie inférieure du masque, cliquez dans la zone <Zone de date>
- Cliquez sur un bord de cette zone et faites-la glisser un peu plus à droite
- Dans la partie inférieure du masque, cliquez dans la zone <Zone de pied de page>

Cliquez sur ce bouton dans la barre d'outils *Mise en forme* pour aligner son contenu à droite.

Désactiver le mode Masque Cliquez sur ce bouton dans la barre d'outils *Mode Masque*.

❽ ÉQUILIBRER LE TEXTE DES DIAPOSITIVES 2 ET 3

- Appuyez sur ⌈Ctrl⌉-⌈Fin⌉ pour afficher la dernière diapositive
- Cliquez dans la zone de texte de gauche
- *Edition/Sélectionner tout*, ou appuyez sur ⌈Ctrl⌉-**A**
- *Format/Interligne*

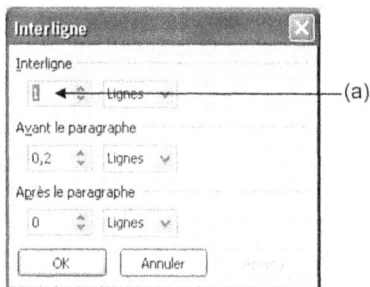

(a)

- Tapez *2,4* en (a)
- Cliquez sur «OK»
- Répétez cette procédure avec la liste à puces de droite
- Cliquez en dehors de la diapositive, dans la partie grisée
- Appuyez sur ⌂ pour afficher la seconde diapositive
- De la même façon, appliquez au contenu de la liste à puces un interligne de *1,2*
- Cliquez en dehors de la diapositive, dans la partie grisée

❾ AFFICHER ET ENREGISTRER LA PRÉSENTATION

Passons en mode *Trieuse de diapositives* pour visualiser le résultat :

🔳 Cliquez sur ce bouton dans le coin inférieur gauche de la fenêtre de PowerPoint.

- A l'aide de la barre d'outils *Standard*, sélectionnez un zoom de *100%*

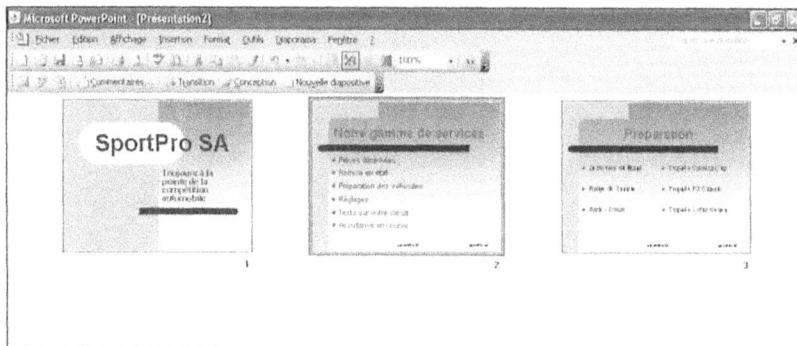

Nous allons maintenant enregistrer la présentation sous le nom *SportPro*, dans le dossier *C:\Exercices PowerPoint 2003*.

💾 Cliquez sur ce bouton dans la barre d'outils *Standard*, ou *Fichier/Enregistrer*, ou appuyez sur ⌈Ctrl⌉-**S**.

🖥 Dans la partie gauche du dialogue qui s'affiche, cliquez sur ce bouton.
Poste de travail

- Double-cliquez sur l'unité de disque *C:*
- Double-cliquez sur le dossier *Exercices PowerPoint 2003*

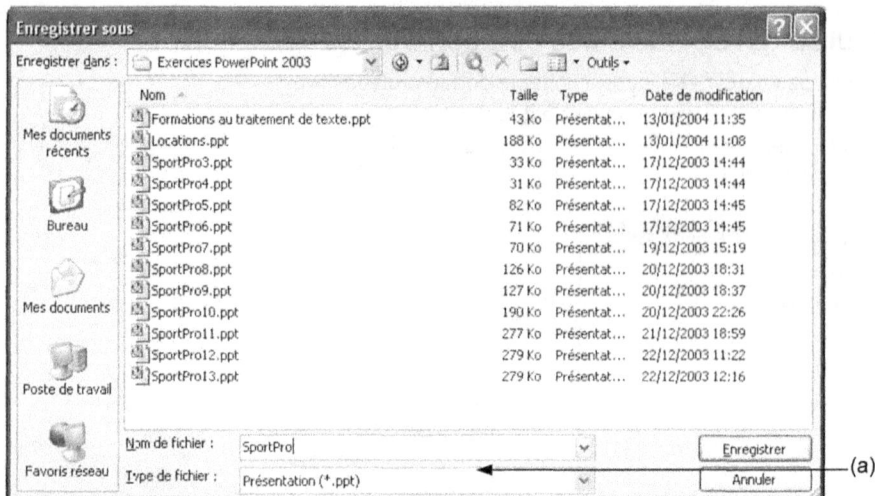

- Tapez *SportPro* en (a)
- Cliquez sur «Enregistrer»

---

❿ IMPRIMER ET FERMER LA PRÉSENTATION

La présentation sera imprimée à raison d'une diapositive par page, en orientation paysage.

- *Fichier/Imprimer*, ou appuyez sur Ctrl-**P**
- <Étendue> : cochez ⊙ *Toutes*
- <Imprimer> : sélectionnez *Diapositives*
- <Couleur/nuances de gris> : sélectionnez *Couleur* ou *Nuances de gris* (dans ce dernier cas vous n'imprimerez pas le dégradé grisé)
- Cliquez sur «OK»
- *Fichier/Fermer* pour fermer la présentation
- *Fichier/Quitter* pour quitter PowerPoint

DÉVELOPPER UNE PRÉSENTATION

2

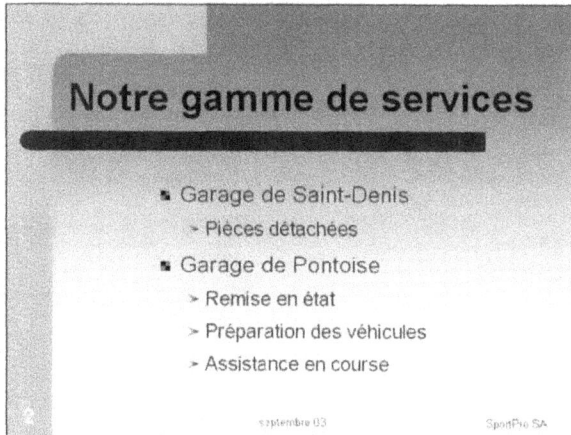

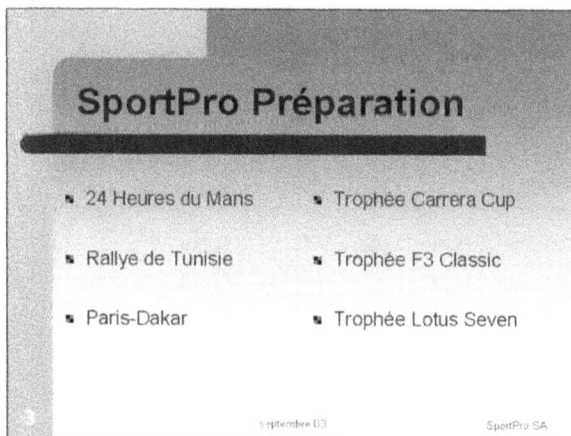

Nous allons rouvrir la présentation *SportPro*, l'étoffer un peu, puis manipuler et mettre en forme les textes qu'elle contient. Cet exercice nous permettra de revoir et de compléter nos connaissances sur les outils dédiés à la manipulation des textes dans PowerPoint.

❶ OUVRIR LA PRÉSENTATION

Si vous n'avez pas réalisé l'exercice précédent, ouvrez le fichier *SportPro3.ppt* au lieu de *SportPro.ppt*, et enregistrez-le sous le nom *SportPro.ppt*. Il s'agit d'une réplique de la présentation *SportPro.ppt* résultat de l'exercice précédent.

- Lancez PowerPoint

Cliquez sur ce bouton dans la barre d'outils *Standard*, ou *Fichier/Ouvrir*, ou appuyez sur ⌈Ctrl⌋-**O**.

Dans la partie gauche du dialogue qui s'affiche, cliquez sur ce bouton.

- Double-cliquez sur l'unité de disque *C:*, puis sur le dossier *Exercices PowerPoint 2003*

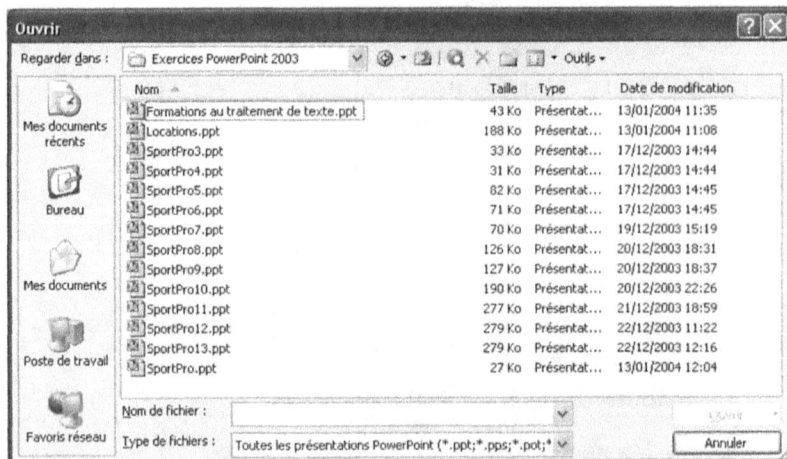

Nom	Taille	Type	Date de modification
Formations au traitement de texte.ppt	43 Ko	Présentat...	13/01/2004 11:35
Locations.ppt	188 Ko	Présentat...	13/01/2004 11:08
SportPro3.ppt	33 Ko	Présentat...	17/12/2003 14:44
SportPro4.ppt	31 Ko	Présentat...	17/12/2003 14:44
SportPro5.ppt	82 Ko	Présentat...	17/12/2003 14:45
SportPro6.ppt	71 Ko	Présentat...	17/12/2003 14:45
SportPro7.ppt	70 Ko	Présentat...	19/12/2003 15:19
SportPro8.ppt	126 Ko	Présentat...	20/12/2003 18:31
SportPro9.ppt	127 Ko	Présentat...	20/12/2003 18:37
SportPro10.ppt	190 Ko	Présentat...	20/12/2003 22:26
SportPro11.ppt	277 Ko	Présentat...	21/12/2003 18:59
SportPro12.ppt	279 Ko	Présentat...	22/12/2003 11:22
SportPro13.ppt	279 Ko	Présentat...	22/12/2003 12:16
SportPro.ppt	27 Ko	Présentat...	13/01/2004 12:04

- Sélectionnez le fichier *SportPro.ppt*
- Cliquez sur «Ouvrir»

❷ MANIPULER LE TEXTE DES DIAPOSITIVES

Ces commandes nécessitent que l'on indique au préalable sur quelle partie du texte elles doivent s'appliquer : il faut sélectionner le bloc de texte qui apparaît alors en surbrillance. Passons en mode *Normal* si ce n'est pas le cas :

Cliquez sur ce bouton dans le coin inférieur gauche de la fenêtre.

Sélectionnons un bloc de texte

- Affichez la première diapositive
- Cliquez juste avant le terme *SportPro*, maintenez le bouton de la souris appuyé et faites glisser le pointeur vers la droite jusqu'à ce que la totalité du titre soit sélectionnée

Copions un bloc de texte

Cliquez sur ce bouton dans la barre d'outils *Standard*, ou *Edition/Copier*, ou appuyez sur [Ctrl]-**C**.

- Cliquez en dehors du titre
- Appuyez sur [Ctrl]-[Fin] pour afficher la dernière diapositive
- Insérez le curseur devant le terme *Préparation*

Cliquez sur ce bouton dans la barre d'outils *Standard*, ou *Edition/Coller*, ou appuyez sur [Ctrl]-**V**.

- Appuyez sur [←] trois fois afin de supprimer le terme *SA*
- Cliquez sur un bord de cette zone de texte et faites-la légèrement glisser ver la gauche
- Cliquez en dehors du titre

Déplaçons un paragraphe au sein d'une diapositive

- Appuyez sur [⬆] pour afficher la seconde diapositive
- Cliquez trois fois dans la phrase *Tests sur notre circuit* pour sélectionner ce paragraphe

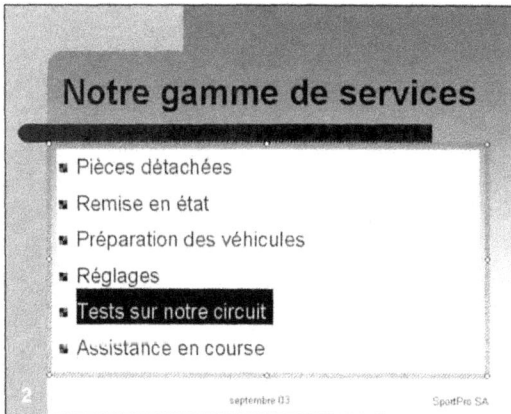

- Cliquez dans la sélection, maintenez appuyé le bouton de la souris et faites glisser ce paragraphe au début de la liste
- De la même façon, déplacez le terme *Réglages* en seconde position dans la liste
- Cliquez en dehors de la diapositive pour terminer

Effaçons des blocs de texte

- Cliquez trois fois sur le terme *Réglages* pour sélectionner ce paragraphe
- Appuyez sur Suppr
- Cliquez trois fois dans la phrase *Test sur notre circuit* pour sélectionner ce paragraphe
- Appuyez sur Suppr
- Cliquez en dehors de la diapositive, dans la zone grisée
- Appuyez sur Ctrl-⌐ pour afficher la première diapositive
- Cliquez derrière la lettre *A* du terme *SA* et appuyez sur ← trois fois afin de supprimer SA

Cliquez sur ce bouton dans la barre d'outils *Mise en forme* pour aligner à gauche le contenu de cette zone de titre.

- Cliquez sur l'un des bords de cette zone de titre et faites-la glisser légèrement vers la gauche afin de placer le terme *SportPro* dans la zone ovale et blanche
- Pour terminer, cliquez en dehors de la diapositive, dans la zone grisée
- Affichez la seconde diapositive en cliquant sur son titre ou sur sa vignette dans le volet de Plan

Insérons du texte

Nous allons insérer deux sous-titres que nous mettrons par la suite en valeur en créant des retraits dans la liste à puces.

- Cliquez juste avant la lettre *P* du terme *Pièces détachées*
- Tapez *Site de Saint-Denis* et appuyez sur ⏎
- Cliquez juste avant la lettre *R* du terme *Remise en état*
- Tapez *Site de Pontoise* et appuyez sur ⏎
- Pour terminer, cliquez en dehors de la diapositive, dans la zone grisée

❸ MODIFIER LA MISE EN FORME DU TEXTE DES DIAPOSITIVES

Changeons la casse

Nous allons convertir automatiquement du texte en majuscules.

- Affichez la première diapositive
- Cliquez trois fois dans la phrase *Toujours à la pointe de la compétition automobile*
- *Format/Modifier la casse*

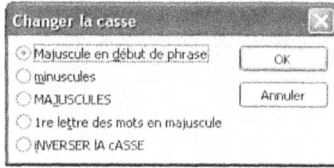

- Cochez ⊙ MAJUSCULES
- Cliquez sur «OK»

 Cliquez sur ce bouton dans la barre d'outils *Mise en forme* pour centrer le contenu de cette boîte de texte

- Cliquez en dehors de cette boîte de texte

Modifions la police et la taille des caractères

- Sélectionnez la même boîte de texte en cliquant dedans, puis sur l'un de ses bords
- *Format/Police*

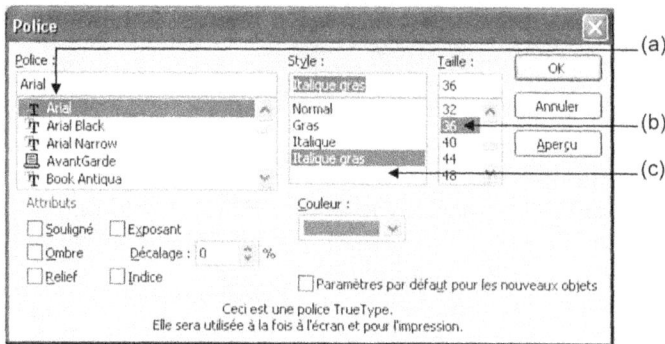

- Sélectionnez *Arial* en (a) et la taille *28* en (b)
- Sélectionnez *Italique gras* en (c)
- Cliquez sur «OK»
- Cliquez en dehors de cette boîte de texte pour terminer

---

❹ HIÉRARCHISER UNE LISTE EN MODE PLAN

Nous allons passer en mode *Plan* pour faciliter la réorganisation du contenu textuel de la présentation. Ce mode n'affiche que les titres et le texte des diapositives.

- Cliquez sur l'onglet *Plan* dans le volet de gauche de la fenêtre
-  ici
- *Affichage/Barres d'outils/Mode Plan* si cette barre d'outils n'est pas visible

Hiérarchisons la liste à puces

Nous allons créer des retraits entre les différents éléments de la liste à puce de la diapositive 2. Le but est de mettre en valeur les deux sous-titres (les sites).

- Affichez la seconde diapositive en cliquant sur son titre dans le volet de Plan

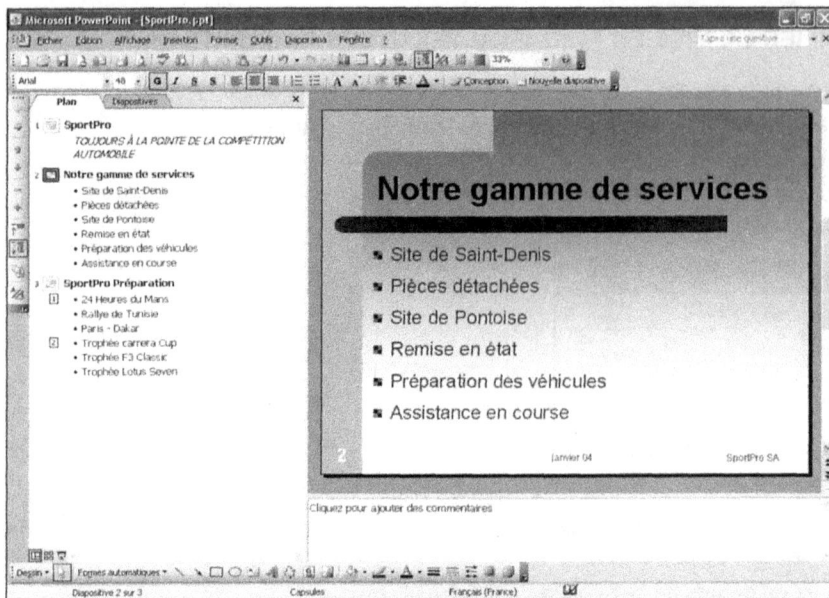

- Cliquez sur la puce précédant la phrase *Pièces détachées*

 Cliquez sur ce bouton dans la barre d'outils *Mode Plan* pour augmenter le retrait de cette ligne.

- Cliquez sur la puce précédant la phrase *Remise en état*
- Maintenez appuyée la touche ⇧ et cliquez sur la puce précédant la phrase *Assistance en course*

 Cliquez sur ce bouton dans la barre d'outils *Mode Plan* pour augmenter le retrait des lignes sélectionnées.

Changeons le type des puces de deuxième niveau

Nous voulons maintenant appliquer la même image de puce à tous les paragraphes de second niveau dans toute la présentation. C'est dans le masque des diapositives qu'il faut changer le type de puce.

- *Affichage/Masque/Masque des diapositives*

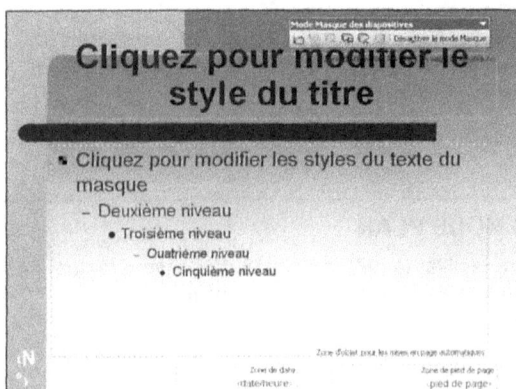

- Cliquez sur le paragraphe *Deuxième niveau*
- *Format/Puces et numéros*
- Cliquez sur «Image»
- Cliquez sur une puce en forme de flèche

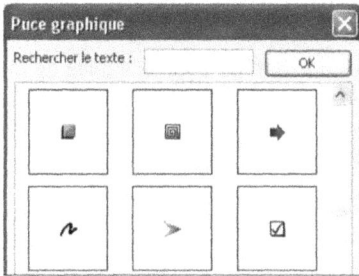

- Cliquez sur «OK»

Désactiver le mode Masque   Cliquez sur ce bouton dans la barre d'outils *Mode Masque*.

On doit obtenir par exemple :

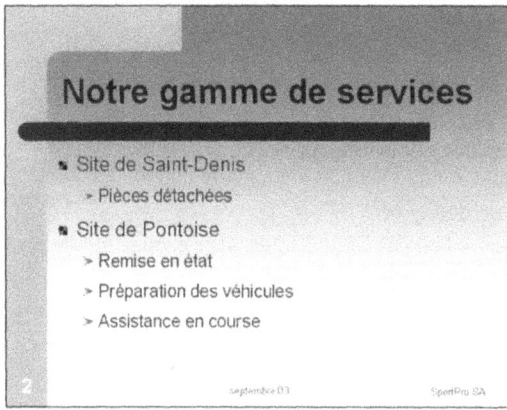

Centrons la zone de liste à puce dans la diapositive

- Cliquez dans la liste à puce
- Cliquez sur la poignée qui se trouve au milieu du bord droit de cette zone de texte et faites glisser vers la gauche afin de réduire la largeur de cette boîte d'environ 25%
- Cliquez sur l'un des bords de cette zone de texte et faites glisser vers la droite et vers le bas pour centrer la liste à puce dans la largeur et la hauteur de la diapositive
- Cliquez en dehors de cette boîte de texte

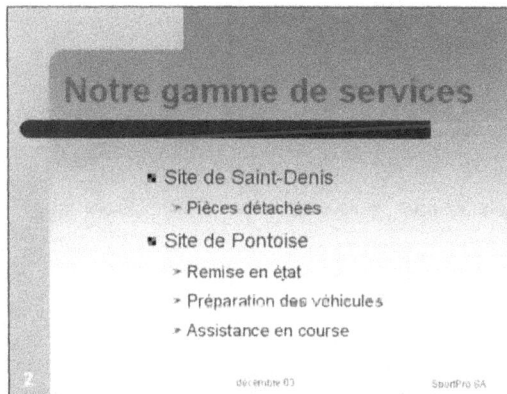

❺ RECHERCHER/REMPLACER DU TEXTE

Nous allons automatiquement remplacer le terme *Site* par *Garage* dans la totalité de la présentation.

- Cliquez dans une zone vide du panneau de gauche
- *Edition/Sélectionner tout*, ou appuyez sur [Ctrl]-**A** pour sélectionner toutes les diapositives dans le volet de Plan
- *Edition/Remplacer*, ou appuyez sur [Ctrl]-**H**

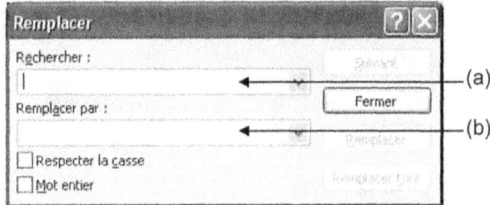

- Tapez *Site* en (a)
- Tapez *Garage* en (b)
- Cliquez sur «Remplacer tout»

Un message affiche le nombre de remplacements effectués.

- Cliquez sur «OK»
- Cliquez sur «Fermer» dans la boîte de dialogue
- Dans le panneau de gauche, cliquez sur l'onglet *Diapositives*, puis cliquez sur la vignette de la première diapositive

❻ VÉRIFIER L'ORTHOGRAPHE

Nous allons vérifier l'orthographe du texte de la présentation.

- *Outils/Orthographe*, ou appuyez sur [F7]
- Corrigez une à une les fautes présentes dans votre présentation en utilisant la procédure suivante :

Dès qu'une faute d'orthographe est repérée, un dialogue s'affiche :

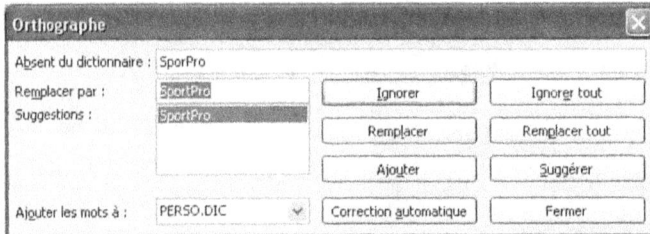

Vous avez alors quatre possibilités :

- Corrigez le mot dans la zone <Remplacer par>, puis cliquez sur «Remplacer» ou «Remplacer tout».
- Sélectionnez une suggestion dans la zone <Suggestions>, puis cliquez sur «Remplacer» ou «Remplacer tout».
- Cliquez sur «Ignorer» pour ne pas corriger le mot.
- Cliquez sur «Ajouter» pour que le mot soit ajouté au dictionnaire personnel et toujours ignoré. C'est ce bouton qu'il faudra utiliser quand le correcteur s'arrêtera sur le terme *SportPro*.

A la fin de la vérification un message s'affiche.

- Cliquez sur «OK»

❼ POUR TERMINER

Visualisons l'ensemble de la présentation

Passons en mode *Trieuse de diapositives* :

Cliquez sur ce bouton dans le coin inférieur gauche de la fenêtre de PowerPoint.

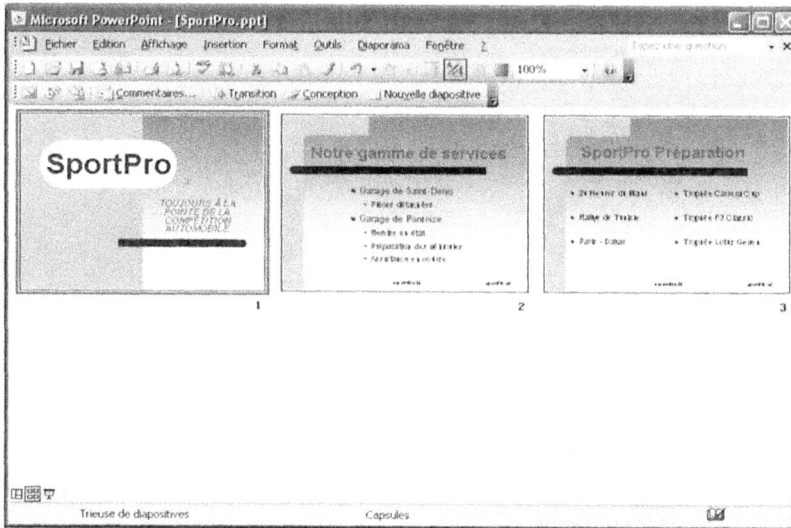

Enregistrons les modifications

Cliquez sur ce bouton dans la barre d'outils *Standard* pour enregistrer à nouveau la présentation *SportPro*.

Imprimons le plan de la présentation

Il s'agit d'imprimer une vue de synthèse de notre présentation dans laquelle seul les textes apparaîtront. Ce document est pratique pour effectuer une dernière relecture.

- *Fichier/Imprimer*, ou appuyez sur ⌞Ctrl⌟-**P**

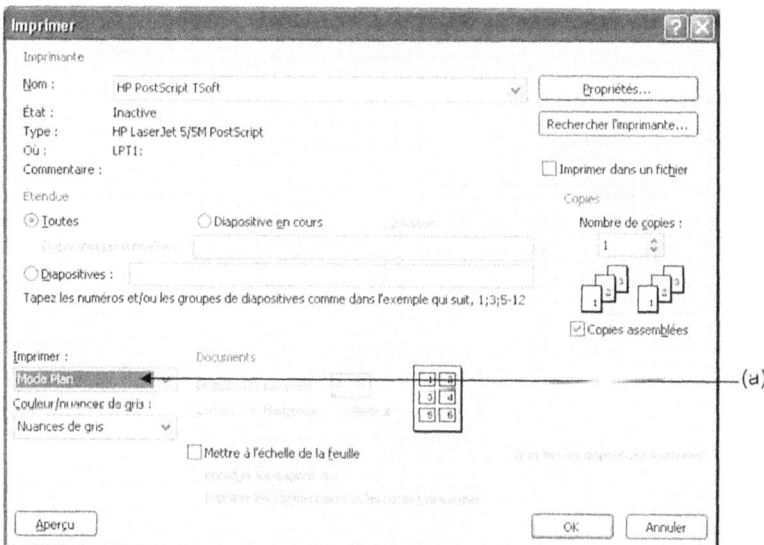

- Cliquez sur la flèche en (a) et sélectionnez *Mode Plan*
- <Étendue> : cochez ⊙ *Toutes*

- Cliquez sur «Aperçu»
- A l'aide de la barre d'outils, demandez un zoom de *100%*

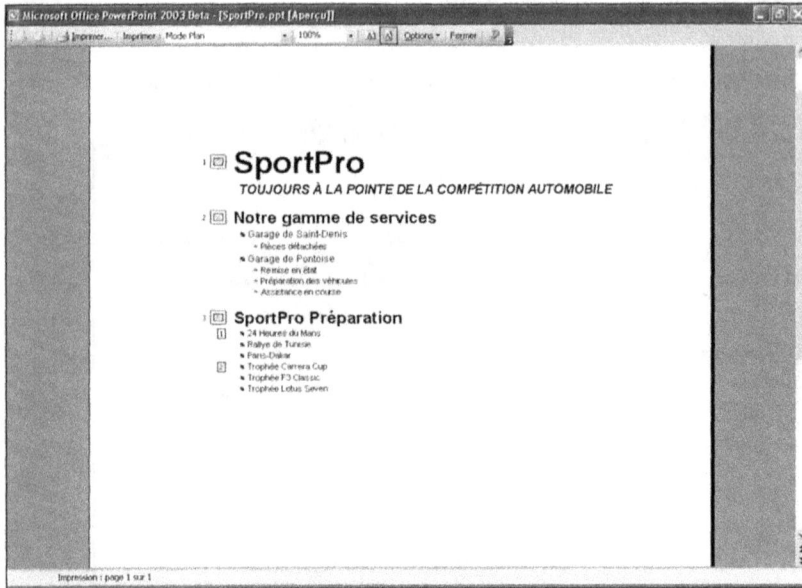

Imprimer... Cliquez sur ce bouton.

- Cliquez sur «OK» pour lancer l'impression du plan

Fermer Cliquez sur ce bouton pour quitter l'aperçu.

 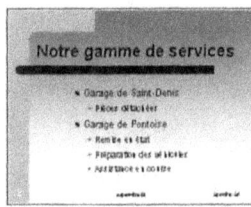 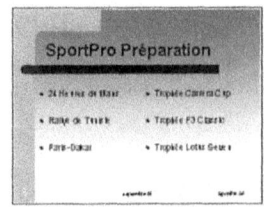

- Repassez en mode *Normal* :

Cliquez sur ce bouton dans le coin inférieur gauche de la fenêtre.

- Affichez la première diapositive
- *Fichier/Fermer* pour fermer la présentation
- *Fichier/Quitter* pour quitter PowerPoint

Chiffre d'affaires 2003

	Trim 1	Trim 2	Trim 3	Trim 4
Assistance	85 000	75 000	70 000	100 000
Préparation	35 000	45 000	60 000	25 000

septembre 03   SportPro SA

Prévisions 2004

	Trim 1	Trim 2	Trim 3	Trim 4
Assistance	100 000	95 000	80 000	120 000
Preparation	45 000	55 000	70 000	35 000

septembre 03   SportPro SA

Evolution du CA

	2000	2001	2002	2003
Assistance	180 000	210 000	290 000	330 000
Préparation	95 000	120 000	160 000	185 000
Total	275 000	330 000	440 000	515 000

septembre 03   SportPro SA

Nous allons insérer trois nouvelles diapositives : une comportant un tableau créé avec PowerPoint, une comportant un tableau Word, et une comportant un tableau Excel.

Lancez PowerPoint et ouvrez le fichier *SportPro4.ppt* qui est la réplique du résultat de l'exercice précédent (il se trouve dans le dossier *C:\Exercices PowerPoint 2003*), puis enregistrez-le sous le nom *SportPro.ppt*.

---

❶ INSÉRER UNE DIAPOSITIVE COMPORTANT UN TABLEAU POWERPOINT

Passez en mode *Normal* si ce n'est pas le cas :

Cliquez sur ce bouton dans le coin inférieur gauche de la fenêtre.

• Appuyez sur [Ctrl]-[Fin] pour afficher la dernière diapositive

[Nouvelle diapositive] Cliquez sur ce bouton dans la barre d'outils *Mise en forme*, ou *Insertion/Nouvelle diapositive*, ou appuyez sur [Ctrl]-**M**.

Une quatrième diapositive a été créée et sa miniature s'affiche dans le volet gauche de la fenêtre. A droite, le volet Office présente la liste des mises en page disponibles.

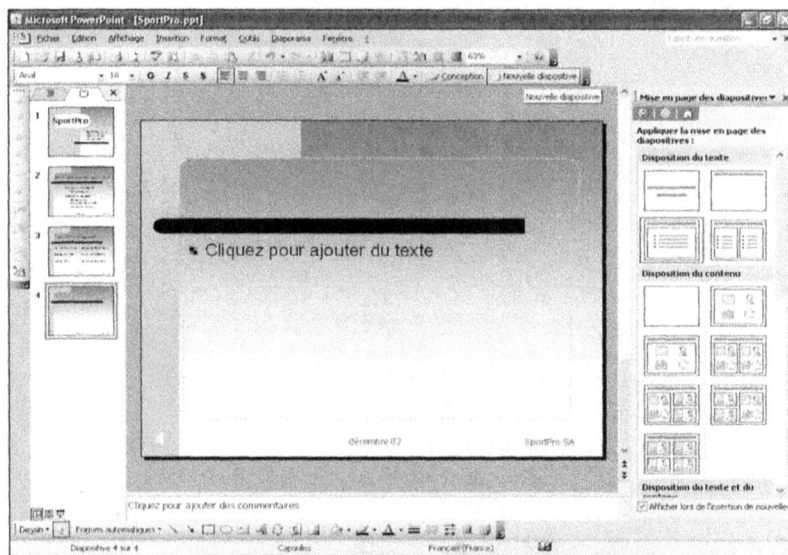

• Dans le volet Office, dans la partie <Autres dispositions>, cliquez sur la mise en page *Titre et tableau* (amener le pointeur sur une vignette pour afficher son nom)

Au centre de la diapositive, double-cliquez sur cette icône.

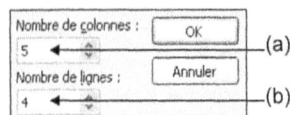

(a)
(b)

- Tapez *5* en (a) et *4* en (b)
- Cliquez sur «OK»

Une grille de tableau ainsi que la barre d'outils *Tableaux et bordures* apparaissent.

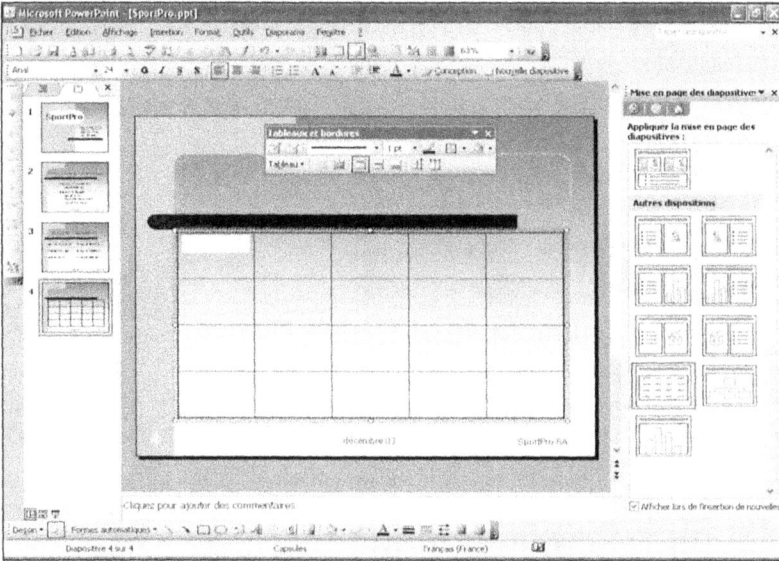

- Fermez le volet Office

Saisissons les données

Tableau ▾ Cliquez sur ce bouton dans la barre d'outils *Tableaux et bordures*.

- Cliquez sur *Sélectionner le tableau*
- Dans la barre d'outils *Mise en forme*, sélectionnez la taille *20*
- Cliquez dans la première cellule du tableau et saisissez les données suivantes. On utilisera la touche [⇥] pour passer à la cellule suivante. Pensez bien à taper l'espace séparateur des milliers

	Trim 1	Trim 2	Trim 3	Trim 4
Assistance	85 000	75 000	70 000	100 000
Préparation	25 000	35 000	35 000	30 000
Pièces	30 000	25 000	25 000	20 000

- Cliquez en dehors du tableau pour terminer

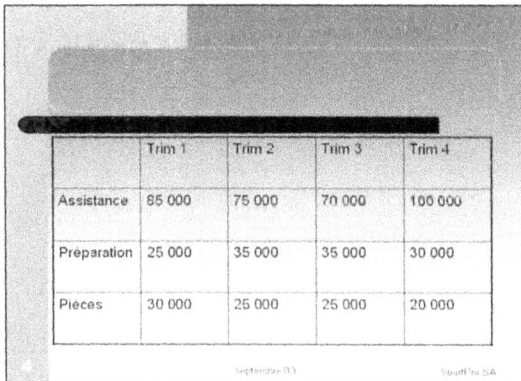

Modifions les données

Nous allons supprimer la dernière ligne du tableau et modifier les données de la seconde.

- Cliquez dans la dernière ligne du tableau pour y placer le curseur

| Tableau ▼ | Cliquez sur ce bouton dans la barre d'outils *Tableaux et bordures*.

- Cliquez sur *Sélectionner la ligne*

| Tableau ▼ | Cliquez sur ce bouton dans la barre d'outils *Tableaux et bordures*.

- Cliquez sur *Supprimer les lignes*
- Pour les sélectionner, cliquez et faites glissez le pointeur de la souris sur les quatre cellules de la dernière ligne contenant des chiffres

| Préparation | 25 000 | 35 000 | 35 000 | 30 000 |

- Appuyez sur Suppr pour supprimer leur contenu
- Tapez *35 000, 45 000, 60 000* et *25 000* dans ces quatre cellules
- Cliquez en dehors du tableau
- Cliquez dans le tableau, puis sur l'un de ses bords, et faites-le glisser vers le bas afin de le centrer dans la hauteur de la diapositive
- Cliquez en dehors du tableau

	Trim 1	Trim 2	Trim 3	Trim 4
Assistance	85 000	75 000	70 000	100 000
Préparation	35 000	45 000	60 000	25 000

Modifions la largeur des colonnes

Réduisons la largeur des colonnes 2, 3, 4 et 5. Pour modifier la largeur d'une colonne :
- Amenez le pointeur sur le bord droit de la colonne : il prend alors la forme d'une double flèche : +‖+
- Cliquez et faites glisser vers la droite ou vers la gauche

L'objectif à atteindre est le suivant :

	Trim 1	Trim 2	Trim 3	Trim 4
Assistance	85 000	75 000	70 000	100 000
Préparation	35 000	45 000	60 000	25 000

Pour donner aux quatre colonnes de chiffres exactement la même largeur :
- En cliquant puis en faisant glisser le pointeur, sélectionnez les quatre colonnes de droite

Cliquez sur ce bouton dans la barre d'outils *Tableaux et bordures*.

Centrons verticalement les données dans les cellules

- Cliquez dans le tableau

| Tableau ▼ | Cliquez sur ce bouton dans la barre d'outils *Tableaux et bordures*.

- Cliquez sur *Sélectionner le tableau*

| ⊟ | Cliquez sur ce bouton dans la barre d'outils *Tableaux et bordures*.

Modifions la couleur du fond

| 🖌 ▼ | Cliquez sur la flèche associée à ce bouton dans la barre d'outils *Tableaux et bordures*.

- Cliquez sur *Autres couleurs*, puis sur la couleur jaune pale
- Cliquez sur «OK»

Centrons les chiffres et les en-têtes de colonnes

- Cliquez et faites glisser le pointeur pour sélectionner les huit cellules avec chiffres

| Tableau ▼ | Cliquez sur ce bouton dans la barre d'outils *Tableaux et bordures*.

- Cliquez sur *Sélectionner la colonne*

| ☰ | Cliquez sur ce bouton dans la barre d'outils *Mise en forme* pour activer le centrage.

Appliquons des attributs

- Cliquez dans la première colonne

| Tableau ▼ | Cliquez sur ce bouton dans la barre d'outils *Tableaux et bordures*.

- Cliquez sur Sélectionner la colonne

| **G** | Cliquez sur ce bouton dans la barre d'outils *Mise en forme*, ou appuyez sur Ctrl-**G** pour activer le gras.

| *I* | Cliquez sur ce bouton dans la barre d'outils *Mise en forme*, ou appuyez sur Ctrl-**I** pour activer l'italique.

- Cliquez dans la première ligne

| Tableau ▼ | Cliquez sur ce bouton dans la barre d'outils *Tableaux et bordures*.

- Cliquez sur *Sélectionner la ligne*

| **G** | Cliquez sur ce bouton dans la barre d'outils *Mise en forme*, ou appuyez sur Ctrl-**G** pour activer le gras.

- Cliquez sur un bord du cadre affichant le tableau et faites glisser vers la droite pour centrer le tableau dans la largeur de la diapositive
- Cliquez en dehors du tableau

	Trim 1	Trim 2	Trim 3	Trim 4
Assistance	85 000	75 000	70 000	100 000
Préparation	35 000	45 000	60 000	25 000

Ajoutons un titre à la diapositive

- Dans la partie supérieure de la diapositive, cliquez dans l'espace réservé au titre
- Tapez *Chiffre d'affaires 2003*
- Cliquez en dehors de la diapositive, dans la zone grisée

---

❷ INSÉRER UNE DIAPOSITIVE COMPORTANT UN TABLEAU WORD

| Nouvelle diapositive | Cliquez sur ce bouton dans la barre d'outils *Mise en forme*, ou *Insertion/Nouvelle diapositive*, ou appuyez sur Ctrl-**M**. |

Une cinquième diapositive a été créée et sa miniature est visible dans le volet gauche de la fenêtre. Le volet Office, à droite, affiche la liste des mises en page disponibles.

- Dans la partie <Disposition du texte> du volet Office, cliquez sur la mise en page *Titre seul* (le nom de la mise en page s'affiche quand on amène le pointeur sur la vignette)
- Fermez le volet Office en cliquant sur sa case de fermeture
- *Insertion/Objet*
- Dans le dialogue qui s'affiche, sélectionnez *Document Microsoft Word*
- Cliquez sur «ОK»

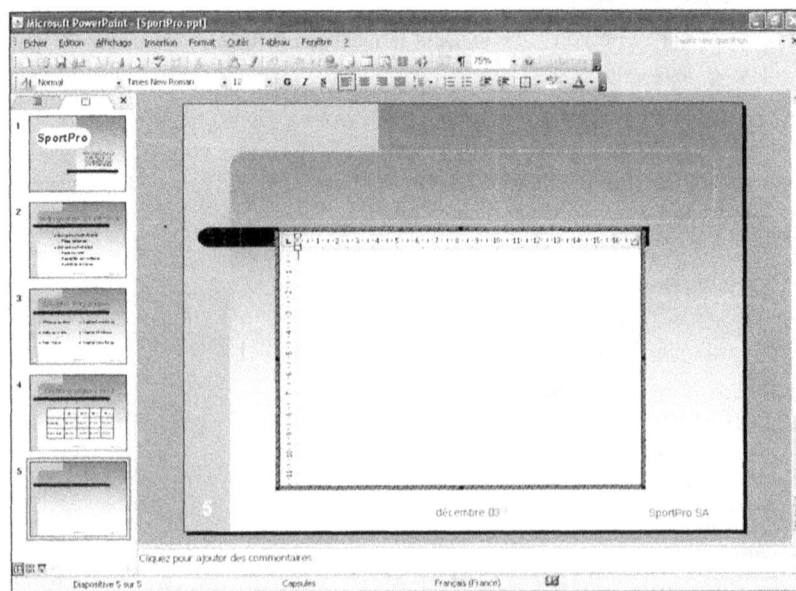

Le menu de Word et ses barres d'outils remplacent provisoirement ceux de PowerPoint.

- *Tableau/Insérer/Tableau*
- Dans le dialogue qui s'affiche, spécifiez 5 colonnes et 3 lignes

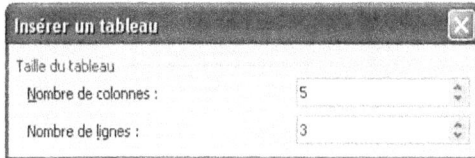

Insérer un tableau

Taille du tableau

Nombre de colonnes : 5

Nombre de lignes : 3

- Cliquez sur «OK»

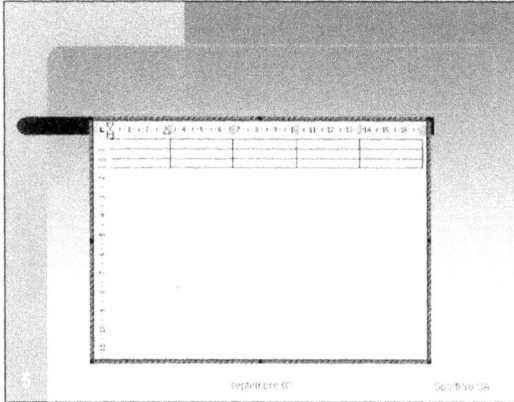

Saisissons les données

- Si le quadrillage du tableau n'apparaît pas : *Tableau/Afficher le quadrillage*
- *Tableau/Sélectionner/Tableau*

`20  ▾` Dans la barre d'outils *Mise en forme*, sélectionnez la taille *20*.

- Cliquez dans la première cellule du tableau et saisissez les données suivantes :

	Trim 1	Trim 2	Trim 3	Trim 4
Assistance	100 000	95 000	80 000	120 000
Préparation	45 000	55 000	70 000	35 000

On utilisera la touche ⭾ pour passer à la cellule suivante.

Modifions la largeur des colonnes

- Cliquez dans la première colonne
- *Tableau/Propriétés du tableau*, puis cliquez sur l'onglet *Colonne*

Taille

Colonne 1:

☑ Largeur préférée : 4,06 cm   Mesurer en : Centimètres ▾

◀◀ Colonne précédente   Colonne suivante ▶▶

- <Colonne 1 - Largeur préférée> : tapez *5*
- Cliquez sur «Colonne suivante»
- <Colonne 2 - Largeur préférée> : tapez *3*
- Cliquez sur «Colonne suivante»
- <Colonne 3 - Largeur préférée> : tapez *3*
- Cliquez sur «Colonne suivante»

- <Colonne 4 - Largeur préférée> : tapez *3*
- Cliquez sur «Colonne suivante»
- <Colonne 5 - Largeur préférée> : tapez *3*
- Cliquez sur «OK»

Modifions la hauteur des lignes

- *Tableau/Sélectionner/Tableau*
- Tableau/Propriétés du tableau, puis cliquez sur l'onglet *Ligne*
- Cochez la case ☒*Spécifiez la hauteur*
- Tapez *3* en (a)

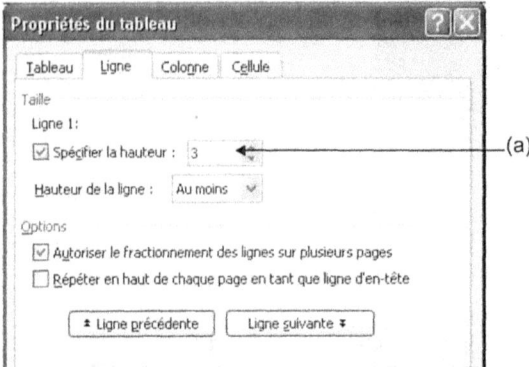

- Cliquez sur «OK»

Appliquons au tableau une mise en forme prédéfinie

- *Tableau/Tableau* : *Format automatique*

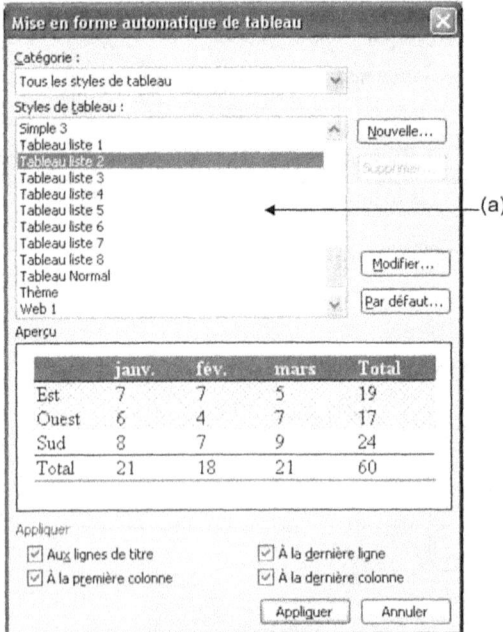

- Sélectionnez le format *Tableau Liste 2* en (a)
- Cliquez sur «Appliquer»

Centrons les données dans la hauteur des cellules

- *Tableau/Sélectionner/Tableau*
- *Tableau/Propriétés du tableau*, puis cliquez sur l'onglet *Cellule*

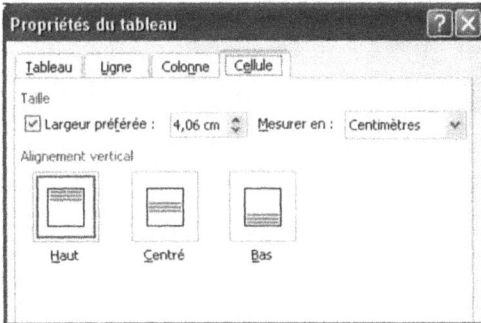

- Cliquez sur la vignette *Centré*
- Cliquez sur «OK»

Mettons les libellés en italique et en gras

- Cliquez dans la première cellule
- *Tableau/Sélectionner/Ligne*

| *I* | Cliquez sur ce bouton dans la barre d'outils *Mise en forme*, ou appuyez sur `Ctrl`-**I** pour activer l'italique. |

- Cliquez dans la première cellule
- *Tableau/Sélectionner/Colonne*

| **G** | Cliquez deux fois sur ce bouton dans la barre d'outils *Mise en forme*, ou appuyez sur `Ctrl`-**G** pour activer le gras. |

Ajoutons une bordure au tableau

- *Tableau/Sélectionner/Tableau*
- *Format/Bordure et trame*, puis cliquez sur l'onglet *Bordures*

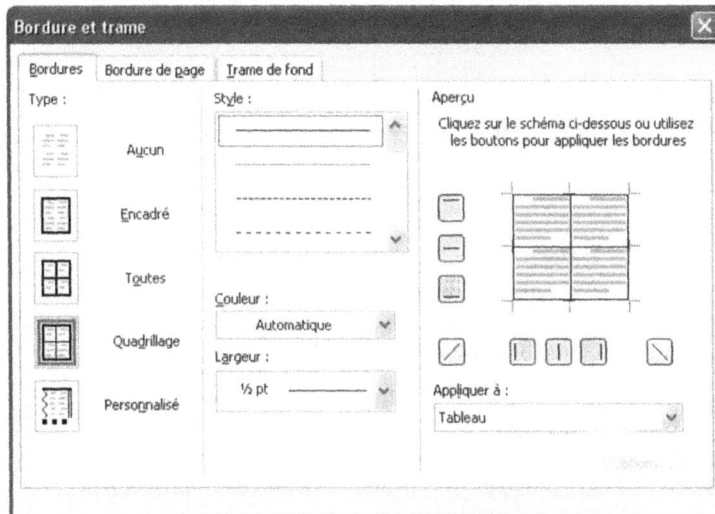

- Dans la partie gauche, cliquez sur la vignette *Quadrillage*
- Cliquez sur «OK»
- Cliquez en-dehors du tableau

On obtient :

Déplaçons le tableau

- Cliquez dans le tableau et faites-le glisser au milieu de la diapositive afin de le centrer dans la hauteur et la largeur

Ajoutons un titre à la diapositive

- Dans la partie supérieure de la diapositive, cliquez dans l'espace réservé pour le titre
- Tapez *Prévisions 2004*
- Cliquez en dehors de la diapositive, dans la zone grisée

Cliquez sur ce bouton dans la barre d'outils *Standard* pour enregistrer à nouveau la présentation.

---

❸ INSÉRER UN TABLEAU EXCEL

Nous allons maintenant créer un tableau présentant l'évolution du chiffre d'affaires sur les quatre dernières années. Comme il comporte quelques calculs, nous allons cette fois-ci insérer un tableau Excel plutôt qu'un tableau Word ou PowerPoint.

Nouvelle diapositive   Cliquez sur ce bouton dans la barre d'outils *Mise en forme*, ou *Insertion/Nouvelle diapositive*, ou appuyez sur Ctrl-**M**.

Une sixième diapositive a été créée et sa miniature s'affiche dans le volet gauche de la fenêtre. Le volet Office, à droite, présente la liste des mises en page disponibles.

- Dans la partie <Disposition du texte> du volet Office :
  cliquez sur la mise en page *Titre seul*
- Fermez le volet Office
- *Insertion/Objet, puis s*électionner *Feuille de calcul Microsoft Excel*
- Cliquez sur «OK»

Après quelques instants un cadre affiche une feuille de calcul Excel ainsi que les menus et les barres d'outils de ce tableur.

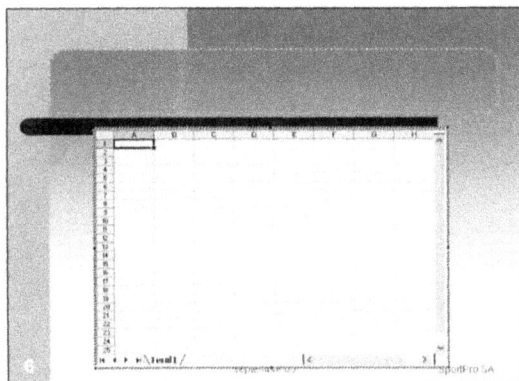

Saisissons les données

• Cliquez en dehors du tableau

| 100% ▼ | Dans la barre d'outils *Standard*, activez le zoom de *100%*.

• Double-cliquez dans le tableau et saisissez les données suivantes

Attention : lors de la saisie des années en en-tête de colonnes, faites précéder chaque chiffre d'une apostrophe de façon à indiquer à Excel qu'il s'agit de libellés et que ces valeurs ne devront pas être prises en compte par la suite dans les calculs.

	A	B	C	D	E
1		2000	2001	2002	2003
2	Assistance	180000	210000	290000	330000
3	Préparation	95000	120000	150000	185000
4	Total				
5					

Calculons les sommes

• Placez le curseur dans la cellule B4

| Σ | Cliquez sur ce bouton dans la barre d'outils *Standard*.

• Appuyez sur ⏎ pour confirmer
• Cliquez dans la cellule B4

	A	B	C	D	E
1		2000	2001	2002	2003
2	Assistance	180000	210000	290000	330000
3	Préparation	95000	120000	150000	185000
4	Total	275000			
5					

• Cliquez sur la poignée (petit carré noir situé dans le coin inférieur droit de la cellule) et faites glisser jusqu'en E4 afin de recopier vers la droite la formule qui vient d'être créée

	A	B	C	D	E
1		2000	2001	2002	2003
2	Assistance	180000	210000	290000	330000
3	Préparation	95000	120000	150000	185000
4	Total	275000	330000	440000	515000
5					

• Cliquez dans une cellule vide

Elargissons la première colonne

- Amenez le pointeur à la limite entre la colonne A et la colonne B dans la ligne d'en-tête

A	⇼	B

Le pointeur prend la forme d'une double flèche.

- Cliquez et faites légèrement glisser vers la droite pour élargir un peu la colonne A

Appliquons un format prédéfini au tableau

- Sélectionnez la plage A1:E4 en cliquant dans la cellule A1, puis en faisant glisser le pointeur jusqu'en E4

	A	B	C	D	E
1		2000	2001	2002	2003
2	Assistance	180000	210000	290000	330000
3	Préparation	95000	120000	150000	185000
4	Total	275000	330000	440000	515000
5					

- *Format/Mise en forme automatique*

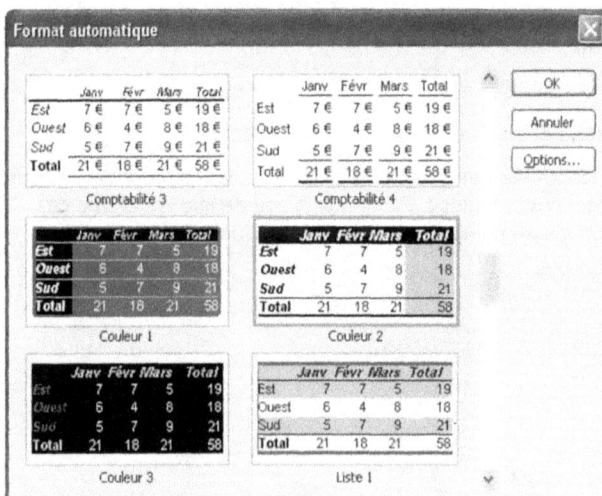

- Sélectionnez le format *Couleur 2*
- Cliquez sur «Options»
- Décochez ☒*Largeur/Hauteur*
- Cliquez sur «OK»
- Cliquez dans une cellule vide pour visualiser le résultat

Modifions le format des nombres (appliquons un séparateur de milliers)

- Sélectionnez la plage B2:E4 en cliquant dans la cellule B2, puis en faisant glisser le pointeur jusqu'en E4

000	Cliquez sur ce bouton dans la barre d'outils *Mise en forme*.

,00 →,0	Cliquez deux fois sur ce bouton dans la barre d'outils *Mise en forme*.

Remarque : si la barre d'outils *Mise en forme* n'est pas visible, clic-droit dans une barre d'outils, puis cliquez sur *Mise en Forme* pour afficher cette barre d'outils.

Modifions la hauteur des lignes

- Sélectionnez la plage A1:E4 en cliquant dans la cellule A1, puis en faisant glisser le pointeur jusqu'en E4
- Format/Ligne/Hauteur

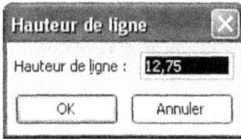

- Tapez *25*
- Cliquez sur «OK»

Centrons verticalement le contenu des cellules

- *Format/Cellule*, puis cliquez sur l'onglet *Alignement*

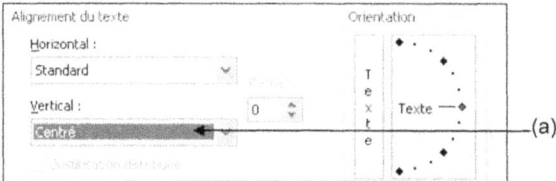

- Sélectionner *Centré* en (a)
- Cliquez sur «OK»

Adaptons la taille de le fenêtre à celle du tableau

- Cliquez en-dehors du cadre affichant le tableau
- A l'aide de l'outil *Zoom* de la barre d'outils *Standard*, sélectionnez un affichage de *75%*
- Double-cliquez dans le tableau

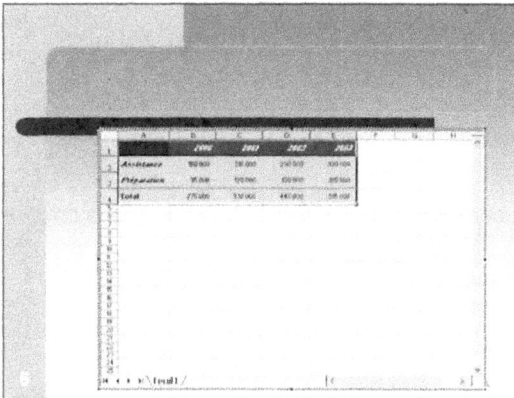

- Cliquez sur la poignée (carré noir) qui se trouve dans le coin inférieur droit de la fenêtre affichant la feuille de calcul et faites glisser vers la gauche et vers le haut afin d'adapter exactement la taille de la fenêtre à celle du tableau

- Cliquez dans la diapositive, en dehors du tableau
- A l'aide de l'outil *Zoom* de la barre d'outils *Standard*, sélectionnez l'affichage *Ajuster*

Déplaçons le tableau

- Cliquez dans le tableau et faites-le glisser vers la gauche et un peu plus bas sur la diapositive

Agrandissons le tableau et centrons-le sur la diapositive

- Cliquez sur la poignée qui se trouve dans son coin inférieur droit (petit cercle blanc) et faites glisser vers l'extérieur et en diagonale afin d'agrandir le tableau
- Cliquez dans le tableau et faites-le glisser vers le bas pour le centrer verticalement sur la diapositive

Donnons un titre à la diapositive

- Dans la partie supérieure de la diapositive, cliquez dans l'espace réservé au titre
- Tapez *Evolution de CA*
- Cliquez en dehors de ce titre

❹ POUR TERMINER

Cliquez sur ce bouton dans la barre d'outils *Standard* pour enregistrer à nouveau la présentation.

- *Fichier/Fermer* pour fermer la présentation
- *Fichier/Quitter* pour quitter PowerPoint

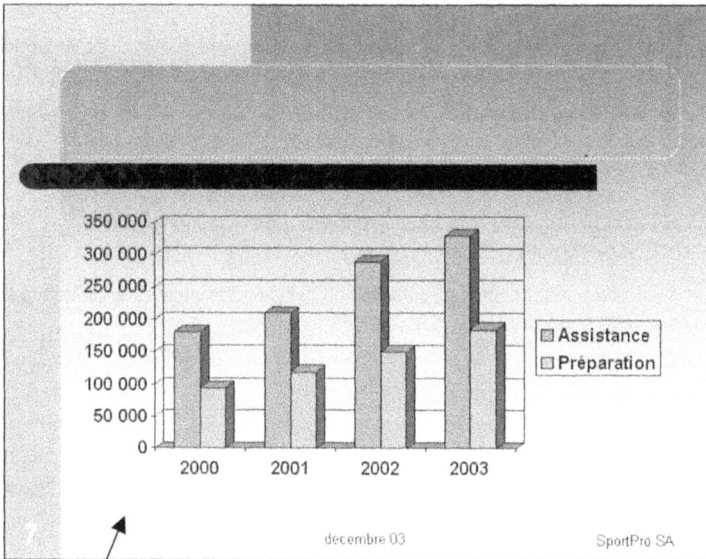

Le graphique généré par PowerPoint

Le graphique une fois personnalisé

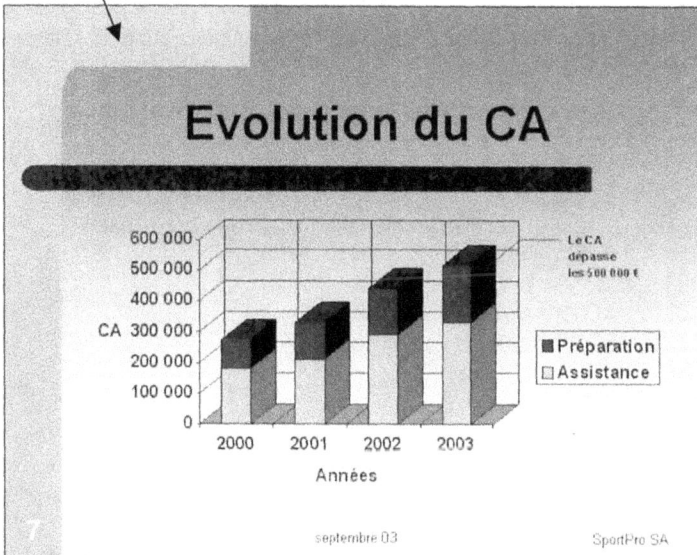

Nous allons maintenant insérer une diapositive de type graphique et y créer un histogramme qui illustrera les données du tableau présent sur la diapositive précédente (la 6).

Lancez PowerPoint et ouvrez le fichier *SportPro5.ppt* qui est la réplique du résultat de l'exercice précédent (il se trouve dans le dossier *C:\Exercices PowerPoint 2003*), puis enregistrez-le sous le nom *SportPro.ppt*.

❶ COPIER LES DONNÉES DU TABLEAU

Nous voulons copier les données du tableau de la dernière diapositive pour les coller ensuite dans la feuille de données d'un graphique.

- Passez en mode d'affichage *Normal* et affichez la dernière diapositive
- Double-cliquez dans le tableau
- Sélectionnez la plage A1:E3 en cliquant dans la cellule A1, puis en faisant glisser le pointeur jusqu'en E3

　　Cliquez sur ce bouton dans la barre d'outils *Standard*, ou *Edition/Copier*, ou appuyez sur Ctrl-**C**.

- Cliquez en dehors du tableau

❷ INSÉRER UNE DIAPOSITIVE DE TYPE GRAPHIQUE

Nouvelle diapositive　　Cliquez sur ce bouton dans la barre d'outils *Mise en forme*, ou *Insertion/Nouvelle diapositive*, ou appuyez sur Ctrl-**M**.

Une septième diapositive a été créée et sa miniature s'affiche dans le volet de gauche.

- Dans la zone <Autres dispositions> du volet Office, cliquez sur la mise en page *Titre et diagramme* (la dernière proposée)

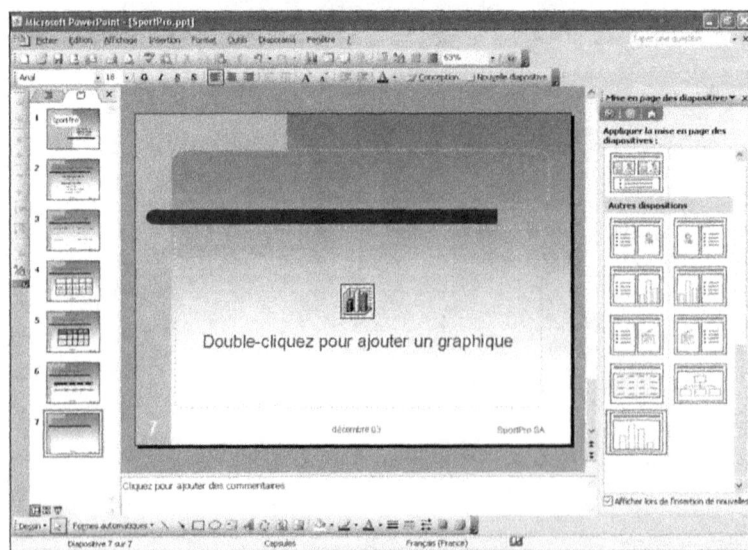

- Fermez le volet Office en cliquant sur sa case de fermeture
- Double-cliquez sur l'icône qui se trouve au centre de la diapositive

MS-Graph, le programme de création de graphiques associé à Office, est lancé : ses menus et ses barres d'outils s'affichent. Deux fenêtres apparaissent : l'une contient une feuille de données dans laquelle devront être saisies les valeurs à illustrer (les valeurs présentes n'y sont qu'à titre d'exemple), l'autre un graphique de type histogramme.

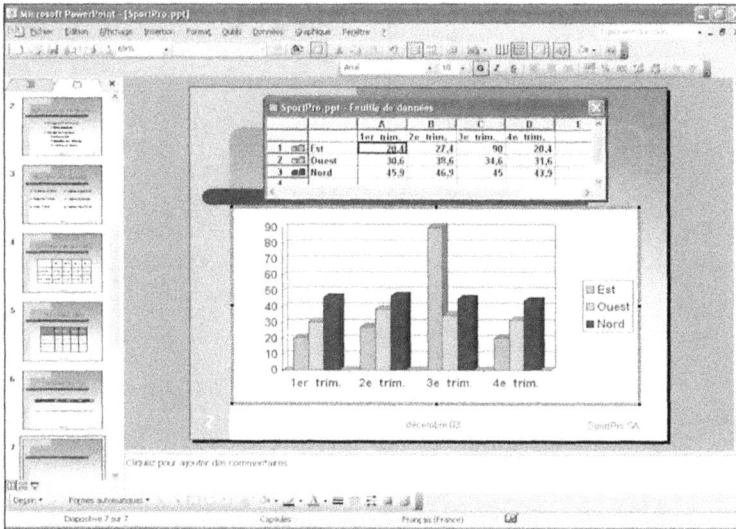

❸ COLLER LES DONNÉES

- Cliquez sur la case située à l'intersection des en-têtes de ligne et colonne de la feuille de données, ou appuyez sur `Ctrl`-`⇧`-`espace` afin de sélectionner toute la feuille
- *Edition/Supprimer*, ou appuyez sur `Suppr` pour effacer les données d'exemple
- Cliquez dans la cellule qui se trouve dans le coin supérieur gauche de la grille

Pour coller les données de la diapositive 6 : cliquez sur ce bouton dans la barre d'outils *Standard*, ou *Edition/Coller*, ou appuyez sur `Ctrl`-**V**.

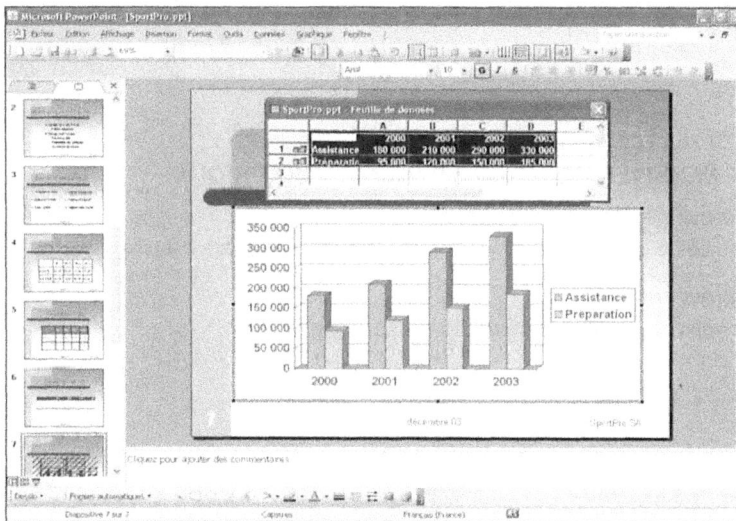

- Cliquez en dehors de la feuille de données et du graphique pour revenir à la diapositive

❹ CHANGER LE TYPE DU GRAPHIQUE

- Double-cliquez dans le graphique
- *Graphique/Type de graphique*, puis cliquez sur l'onglet *Types standard*

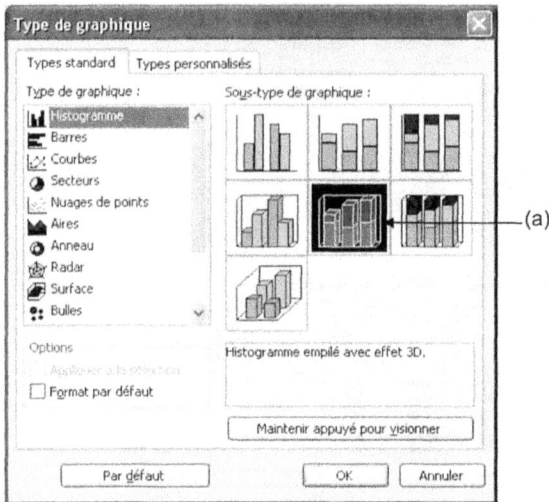

- Sélectionnez en (a) le cinquième sous-type (histogramme empilé avec effet 3D)
- Cliquez sur «OK»
- Cliquez en dehors du graphique pour revenir à la diapositive

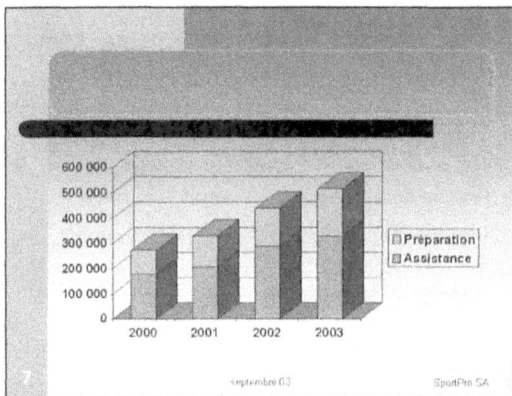

❺ AJOUTER ET MODIFIER DES OBJETS SUR LE GRAPHIQUE

- Double-cliquez dans le graphique
- Masquez la feuille de données en passant la commande *Affichage/Feuille de données*

Ajoutons des titres aux axes

- *Graphique/Options du graphique*, puis cliquez sur l'onglet *Titres*

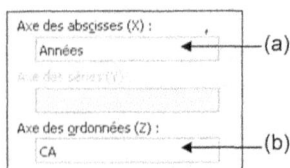

- Tapez *Années* en (a)
- Tapez *CA* en (b)

Ajoutons un quadrillage

• Cliquez sur l'onglet *Quadrillage*

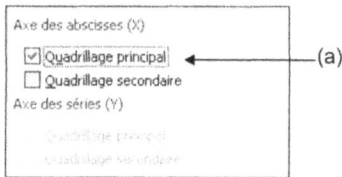

Axe des abscisses (X)
☑ Quadrillage principal ◄─────── (a)
☐ Quadrillage secondaire
Axe des séries (Y)
  Quadrillage principal
  Quadrillage secondaire

• Cochez ☒*Quadrillage principal* en (a)
• Cliquez sur «OK»

Ajoutons un texte libre dans une bulle

• *Affichage/Barres d'outils/Dessin* pour afficher la barre d'outils *Dessin* si elle n'est pas affichée (généralement en bas de la fenêtre de PowerPoint)

Formes automatiques ▾ Cliquez sur ce bouton dans la barre d'outils *Dessin*.

• Cliquez sur *Bulles et Légendes*

☐ Dans le menu qui se déroule, cliquez sur ce bouton.

• Cliquez dans la partie supérieure de la dernière barre du graphique et faites glisser vers la droite afin de créer un trait de liaison, puis relâchez le bouton de la souris
• Dans la zone de texte créée automatiquement à l'extrémité du trait de liaison, tapez *Le CA dépasse les 500.000 €* (pour insérer le symbole €, appuyez sur AltGr-E)
• Cliquez sur l'un des bords de la zone de texte
• A l'aide de la barre d'outils *Mise en forme*, sélectionnez la taille *12*
• Si la totalité du texte n'est pas visible, faites glisser les poignées du cadre contenant le texte afin de l'agrandir

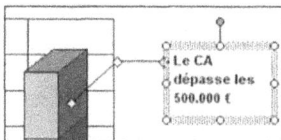

• Cliquez en dehors de la zone de texte/bulle, puis une fois dedans
• Double-cliquez sur l'un des bords de la zone de texte/bulle
• Cliquez sur l'onglet *Couleurs et traits*
• <Remplissage/Couleur> : sélectionnez *Aucun remplissage*
• Cliquez sur «OK»

Modifions la couleur des séries (les barres)

Nous allons changer la couleur des barres correspondant à la préparation afin d'améliorer la lisibilité du graphique une fois qu'il sera imprimé.

• Double-cliquez dans la partie supérieure (en vert) de l'une des barres

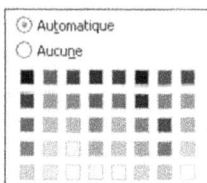

◉ Automatique
○ Aucune

• Cliquez la couleur bleu foncé
• Cliquez sur «OK»
• Répétez la procédure pour mettre les barres de l'autre série (Assistance) en gris clair
• Cliquez en dehors du graphique pour visualiser le résultat

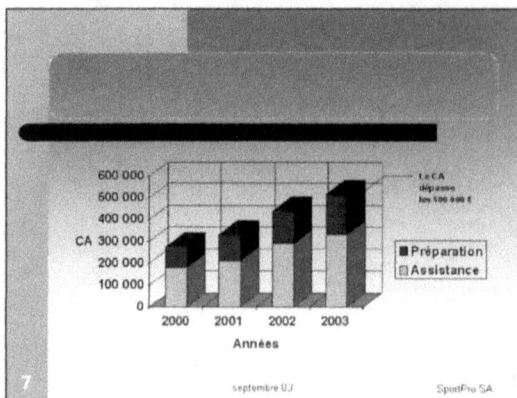

---

❻ AJOUTER UN TITRE À LA DIAPOSITIVE

- Dans la partie supérieure de la diapositive, cliquez dans l'espace réservé au titre
- Tapez *Evolution du CA*
- Cliquez en dehors de ce titre

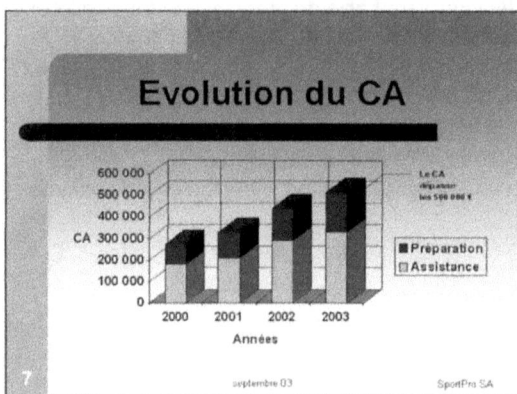

---

❼ ENREGISTRER LA PRÉSENTATION ET IMPRIMER LA DIAPOSITIVE

Imprimons la diapositive

- *Fichier/Imprimer*, ou appuyez sur ⌑Ctrl⌑-**P**
- <Étendue> : sélectionnez ⊙ *Diapositive en cours*
- <Imprimer> : sélectionnez *Diapositives*
- Cliquez sur «OK»

Enregistrons les modifications et quittons PowerPoint

Cliquez sur ce bouton dans la barre d'outils *Standard* pour enregistrer à nouveau la présentation.

- *Fichier/Fermer* pour fermer la présentation
- *Fichier/Quitter* pour quitter PowerPoint

CAS 6 : CRÉER UN ORGANIGRAMME

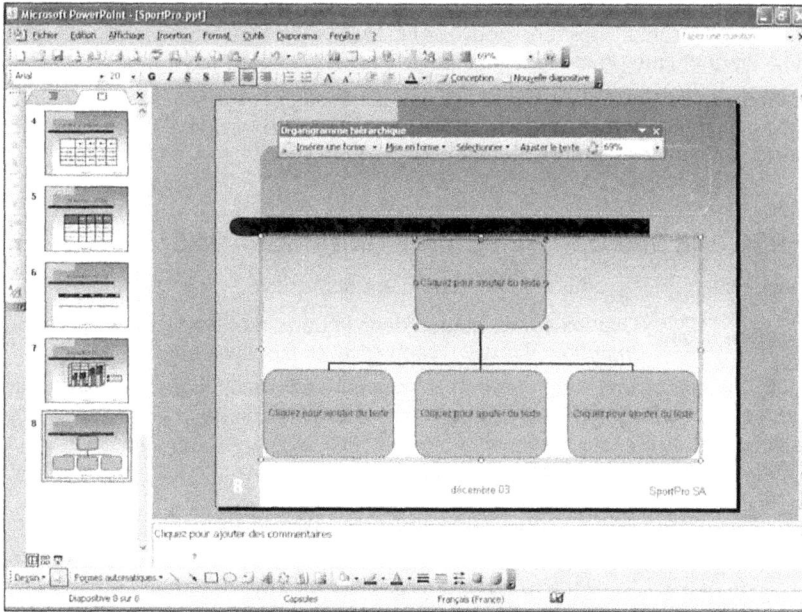

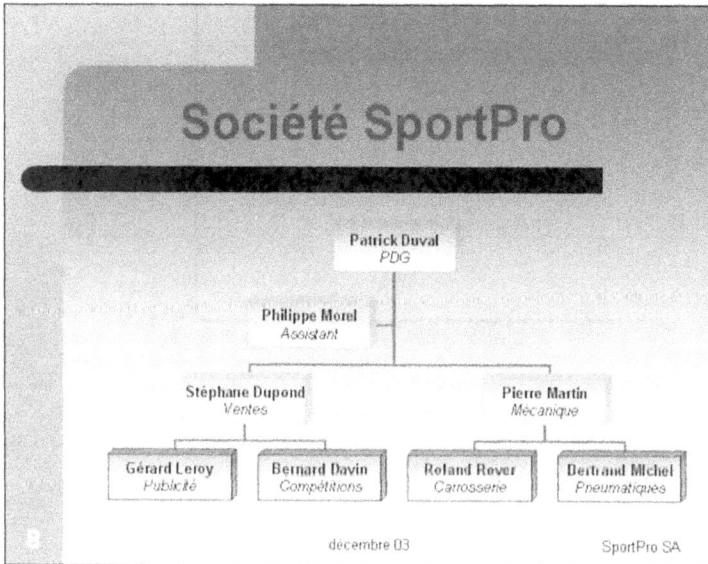

Fonctions utilisées

– *Insérer un organigramme*   – *Ajouter/Supprimer des boîtes*
– *Saisir du texte*   – *Manipuler l'organigramme*
– *Mettre en forme l'organigramme*

10 mn

Nous allons maintenant insérer une nouvelle diapositive de type organigramme et créer un diagramme hiérarchique présentant l'équipe de la société SportPro.

Lancez PowerPoint et ouvrez le fichier *SportPro6.ppt* qui est la réplique du résultat de l'exercice précédent (il se trouve dans le dossier *C:\Exercices PowerPoint 2003*), puis enregistrez-le sous le nom *SportPro.ppt*.

---

❶ INSÉRER UNE DIAPOSITIVE DE TYPE ORGANIGRAMME

- Appuyez sur Ctrl - Fin pour afficher la dernière diapositive

| Nouvelle diapositive | Cliquez sur ce bouton dans la barre d'outils *Mise en forme*, ou *Insertion/Nouvelle diapositive*, ou appuyez sur Ctrl -**M**.

Une huitième diapositive a été créée et sa miniature est visible dans le volet gauche de la fenêtre. Le volet Office, à droite, affiche la liste des mises en page disponibles.

- Dans la zone <Autres dispositions> du volet Office, cliquez sur la mise en page *Titre et graphique ou organigramme hiérarchique*

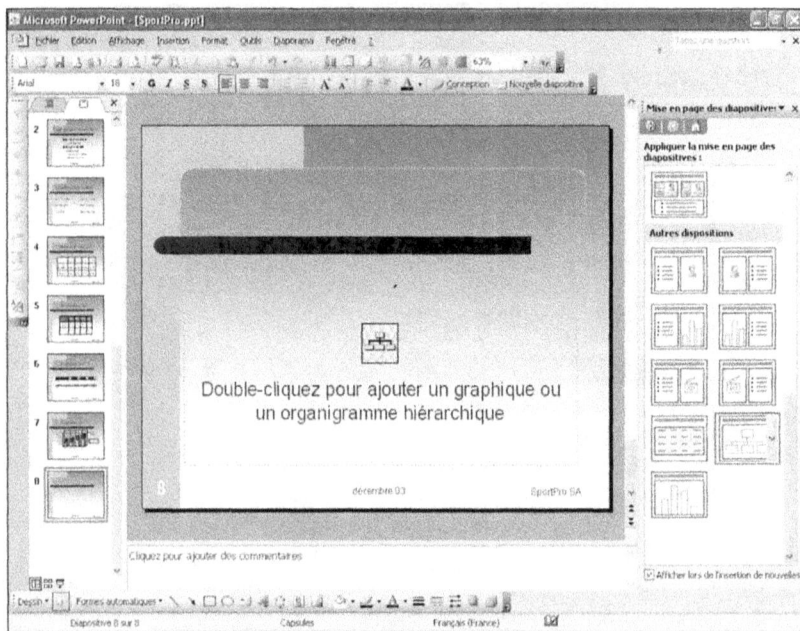

- Fermez le volet Office en cliquant sur sa case de fermeture

Dans la diapositive, double-cliquez sur l'icône centrale.

- Dans le dialogue qui s'affiche, cliquez sur la vignette de l'organigramme hiérarchique, la première
- Cliquez sur «OK»

On obtient :

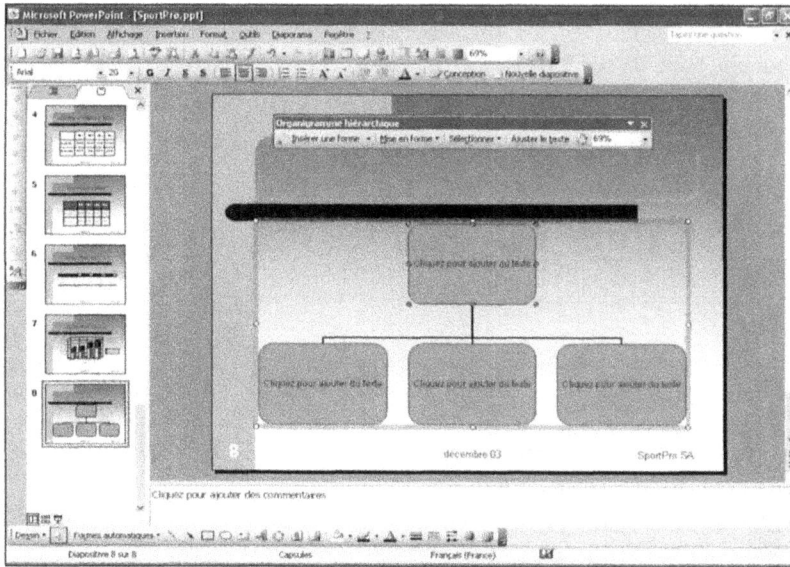

---

❷ CHOISIR UN MODÈLE D'ORGANIGRAMME

Cliquez sur ce bouton dans la barre d'outils *Organigramme hiérarchique*.

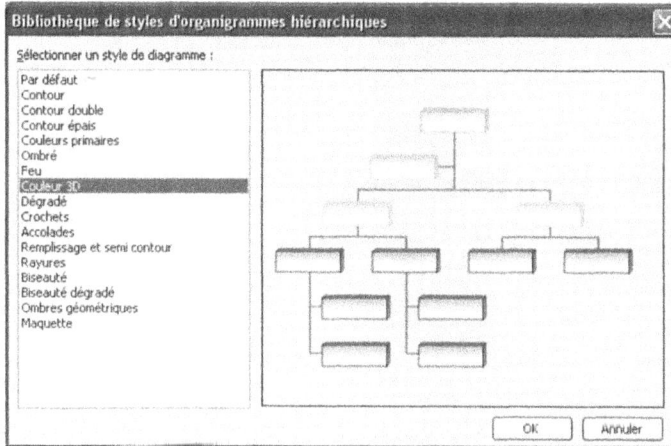

- Sélectionnez *Couleur 3D*
- Cliquez sur «OK»

---

❸ SAISIR LES INFORMATIONS ET AJOUTER/SUPPRIMER DES BOÎTES

La structure de l'organigramme sera la suivante :
- Le PDG sera Patrick Duval. Il aura un assistant : Philippe Morel.
- Deux directeurs seront sous ses ordres : Stéphane Dupond pour les ventes, et Pierre Martin comme chef d'atelier mécanique.
- Stéphane est responsable de Gérard Leroy (publicité) et Bernard Davin (compétitions).
- Pierre est assisté de Bertrand Michel (pneumatiques) et de Roland Rover (carrosserie).

Supprimons une boîte

L'écran affiche quatre boîtes dont trois sont en relation de dépendance par rapport à la première. Il doit être modifié, car il ne faut que deux directeurs en dessous du PDG.

- Cliquez sur une boîte du second niveau (celle de gauche par exemple), puis cliquez sur l'un de ses bords pour la sélectionner
- Appuyez sur Suppr

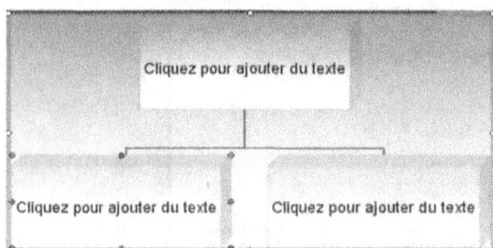

Saisissons les informations concernant le PDG

- Cliquez dans la boîte la plus en haut
- Tapez *Patrick Duval* et appuyez sur ⏎
- Tapez *PDG*
- Cliquez en dehors de cette boîte

Insérons une boîte et saisissons les informations concernant l'assistant du PDG

- Sélectionnez la boîte correspondant au PDG en cliquant dessus

 Cliquez sur la flèche associée à ce bouton dans la barre d'outils *Organigramme hiérarchique.*

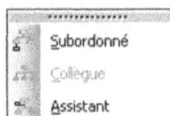

- Cliquez sur *Assistant*

Une nouvelle boîte apparaît, entre le PDG et les deux directeurs :

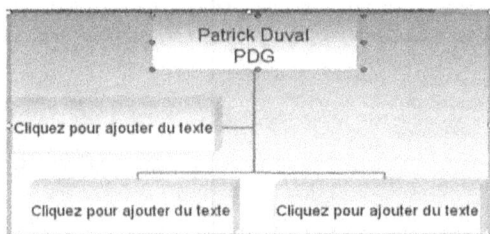

- Cliquez dans cette boîte
- Tapez *Philippe Morel* et appuyez sur ⏎
- Tapez *Assistant*
- Cliquez en dehors de cette boîte

Saisissons les informations concernant les deux directeurs

- Cliquez dans la boîte située en bas et à gauche
- Tapez *Stéphane Dupond* et appuyez sur ⏎
- Tapez *Ventes*
- Cliquez en dehors de cette boîte
- Procédez de même pour la boîte à sa droite en tapant *Pierre Martin*, *Mécanique*
- Cliquez en dehors de cette boîte

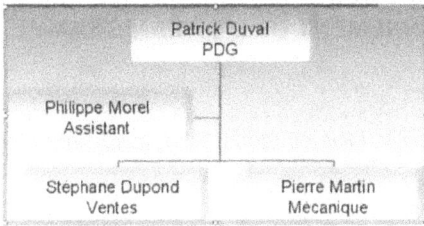

Insérons les boîtes et saisissons les informations concernant les subordonnés

Chacun des deux directeurs est responsable de deux personnes.

- Cliquez sur la boîte de Stéphane Dupond

🖳 Insérer une forme ▾	Cliquez sur la flèche associée à ce bouton dans la barre d'outils *Organigramme hiérarchique.*

- Cliquez sur *Subordonné*
- Cliquez dans la boîte qui vient d'apparaître
- Tapez *Gérard Leroy* et appuyez sur ⏎
- Tapez *Publicité*

🖳 Insérer une forme ▾	Cliquez sur la flèche associée à ce bouton dans la barre d'outils *Organigramme hiérarchique.*

- Cliquez sur *Collègue* pour faire apparaître une autre boîte à côté
- Cliquez dans cette nouvelle boîte
- Tapez *Bernard Davin* et appuyez sur ⏎
- Tapez *Compétitions*
- Cliquez en dehors de cette boîte

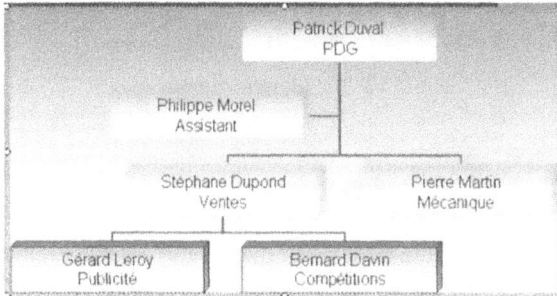

- Procédez de la même manière pour Pierre Martin et ses deux collaborateurs (Roland Rover, Carrosserie et Bertrand Michel, Pneumatiques)

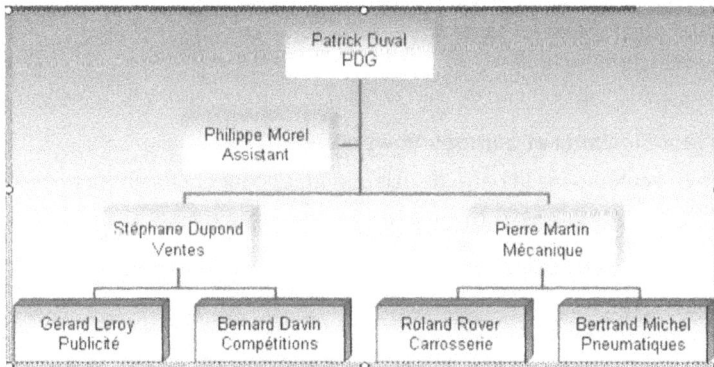

❹ **PEAUFINER L'ASPECT ET LE POSITIONNEMENT DE L'ORGANIGRAMME**

- Cliquez dans la boîte du PDG
- Sélectionnez le terme *Patrick Duval*

G Cliquez sur ce bouton dans la barre d'outils *Mise en forme*, ou appuyez sur ⎡Ctrl⎤-**G** pour activer le gras.

- Sélectionnez la fonction

I Cliquez sur ce bouton dans la barre d'outils *Mise en forme*, ou appuyez sur ⎡Ctrl⎤-**I** pour activer l'italique.

- Faites de même avec chacune des autres boîtes
- Cliquez sur un bord du cadre affichant l'organigramme et faites-le glisser pour le centrer dans la diapositive
- Cliquez en dehors de la diapositive, dans la zone grisée

---

❺ **DONNER UN TITRE À L'ORGANIGRAMME**

- Cliquez dans l'espace réservé pour le titre de la diapositive
- Tapez *Société SportPro*
- Cliquez en-dehors de ce titre

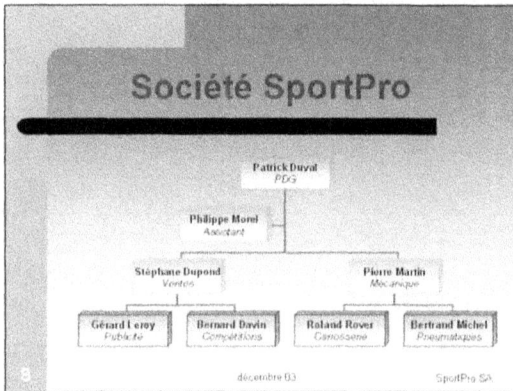

---

❻ **POUR TERMINER**

Imprimons la diapositive

- *Fichier/Imprimer*, ou appuyez sur ⎡Ctrl⎤-**P**
- \<Etendue\> : cochez *Diapositive en cours*
- \<Imprimer\> : sélectionner *Diapositives*
- Cliquez sur «OK»

Enregistrons les modifications et quittons PowerPoint

Cliquez sur ce bouton dans la barre d'outils *Standard* pour enregistrer à nouveau la présentation.

- *Fichier/Fermer* pour fermer la présentation
- *Fichier/Quitter* pour quitter PowerPoint

Une image

Un titre WordArt   Une forme automatique

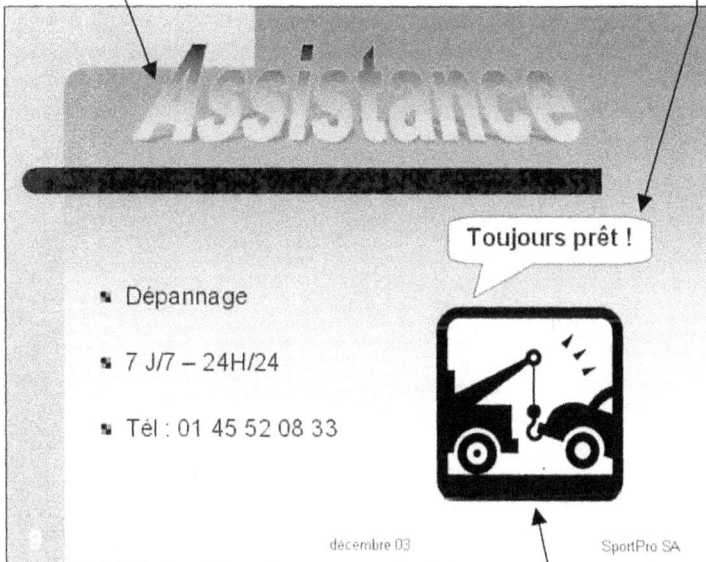

Une autre image

Nous allons illustrer notre présentation en y insérant des images. Ces images proviendront des sources suivantes :

– La Bibliothèque multimédia locale (une collection de dessins livrée et installée avec Office).

– Le site Web Office Online (une connexion Internet est nécessaire dans ce cas).

– Votre disque dur (une image enregistrée dans le dossier *C:\Exercices PowerPoint 2003*).

Deux cas de figure se présentent : insérer une diapositive comportant un espace réservé pour une image, ou insérer une image n'importe où sur une diapositive existante.

Pour terminer, nous créerons un titre original à l'aide de WordArt et nous insérerons une forme automatique (une bulle affichant un texte).

Lancez PowerPoint et ouvrez le fichier *SportPro7.ppt* qui est la réplique du résultat de l'exercice précédent (il se trouve dans le dossier *C:\Exercices PowerPoint 2003*), puis enregistrez-le sous le nom *SportPro.ppt*.

❶ INSÉRER UNE DIAPOSITIVE AVEC UN ESPACE RÉSERVÉ POUR UNE IMAGE

Nous allons insérer à la fin de notre présentation une nouvelle diapositive comportant un espace réservé pour une image et y placer une illustration issue de la Bibliothèque multimédia locale.

• Appuyez sur Ctrl - Fin pour afficher la dernière diapositive

Nouvelle diapositive   Cliquez sur ce bouton dans la barre d'outils *Mise en forme*, ou *Insertion/Nouvelle diapositive*, ou appuyez sur Ctrl -**M**.

Une nouvelle diapositive a été créée et sa miniature s'affiche dans le volet gauche de la fenêtre. Le volet Office, à droite, affiche la liste des mises en page disponibles.

• Dans la zone <Autres dispositions> du volet Office, cliquez sur la mise en page *Titre, Texte et image de la bibliothèque*

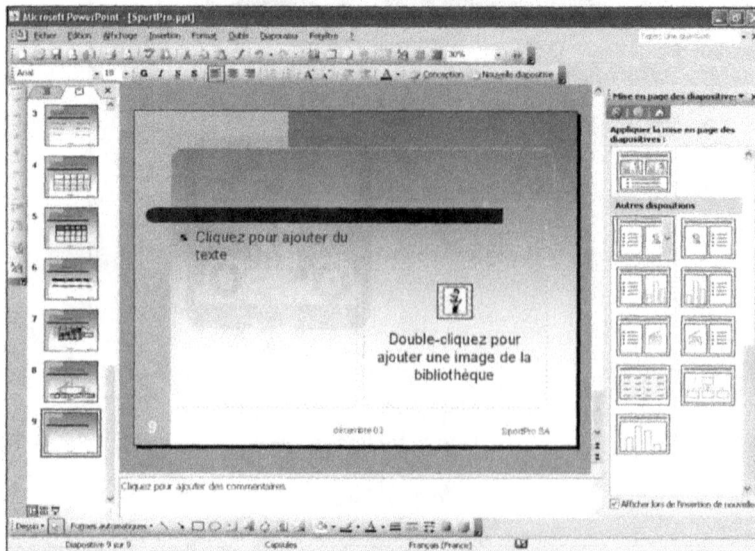

• Fermez le volet Office en cliquant sur sa case de fermeture

 Dans la partie droite de la diapositive, double-cliquez sur cette icône.

Un dialogue s'affiche.

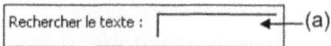

Rechercher le texte : ⟵—(a)

• Tapez *auto* en (a)
• Cliquez sur «OK» à droite de la zone de saisie

Le dialogue affiche alors les images associées à ce mot clé. Si vous êtes connecté à Internet, vous remarquerez que certaines images sont automatiquement téléchargées à partir du Web, et celles-ci affichent une icône en forme de globe dans leur partie inférieure gauche.

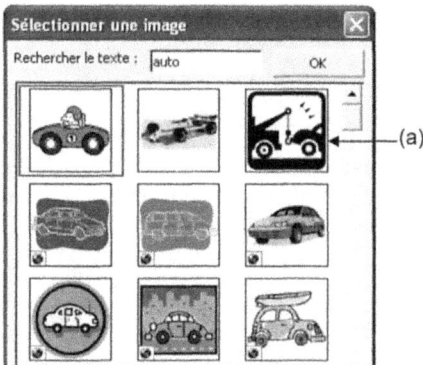

• Double-cliquez sur l'image de la dépanneuse en (a)

L'image est placée sur la diapositive et la barre d'outil *Image* s'affiche.

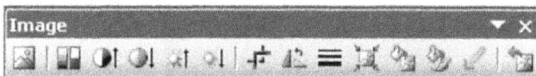

• Agrandissez cette image en faisant glisser l'une des poignées entourant l'image et se trouvant dans l'un des coins
• Cliquez sur l'image et faites-la glisser afin de la positionner comme sur l'illustration ci-dessous

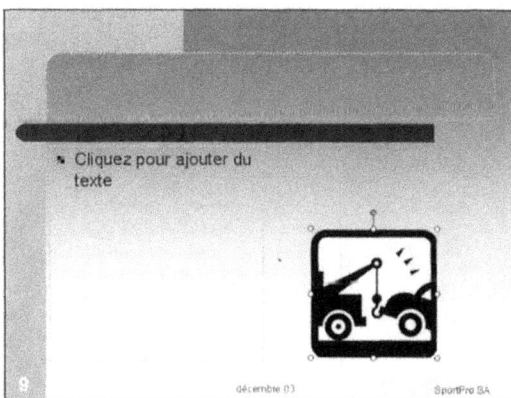

• Cliquez en dehors de l'image

Nous reviendrons sur cette diapositive par la suite pour l'achever.

❷ PLACER UNE IMAGE DANS UNE DIAPOSITIVE EXISTANTE

Insérons une image issue de la Bibliothèque multimédia locale

Nous allons insérer sur la première diapositive une image issue de la Bibliothèque multimédia locale. Il s'agit d'un dessin de voiture de course.

- Appuyez sur Ctrl-🡤 pour afficher la première diapositive
- *Insertion/Image/Images clipart*

Le volet Office *Images clipart* s'affiche :

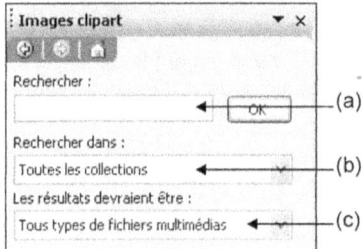

- Tapez *auto* en (a)
- Déroulez la liste (b) et décochez toutes les cases sauf ⊠*Collections Office*. Vérifiez que la case à cocher a bien l'aspect affiché ci-dessous (ce qui signifie que les sous-dossiers sont inclus). Si ce n'est pas le cas, cliquez une fois de plus sur la case à cocher

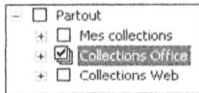

- Déroulez la liste (c) et décochez toutes les cases sauf ⊠*Images de la bibliothèque*
- Cliquez sur «OK» dans le volet Office

Le résultat de la recherche s'affiche dans le volet Office après quelques instants :

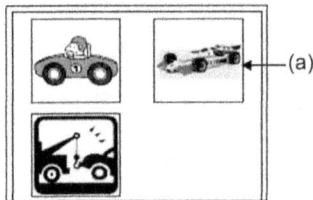

- Cliquez sur l'image (a)

L'image apparaît au milieu de la diapositive :

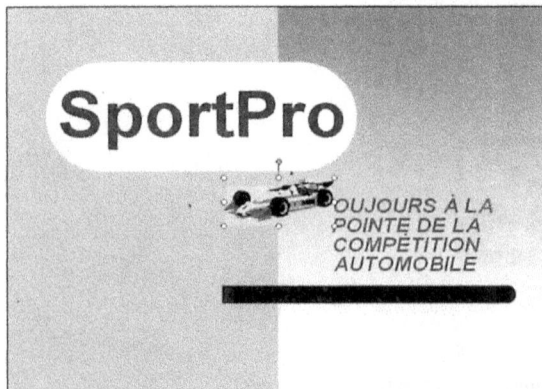

- Fermez le volet Office
- Doublez la taille de l'image en cliquant et en faisant glisser vers l'extérieur l'une des poignées (cercles blancs) qui se trouvent dans les coins de l'image
- Cliquez sur l'image et faites-la glisser dans la partie gauche de la diapositive (dans la zone verte, sous le titre *SportPro*)
- Inversons l'orientation de l'image :
- Cliquez sur le bouton «Dessin» dans la barre d'outils *Dessin*
- *Rotation ou retournement/Retourner horizontalement*
- Cliquez en-dehors de l'image

Cliquez sur ce bouton dans la barre d'outils *Standard* pour enregistrer à nouveau la présentation.

Insérons une image issue du site Web Office Online

Nous allons insérer sur la seconde diapositive une image issue de la Bibliothèque multimédia du site Office Online. Il s'agit de l'image d'un mécanicien. Le choix sera beaucoup plus important que précédemment, mais vous devez être connecté à Internet pendant la procédure.

- Appuyez sur ⊞ pour afficher à la seconde diapositive
- *Insertion/Image/Images clipart*

Le volet Office *Images clipart* s'affiche :

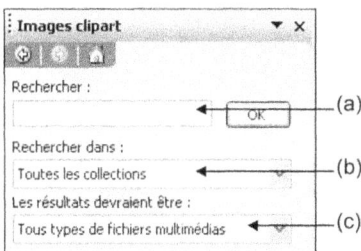

- Tapez *mécanique* en (a)
- Déroulez la liste (b) et décochez toutes les cases sauf ☑*Collections Web*. Vérifiez que la case à cocher a bien l'aspect affiché ci-dessous (ce qui signifie que les sous-dossiers sont inclus). Si ce n'est pas le cas, cliquez une fois de plus sur la case à cocher

- Déroulez la liste (c) et décochez toutes les cases sauf ☒*Images de la bibliothèque*
- Cliquez sur «OK» dans le volet Office

Le résultat de la recherche s'affiche dans le volet Office après quelques instants. On constate que les images affichées proviennent du Web car elles disposent d'une icône en forme de globe dans leur coin inférieur gauche :

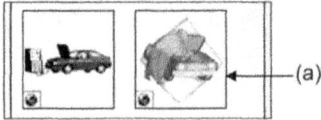
(a)

- Cliquez sur l'image (a)

L'image apparaît au milieu de la diapositive.

- Fermez le volet Office
- Réduisez la taille de l'image de presque 50% en faisant glisser vers l'intérieur la poignée (cercles blancs) qui se trouve dans le coin inférieur droit de l'image
- Cliquez sur l'image et faites-la glisser dans la partie gauche de la diapositive, comme sur l'illustration ci-dessous

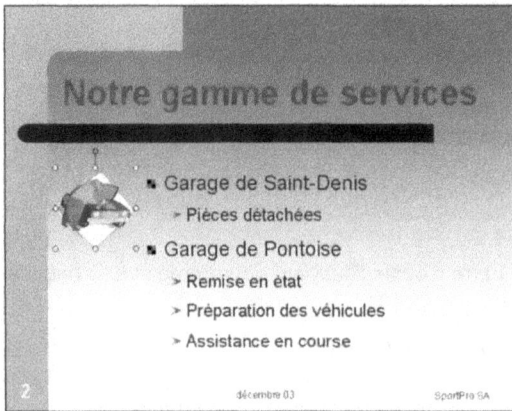

- Cliquez en-dehors de l'image

 Cliquez sur ce bouton dans la barre d'outils *Standard* pour enregistrer à nouveau la présentation.

---

❸ PLACER UNE IMAGE ENREGISTRÉE SUR DISQUE DANS UNE DIAPOSITIVE

Nous allons maintenant insérer une image présente sur le disque dur de votre poste dans une diapositive existante. Il s'agit de la photo du PDG de la société que nous allons placer sur la diapositive affichant l'organigramme de l'entreprise. Cette image vous est fournie et se trouve dans le dossier *C:\Exercices PowerPoint 2003*, mais il pourrait s'agir d'une image scannée, ou d'une image récupérée à partir d'un appareil photo numérique.

- A l'aide du volet de gauche affichant les vignettes, affichez la huitième diapositive
- *Insertion/Image/À partir du fichier*

 Dans la partie gauche du dialogue qui s'affiche, cliquez sur ce bouton.

- Double-cliquez sur l'unité de disque *C:*
- Double-cliquez sur le dossier *Exercices PowerPoint 2003*
- Sélectionnez la vignette *Patrick Duval.jpg*
- Cliquez sur «Insérer»

La photo apparaît sur la diapositive.

- Réduisez un peu la taille de l'image en faisant glisser vers l'intérieur l'une des poignées (cercles blancs) qui se trouve dans un coin de l'image
- Cliquez sur la photo et faites-la glisser à droite de la boîte affichant le nom du PDG

Encadrons cette photo

- Double-cliquez sur la photo
- Cliquez sur l'onglet *Couleurs et traits*
- <Trait/Couleur> : sélectionnez le noir
- Cliquez sur «OK»
- Cliquez en-dehors de la photo

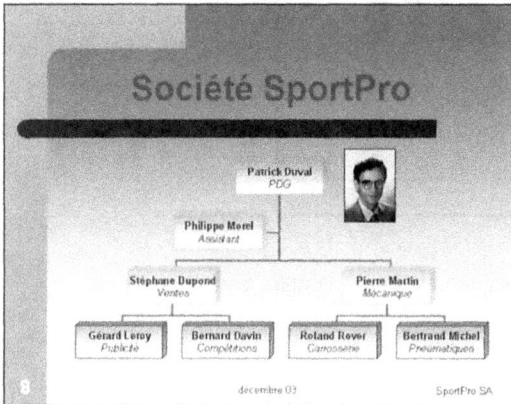

 Cliquez sur ce bouton dans la barre d'outils *Standard* pour enregistrer à nouveau la présentation.

---

❹ AJOUTER UN TITRE WORDART À LA DERNIÈRE DIAPOSITIVE

WordArt et un programme qui peut être appelé à partir de PowerPoint pour créer des titres originaux assortis de divers effets spéciaux.

Supprimons la zone de titre de la diapositive

- Appuyez sur Ctrl-Fin pour afficher la dernière diapositive
- Cliquez dans la zone réservée au titre, puis sur l'un de ses bords pour la sélectionner
- Appuyez sur Suppr

Ajoutons un titre WordArt

 Cliquez sur ce bouton dans la barre d'outils *Dessin*, ou *Insertion/Image/WordArt*.

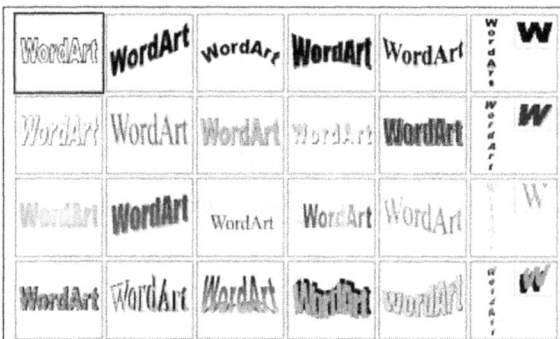

- Sélectionnez le troisième effet de la quatrième ligne
- Cliquez sur «OK»
- En (b), tapez *Assistance* à la place du texte sélectionné
- En (a), sélectionnez la taille *66*

(a)

(b)

- Cliquez sur «OK»

Le titre apparaît au milieu de la diapositive et la barre d'outils *WordArt* s'affiche.

- Cliquez sur le titre WordArt et faites-le glisser dans la partie supérieure de la diapositive
- Elargissez ce titre en cliquant et en faisant glisser les poignées qui se trouvent à mi-hauteur des bords droit et gauche du cadre qui l'entoure
- Cliquez en dehors de la diapositive, dans la zone grisée

---

❺ DESSINER UNE FORME AUTOMATIQUE

Nous allons ajouter une bulle de texte sur la diapositive en cours.

Formes automatiques ▾   Cliquez sur ce bouton dans la barre d'outils *Dessin*.

- Cliquez sur *Bulles et Légende*

[icône]   Dans le menu qui se déroule, cliquez sur ce bouton.

- Cliquez et faites glisser le pointeur de gauche à droite sur la diapositive pour créer et dimensionner une bulle au-dessus de l'image de la dépanneuse

- Tapez *Toujours prêt !*
- Sélectionnez le texte contenu dans la bulle
- Dans la barre d'outils *Mise en forme*, sélectionnez la taille *24*
- Appuyez sur Ctrl-**G** pour mettre en gras la sélection
- Cliquez sur un bord de la bulle
- Double-cliquez sur un bord de la bulle
- Cliquez sur l'onglet Couleurs et traits
- <Remplissage/Couleur> : cliquez sur la flèche, puis cliquez sur la couleur blanche
- Cliquez sur «OK»
- Adaptez au mieux la taille de la bulle en cliquant et en faisant glisser les poignées (petits ronds blancs) qui l'entourent
- Positionnez au mieux la pointe associée à la bulle en cliquant et en faisant glisser le losange jaune
- Cliquez en dehors de la bulle

---

❻ ACHEVER DE SAISIR LE TEXTE DE LA DERNIÈRE DIAPOSITIVE

- Cliquez dans l'espace réservé au texte, à gauche de l'image
- Tapez *Dépannage* et appuyez sur ⏎
- Tapez *7J/7 - 24H/24* et appuyez sur ⏎
- Tapez *Tél : 01 45 52 08 33*
- *Edition/Sélectionner tout*, ou appuyez sur Ctrl-**A**
- *Format/Interligne*

- Tapez *2* en (a)
- Cliquez sur «OK»
- *Format/Espace réservé*
- Cliquez sur l'onglet *Zone de texte*

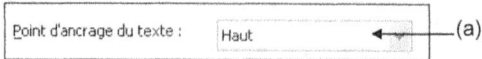

- Sélectionnez *Centré par le milieu* en (a)
- Cliquez sur «OK»
- Cliquez en-dehors de la liste à puces

---

❼ POUR TERMINER

Imprimons la diapositive 9

- *Fichier/Imprimer*, ou appuyez sur ⌨Ctrl-**P**
- <Étendue> : cochez ⭕*Diapositive en cours*
- <Imprimer> : sélectionnez *Diapositives*
- Cliquez sur «OK»

Enregistrons les modifications et quittons PowerPoint

 Cliquez sur ce bouton dans la barre d'outils *Standard* pour enregistrer à nouveau la présentation.

- *Fichier/Fermer* pour fermer la présentation
- *Fichier/Quitter* pour quitter PowerPoint

Le document pour l'assistance produit par Word

Diapositive 1

Diapositive 2

Diapositive 3

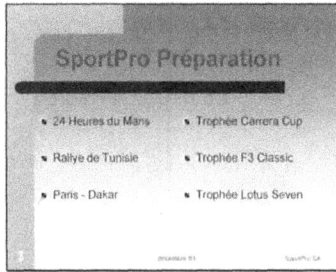

Diapositive 4

Nous allons associer certains commentaires à la dernière diapositives, puis nous imprimerons la page de commentaires de cette diapositive : cette page comportera une image de la diapositive et les commentaires associés en dessous. Ainsi, si vous saisissez dans les commentaires de chaque diapositive le discours qui leur est associé, les pages de commentaires peuvent être utilisées par le présentateur comme guide pendant le déroulement de la présentation.

Puis, créons le document destiné à être remis à l'assistance. Nous le ferons en utilisant deux méthodes distinctes, d'abord à l'aide du traitement de texte Word, puis à l'aide de PowerPoint. Word générera un document de plusieurs pages comportant des miniatures de chaque diapositive et des zones réservées pour la prise de notes. PowerPoint générera un document de plusieurs pages comportant uniquement des miniatures de chaque diapositive.

Lancez PowerPoint et ouvrez le fichier *SportPro8.ppt* qui est la réplique du résultat de l'exercice précédent (il se trouve dans le dossier *C:\Exercices PowerPoint 2003*), puis enregistrez-le sous le nom *SportPro.ppt*.

---

❶ CRÉER DES COMMENTAIRES POUR LA DERNIÈRE DIAPOSITIVE

- Appuyez sur Ctrl - Fin pour afficher la dernière diapositive
- *Affichage/Page de commentaires*

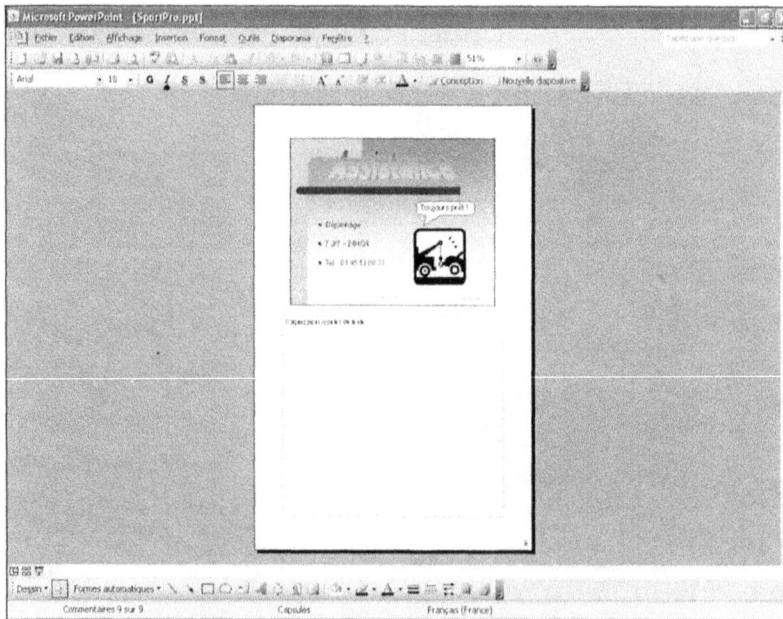

75% ▼ Cliquez sur ce bouton dans la barre d'outils *Standard* et sélectionnez un zoom de 75%.

- Cliquez dans la zone <Cliquez pour ajouter du texte> située sous la diapositive
- Tapez la phrase suivante : *L'assistance est gratuite pour tous les véhicules préparés par nos soins.*

- Allez à la ligne et tapez le texte suivant : *Cette assistance est alors valable pour l'Europe et l'Afrique du nord pour une durée de six mois.*

Imprimons cette page de commentaires

- *Fichier/Imprimer*, ou appuyez sur [Ctrl]-**P**

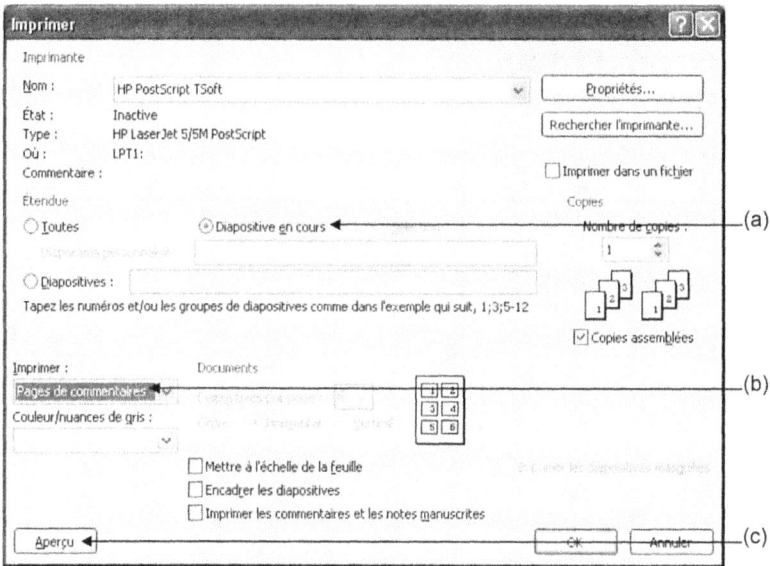

- Sélectionnez ⊙*Diapositive en cours* en (a)
- Cliquez sur la flèche en (b) et sélectionnez *Pages de commentaires*
- Cliquez sur «Aperçu» en (c)

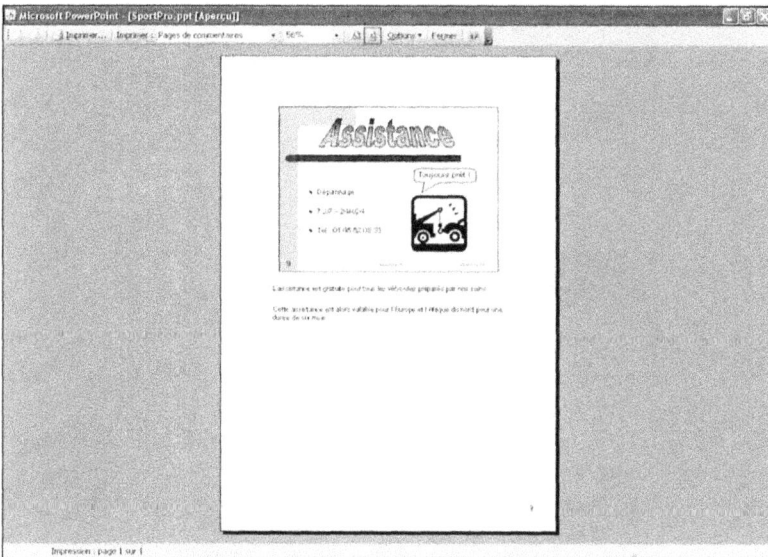

[Imprimer...] Cliquez sur ce bouton dans la barre d'outils.

- Cliquez sur «OK» pour lancer l'impression de la page

[Fermer] Cliquez sur ce bouton dans la barre d'outils.

- *Affichage/Normal*

❷ CRÉER AVEC WORD LES DOCUMENTS DESTINÉS À L'ASSISTANCE

Nous allons rendre la présentation plus efficace en créant des documents destinés à l'assistance qui contiennent des reproductions réduites des diapositives et des espaces pour la prise de notes.

- *Fichier/Envoyez vers/Microsoft Office Word*

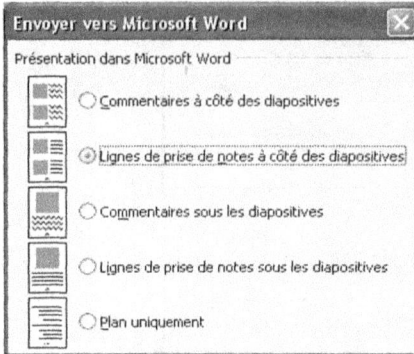

- Cochez ⊙*Lignes de prise de notes à côté des diapositives*
- Cliquez sur «OK»

Word est lancé : le traitement de texte crée un nouveau document et y place une reproduction réduite de chaque diapositive sur autant de pages que nécessaire.

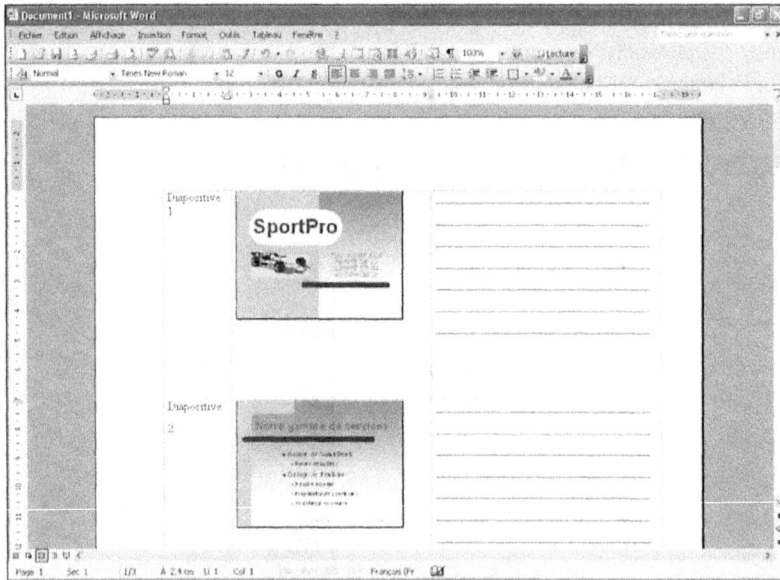

- *Fichier/Aperçu avant impression*
- Faites défiler les trois pages à imprimer

 Cliquez sur ce bouton dans la barre d'outils pour imprimer le document.

Fermer Revenez à la fenêtre de Word en cliquant sur ce bouton.

- *Fichier/Quitter* pour fermer Word, et revenir à PowerPoint

Un message propose d'enregistrer le document.

- Comme il ne s'agit que d'un exercice, cliquez sur «Non»

❸ CRÉER AVEC POWERPOINT LES DOCUMENTS POUR L'ASSISTANCE

Dans ce cas, seules les diapositives seront imprimées et l'on peut indiquer combien d'entre elles doivent apparaître sur chaque page. Il est possible d'associer à ce document un en-tête et un pied de page personnalisé.

Créons un en-tête et un pied de page, et insérons-y la date et le n° de diapositive

• *Affichage/En-tête et pied de page*, puis cliquez sur l'onglet *Commentaires et documents*

L'en-tête apparaîtra en haut à gauche de chaque page, le pied de page en bas à gauche, la date en haut à droite et le numéro de page en bas à droite.

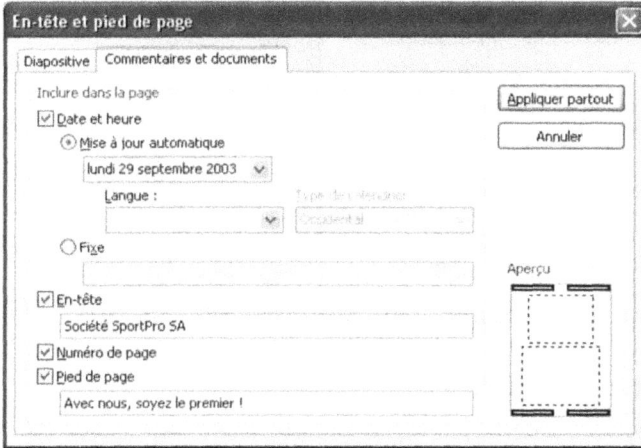

• Cochez ☒*Date et heure*
• Cochez ⊙ *Mise à jour automatique*
• Juste en dessous, cliquez sur la flèche et sélectionnez le second format pour la date
• Cochez ☒*En-tête*
• En dessous, tapez Société *SportPro SA*
• Cochez ☒*Numéro de page*
• Cochez ☒*Pied de page*
• En dessous, tapez *Avec nous, soyez le premier !*
• Cliquez sur «Appliquer partout»

Imprimons les documents

• *Fichier/Imprimer*, ou appuyez sur ⌨Ctrl-**P**

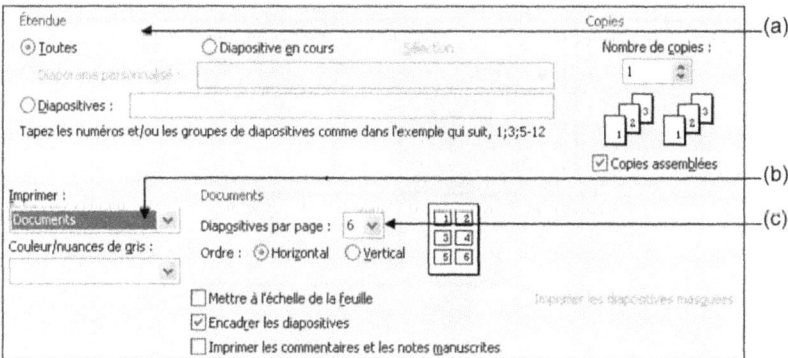

• Cochez ○ *Toutes* en (a)
• Sélectionnez *Documents* en (b)
• Sélectionnez *6* en (c)

• Cliquez sur «Aperçu»

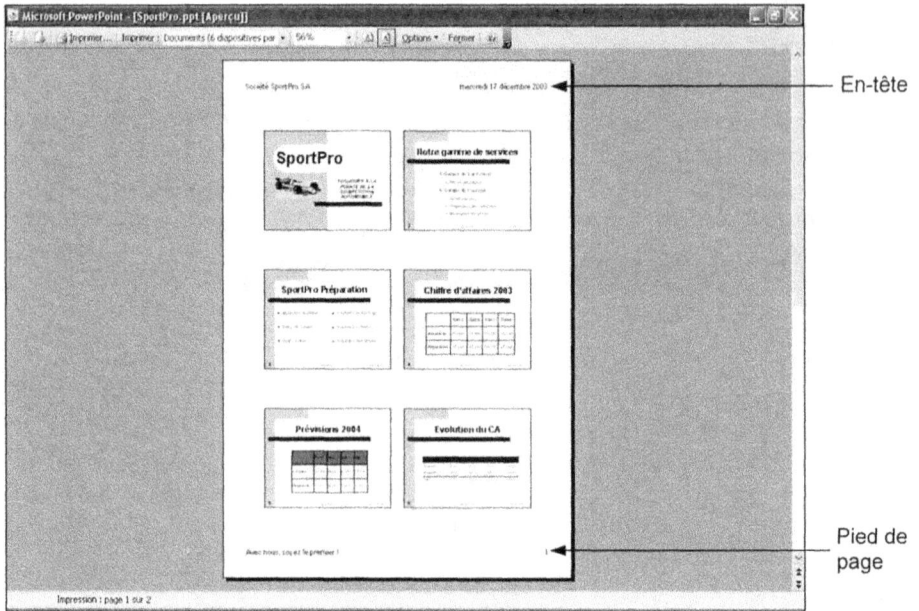

En-tête

Pied de page

• Faites défiler les deux pages à imprimer

Imprimer...   Cliquez sur ce bouton pour imprimer le document.

• Cliquez sur «OK»

Fermer   Revenez à la fenêtre de PowerPoint en cliquant sur ce bouton.

---

❹ POUR TERMINER

Cliquez sur ce bouton dans la barre d'outils *Standard* pour enregistrer à nouveau la présentation.

• *Fichier/Fermer* pour fermer la présentation
• *Fichier/Quitter* pour quitter PowerPoint

DIAPORAMA

3

Un clip animé

SportPro

TOUJOURS À LA POINTE DE LA COMPÉTITION AUTOMOBILE

Un son

Une vidéo

A bientôt …

10   décembre 03   SportPro SA

Nous allons maintenant découvrir certaines fonctions qui permettent de rendre plus vivante une présentation ayant vocation à être présentée sous la forme d'un diaporama (sur l'écran d'un ordinateur ou dans le cadre d'une projection). Il s'agira de :

– Récupérer sur le site Web Office Online une image animée (format Gif) et la placer sur une diapositive existante.

– Récupérer sur le site Web Office Online un son, l'insérer dans une diapositive et demander à ce qu'il se déclanche lors de son affichage.

– Insérer à partir d'un fichier une vidéo dans une diapositive.

Nous irons chercher l'image animée et le fichier sonore dans la Bibliothèque multimédia de Microsoft sur le Web car il y en a très peu dans la Bibliothèque locale : vous devez donc disposer d'une connexion internet active pour réaliser une partie de cet exercice. Pour entendre le son, vous devez disposer d'enceintes reliées à la carte son de votre ordinateur.

Lancez PowerPoint et ouvrez le fichier *SportPro9.ppt* qui est la réplique du résultat de l'exercice précédent (il se trouve dans le dossier *C:\Exercices PowerPoint 2003*), puis enregistrez-le sous le nom *SportPro.ppt*.

---

❶ INSÉRER UNE IMAGE ANIMÉE

Nous allons insérer sur la première diapositive de notre présentation l'image d'un drapeau qui bouge, image que nous téléchargerons à partir du Web. Vous devez donc être connecté à Internet.

• Appuyez sur ⌈Ctrl⌉-⌈←⌉ pour afficher la première diapositive

• *Insertion/Films et sons/Film de la Bibliothèque multimédia*

Le volet Office *Images clipart* s'affiche :

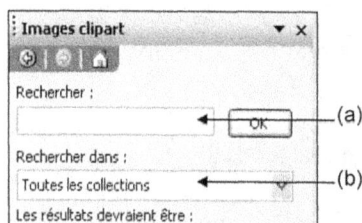

• Tapez *drapeau* en (a)

• Déroulez la liste (b) et décochez toutes les cases sauf ☒*Collections Web*. Vérifiez que la case à cocher a bien l'aspect affiché ci-dessous (ce qui signifie que les sous-dossiers sont inclus). Si ce n'est pas le cas, cliquez une fois de plus sur la case à cocher

• Cliquez sur «OK» dans le volet Office

Le résultat de la recherche s'affiche dans le volet Office après quelques instants. On visualise que les images affichées proviennent du Web car elles disposent d'une icône en forme de globe dans leur coin inférieur gauche.

On visualise également qu'il s'agit d'images animées car elles disposent d'une icône en forme d'étoile dans leur coin inférieur droit :

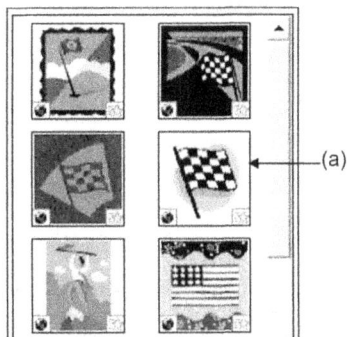

—(a)

- Cliquez sur l'image (a)

L'image apparaît au milieu de la diapositive.

- Cliquez sur l'image et faites-la glisser en haut et à droite de la diapositive
- Cliquez et faites glisser l'une des poignées (cercles blancs autour de l'image) qui se trouve dans un coin pour l'agrandir

- Cliquez en dehors de l'image
- Fermez le volet Office

Testons cette animation

L'animation de cette image ne sera visible que lors du diaporama. Pour en avoir un aperçu dès maintenant :

🖳 Cliquez sur ce bouton en bas et à gauche de la fenêtre.

- Appuyez sur ⌴Echap⌴ pour terminer

💾 Cliquez sur ce bouton dans la barre d'outils *Standard* pour enregistrer à nouveau la présentation.

---

❷ INCORPORER UN SON

Nous allons associer un son (le bruit d'un moteur de voiture) à la première diapositive de façon à se qu'il se déclanche au lancement de la présentation. Nous allons le chercher sur le Web afin de disposer d'un choix important. Vous devez être connecté à Internet

- Appuyez sur ⌴Ctrl⌴-⌴↖⌴ pour afficher la première diapositive
- *Insertion/Films et sons/Son de la Bibliothèque multimédia*

Le volet Office *Images clipart* s'affiche :

Tapez *auto* en (a)

Déroulez la liste (b) et décochez toutes les cases sauf ☒*Collections Web*. Vérifiez que la case à cocher a bien l'aspect affiché ci-dessous (ce qui signifie que les sous-dossiers sont inclus). Si ce n'est pas le cas, cliquez une fois de plus sur la case à cocher

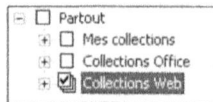

- Cliquez sur «OK» dans le volet Office

Le résultat de la recherche s'affiche dans le volet Office après quelques instants :

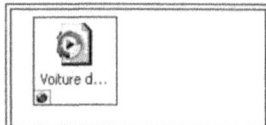

- Cliquez sur la vignette ci-dessus

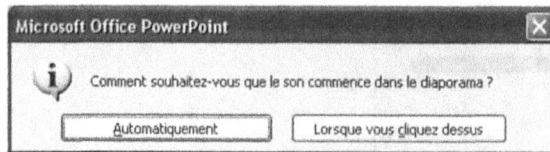

- Cliquez sur «Automatiquement»

Une petite icône en forme de haut-parleurs apparaît au milieu de la diapositive.

- Cliquez sur cette icône et faites-la glisser par exemple en bas et à droite de la diapositive

- Cliquez en dehors de l'icône
- Fermez le volet Office

Demandons à ce que l'icône du haut parleur soit masquée lors de la présentation

- Clic-droit sur l'icône en forme de haut-parleur, puis cliquez sur *Modifier Objet son*

- Cochez ⊠*Masquer l'icône d'audio durant le diaporama*
- Cliquez sur «OK»

Testons ce son

Le son associée cette diapositive ne sera audible que lors du diaporama. Pour l'entendre dès maintenant :

- Double-cliquez sur l'icône en forme de haut-parleur

Puis,

 Cliquez sur ce bouton dans la barre d'outils *Standard* pour enregistrer à nouveau la présentation.

---

❸ INCORPORER UNE VIDÉO

Nous allons insérer une vidéo sur une nouvelle diapositive qui conclura notre présentation. Nous utiliserons un fichier vidéo présent sur votre poste dans le dossier *C:\Exercices PowerPoint 2003*. Cette vidéo est volontairement courte et de faible qualité pour limiter la taille du fichier.

- Appuyez sur ⎡Ctrl⎤-⎡Fin⎤ pour afficher la dernière diapositive

 Cliquez sur ce bouton dans la barre d'outils *Mise en forme*, ou *Insertion/Nouvelle diapositive*, ou appuyez sur ⎡Ctrl⎤-**M**.

Une dixième diapositive a été créée et sa miniature s'affiche dans le volet gauche de la fenêtre. A droite, le volet Office présente la liste des mises en page disponibles.

- Dans la partie <Disposition du texte> du volet Office, cliquez sur la mise en page *Titre seul* (le nom de la mise en page s'affiche quand on amène le pointeur sur la vignette)
- Fermez le volet Office
- Cliquez dans l'espace réservé du titre
- Tapez *A bientôt …*

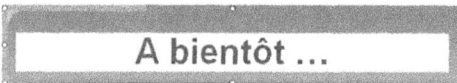

- Cliquez en dehors de la zone du titre
- *Insertion/Films et sons/Film en provenance d'un fichier*

 Dans la partie gauche du dialogue qui s'affiche, cliquez sur ce bouton.

- Double-cliquez sur l'unité de disque *C:*
- Double-cliquez sur le dossier *Exercices PowerPoint 2003*

- Sélectionnez le fichier *Ferrari.wmv*
- Cliquez sur «OK»

Après quelques instants, le dialogue suivant s'affiche :

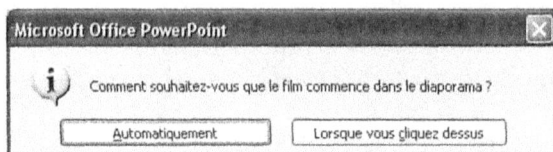

- Cliquez sur «Automatiquement»

Une vignette représentant la vidéo apparaît au milieu de la diapositive.

- Cliquez et faites glisser l'une des poignées (cercles blancs) qui se trouvent dans les coins de la vignette de la vidéo pour l'agrandir
- Cliquez en dehors de la vignette affichant la vidéo

Testons cette vidéo

La vidéo ne sera visible que lors du diaporama. Pour en avoir un aperçu dès maintenant :

- Double-cliquez sur le cadre affichant la vidéo

---

❹ **POUR TERMINER**

 Cliquez sur ce bouton dans la barre d'outils *Standard* pour enregistrer à nouveau la présentation.

- *Fichier/Fermer* pour fermer la présentation
- *Fichier/Quitter* pour quitter PowerPoint

Animation du titre

Notre gamme de services

- Garage de Saint-Denis
  - Pièces détachées
- Garage de Pontoise
  - Remise en état
  - Préparation des véhicules
  - Assistance en course

décembre 03   SportPro SA

Animation des sous-titres

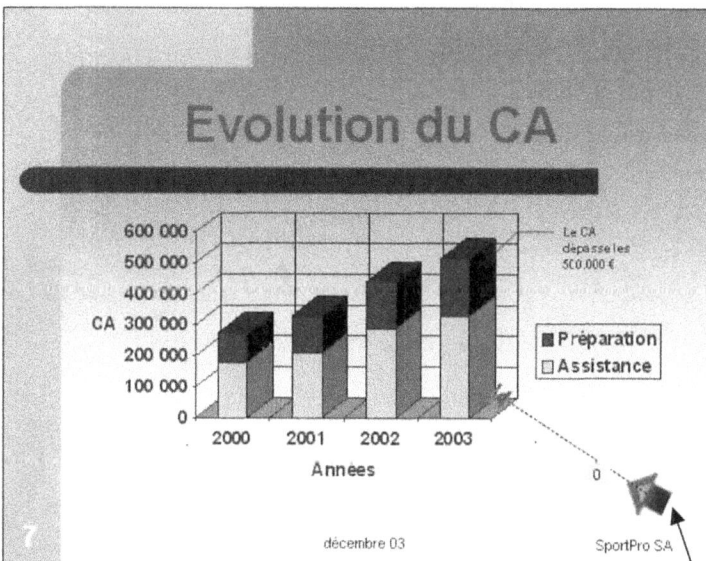

Evolution du CA

Le CA
dépasse les
500.000 €

■ Préparation
□ Assistance

CA 300 000

600 000
500 000
400 000
200 000
100 000
0

2000   2001   2002   2003
Années

décembre 03   SportPro SA

Animation d'une image sur une trajectoire

Fonctions utilisées

– Jeux d'animations pour le texte   *– Transitions entre diapositives*
– Personnalisation d'une animation
– Animation des images et autres objets

20 mn

Pour rendre notre animation plus vivante, nous allons animer l'affichage du contenu textuel de certaines diapositives en utilisant les jeux d'animations fournis par PowerPoint. Puis nous personnaliserons certaines de ces animations standard.

Nous verrons ensuite comment animer d'autres objets, comme les images ou les tableaux, et notamment comment faire pour qu'une image se déplace sur une diapositive en suivant une trajectoire.

Enfin, nous appliquerons des effets de transition entre les diapositives.

Lancez PowerPoint et ouvrez le fichier *SportPro10.ppt* qui est la réplique du résultat de l'exercice précédent (il se trouve dans le dossier *C:\Exercices PowerPoint 2003*), puis enregistrez-le sous le nom *SportPro.ppt*.

❶ UTILISER LES JEUX D'ANIMATIONS PRÉDÉFINIS DE POWERPOINT

Les animations permettent de paramétrer la façon dont les texte (ou les autres objets) s'afficheront sur les diapositives. PowerPoint propose de nombreux effets prédéfinis.

La méthode la plus rapide consiste à appliquer à certaines diapositives, ou à toutes les diapositives, l'un des jeux d'animations prédéfinis de PowerPoint.

Réclamons des animations pour les diapositives 2, 3 et 9, celles qui contiennent du texte sous la forme de listes à puces. A titre d'exercice, nous appliquerons à chacune des jeux d'animations différents.

Passons en mode Trieuse de diapositives

Cliquez sur ce bouton dans le coin inférieur gauche de la fenêtre de PowerPoint.

- Cliquez sur la seconde diapositive
- *Diaporama/Jeux d'animations*

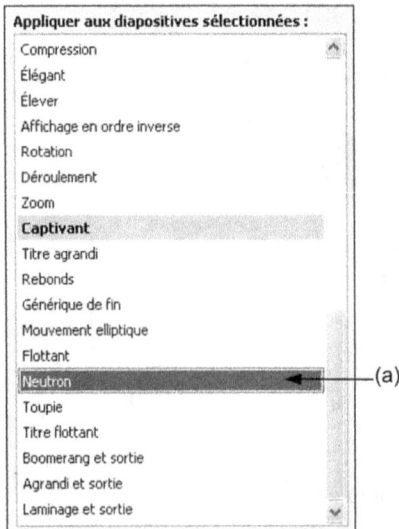

Appliquer aux diapositives sélectionnées :
Compression
Élégant
Élever
Affichage en ordre inverse
Rotation
Déroulement
Zoom
Captivant
Titre agrandi
Rebonds
Générique de fin
Mouvement elliptique
Flottant
Neutron   ◄——— (a)
Toupie
Titre flottant
Boomerang et sortie
Agrandi et sortie
Laminage et sortie

Le volet Office *Conception des diapositives* s'affiche et propose de nombreux type d'animations.

Testez en quelques-uns en cliquant sur leur nom.

- Cliquez finalement sur l'animation *Neutron*, présente dans la zone <Captivant>
- Cliquez sur la troisième diapositive

- Dans la zone <Captivant> du volet Office, cliquez sur l'animation *Rebonds*
- Cliquez sur la neuvième diapositive
- Dans la zone <Modéré> du volet Office, cliquez sur l'animation *Compression*

Les effets d'animation sont appliqués uniquement au titre et aux paragraphes de texte. Par défaut, ces effets sont manuels, c'est-à-dire qu'il faudra cliquer avec la souris ou appuyer sur la barre d'espace pour déclencher chaque étape de l'animation lors de la projection de la présentation. Pour les textes, l'animation porte sur le niveau 1 des paragraphes, et les niveaux inférieurs sont animés avec ce niveau.

---

❷ PERSONNALISER CERTAINES DES ANIMATIONS PRÉCÉDENTES

Pour modifier les animations prédéfinies qui viennent d'être appliquées, il faut modifier les animations objet par objet.

Demandons à ce que sur la deuxième diapositive les étapes des animations s'effectuent automatiquement et à un certain rythme (deux secondes). Nous souhaitons également que les sous-titres s'affichent l'un après l'autre, et non pas en même temps que le titre dont ils dépendent.

- Double-cliquez sur la seconde diapositive pour l'afficher en mode *Normal*
- *Diaporama/Personnaliser l'animation*

Les éléments animés sont signalés dans la diapositive par des balises numérotées, chacune étant associée à un effet dans la liste affichée dans le volet Office. Ces balises ne sont pas visibles dans les autres modes d'affichage.

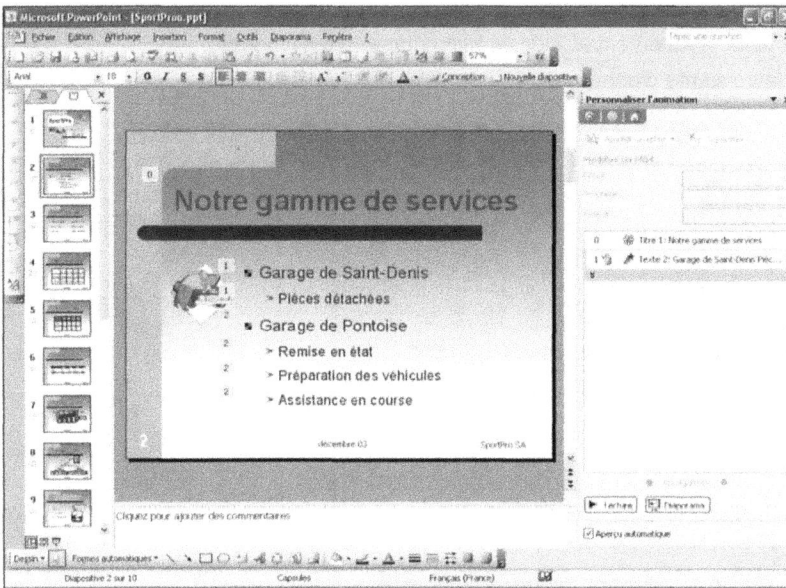

- Dans la diapositive, cliquez sur la balise **1** devant le terme *Garage de Saint-Denis*
- Maintenez appuyée la touche [Ctrl], et cliquez sur la balise **2** devant le terme *Garage de Pontoise*
- Dans le volet Office, cliquez sur la flèche (a)

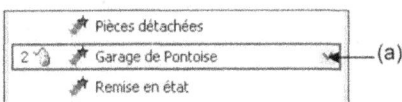

- Cliquez sur *Minutage* dans le menu qui se déroule

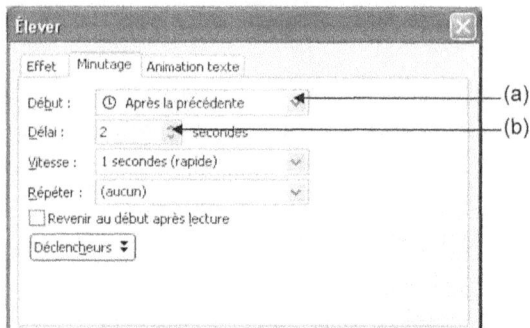

- Sélectionnez *Après la précédente* en (a)
- Tapez 2 en (b)
- Cliquez sur «OK»
- Dans le volet Office, cliquez sur le terme *Pièces détachées*
- Maintenez appuyée la touche Ctrl, puis cliquez sur *Remise en état*, *Préparation des véhicules*, et *Assistance en course*
- Dans le volet Office, clic-droit sur l'un de ces textes sélectionnés
- Cliquez sur *Minutage*
- <Début> : sélectionnez *Après la précédente*
- <Délai> : tapez 2
- Cliquez sur «OK»

Demandons à ce que sur la troisième diapositive les étapes des animations s'effectuent également automatiquement et à un certain rythme (0,5 secondes).

- Affichez la troisième diapositive

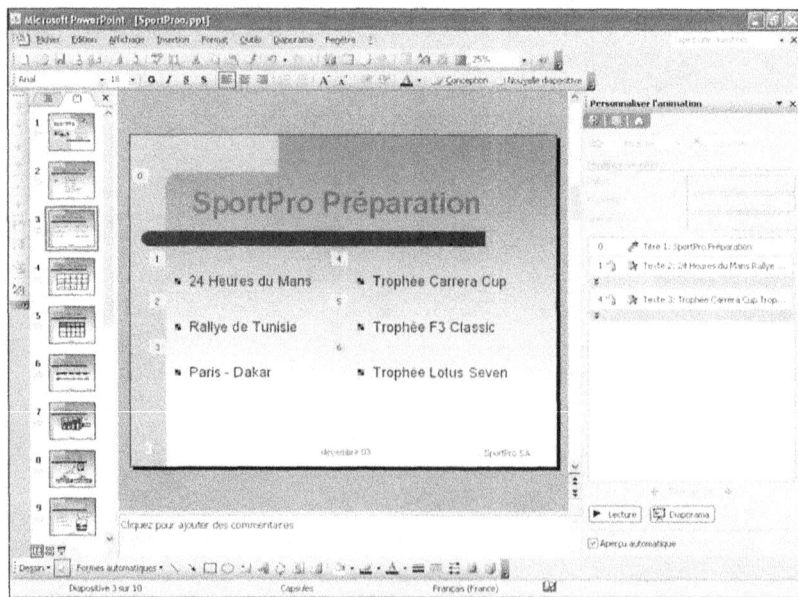

- Dans la diapositive, cliquez sur la balise **1** devant le terme *24 Heures du Man*
- Maintenez appuyée la touche Ctrl, puis, sur la diapositive, cliquez sur la balise **2**, **3**, **4**, **5** et **6**
- Dans le volet Office, clic-droit sur l'un des textes sélectionnés
- Cliquez sur *Minutage* dans le menu qui se déroule
- <Début> : sélectionnez *Après la précédente*
- <Délai> : tapez *0,5*

- <Vitesse> : sélectionnez *1 secondes (rapide)*
- Cliquez sur «OK»

Demandons à ce que sur la neuvième diapositive les étapes des animations s'effectuent automatiquement et à un certain rythme. Nous souhaitons également associer un son à l'affichage de chaque élément textuel.

- Affichez la neuvième diapositive
- Dans la diapositive, cliquez sur la balise **1**
- Maintenez appuyée la touche [Ctrl], puis, sur la diapositive, cliquez sur la balise **2** et **3**
- Dans le volet Office, clic-droit sur l'un des textes sélectionnés
- Cliquez sur *Minutage* dans le menu qui se déroule
- <Début> : sélectionnez *Après la précédente*
- Cliquez sur l'onglet *Effet*

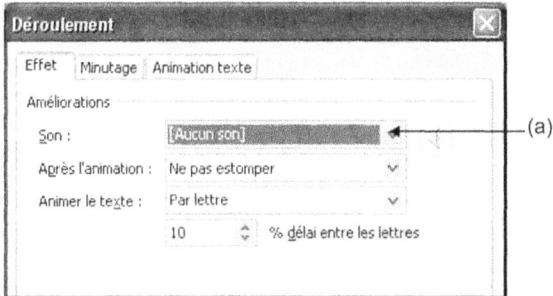

- Cliquez sur la flèche (a), puis sélectionnez le son *Marteau*
- Cliquez sur «OK»

---

❸ ANIMER DES IMAGES

Pour animer des images, il faut définir les animations image par image. En effet, leur animation n'est pas prévue dans les jeux d'animations prédéfinis de PowerPoint.

Sur la neuvième diapositive, nous allons demander à ce que l'image de la dépanneuse et la bulle apparaissent l'une après l'autre sur la diapositive, et seulement une fois que les textes auront été affichés.

- Cliquez sur l'image de la dépanneuse pour la sélectionner

☄ Ajouter un effet ▾ Cliquez sur ce bouton dans le volet Office.

- *Ouverture/Entrée brusque*
- Dans la zone <Début> du volet Office, sélectionnez *Après la précédente*
- Cliquez sur un des bords de la bulle pour la sélectionner

☄ Ajouter un effet ▾ Cliquez sur ce bouton dans le volet Office.

- *Ouverture/Entrée brusque*
- Dans la zone <Début> du volet Office, sélectionnez *Après la précédente*

---

❹ ANIMER UN OBJET QUELCONQUE

Pour animer les objets autres que les textes, il faut définir les animations objet par objet. Nous allons appliquer deux effets d'apparition aux tableaux qui se trouvent sur les diapositives 4 et 5.

- Affichez la quatrième diapositive
- Cliquez dans le tableau

☄ Ajouter un effet ▾ Cliquez sur ce bouton dans le volet Office.

- *Emphase/Rotation*
- Dans la zone <Début> du volet Office, sélectionnez *Après la précédente*
- Affichez la cinquième diapositive
- Cliquez sur le tableau

Ⓔ Ajouter un effet ▾ Cliquez sur ce bouton dans le volet Office.

- *Emphase/Agrandir/rétrécir*
- Dans la zone <Début> du volet Office, sélectionnez *Après la précédente*

---

❺ ASSOCIER UNE TRAJECTOIRE À UNE IMAGE

Il s'agit d'un type d'animation particulier qui consiste à faire se déplacer un objet sur une diapositive suivant une trajectoire.

Nous allons placer en bas et à droite de la septième diapositive une image représentant une flèche, puis demander à ce que celle-ci apparaisse après l'affichage de la diapositive et vienne pointer sur la dernière barre du graphique pour la mettre en évidence. Le tout devra être accompagné d'applaudissements.

Commençons par récupérer l'image de la flèche :
- Affichez la septième diapositive
- *Insertion/Image/Images clipart*
- Dans la zone <Rechercher> du volet Office, tapez *flèche*
- <Rechercher dans> : sélectionnez ☒*Collections Office*
- <Les résultats devraient être> : sélectionnez ☒*Images de la bibliothèque*
- Cliquez sur «OK» à droite de cette zone de saisie dans le volet Office

Le volet Office affiche les images de flèches trouvées (ici dans la Bibliothèque multimédia locale) :

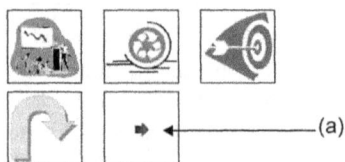

(a)

- Cliquez sur l'image (a)
- L'image apparaît au milieu de la diapositive.
- Agrandissez l'image en cliquant et en faisant glisser la poignée qui se trouve dans son coin inférieur droit
- Cliquez sur l'image et faites-la glisser en bas et à droite de la diapositive
-
- Modifions l'orientation de la flèche :
- Cliquez sur le bouton «Dessin» dans la barre d'outils *Dessin*
- *Rotation ou retournement/Rotation libre*
- Cliquez et faites glisser l'une des poignées vertes qui entourent la flèche afin d'obtenir le résultat suivant

Créons l'animation :
- Cliquez en dehors de cette flèche, puis cliquez à nouveau dessus
- *Diaporama/Personnaliser l'animation*

Ⓔ Ajouter un effet ▾ Cliquez sur ce bouton dans le volet Office.

- *Ouverture/Entrée brusque*

| 📑☆ Ajouter un effet ▾ | Cliquez sur ce bouton dans le volet Office.

- *Trajectoires/Tracer une trajectoire personnalisée/*Trait
- Pour tracer le trait correspondant à la trajectoire : cliquez dans la flèche et faites glisser le pointeur jusqu'à la dernière barre du graphique, celle qui correspond à l'année 2003

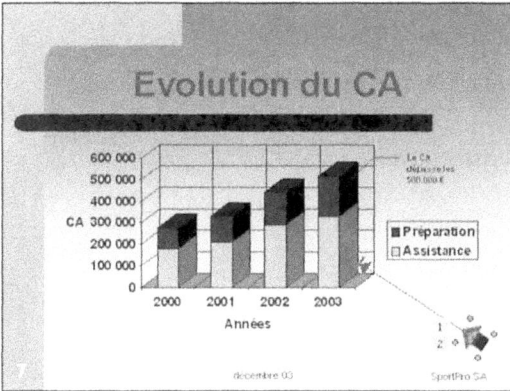

- Dans la zone <Début> du volet Office, sélectionnez *Après la précédente*
- Dans la zone <Vitesse> du volet Office, sélectionnez *Lente*
- Cliquez sur la flèche (a) dans le volet Office

| 0 ☺ ⋂ BD21298_   ▾ |——(a)

- Cliquez sur *Options d'effet*

——(a)

- Sélectionnez *Acclamation* en (a)
- Cliquez sur l'onglet *Minutage*
- <Délais> : tapez *2*
- Cliquez sur «OK»
- Cliquez en dehors de la diapositive
- Fermez le volet Office

💾 Cliquez sur ce bouton dans la barre d'outils *Standard* pour enregistrer à nouveau la présentation.

---

⑥ AJOUTER DES TRANSITIONS ENTRE LES DIAPOSITIVES

Une transition permet de contrôler l'effet à produire lors du passage d'une diapositive à l'autre. Chaque diapositive peut se voir associer une transition différente.

Les jeux d'animations prédéfinis de PowerPoint incluent souvent une transition en plus de l'animation du contenu textuel. Comme nous avons précédemment utilisé des jeux d'animations, certaines de nos diapositives disposent déjà d'un effet de transition.

Mais afin de rendre notre présentation homogène au niveau des transitions, nous allons demander un effet de type *Volet vertical* pour toutes les diapositives, sauf pour la dernière à laquelle nous appliquerons une transition différente.

Passons en mode *Trieuse de diapositives* :

⊞ Cliquez sur ce bouton dans le coin inférieur gauche de la fenêtre de PowerPoint.

Appliquons une transition à toutes les diapositives

• Appuyez sur ⸢Ctrl⸣-**A** pour sélectionner toutes les diapositives

⎡⇨ Transition⎤ Cliquez sur ce bouton dans la barre d'outils *Trieuse de diapositives*.

Le volet Office *Transition* s'affiche.

• Cliquez sur la transition *Recouvrir à partir du haut* en (a)

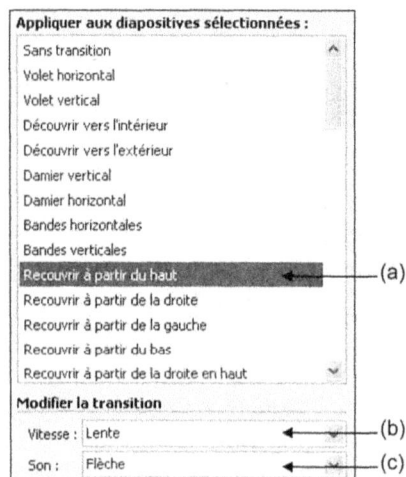

Appliquer aux diapositives sélectionnées :
Sans transition
Volet horizontal
Volet vertical
Découvrir vers l'intérieur
Découvrir vers l'extérieur
Damier vertical
Damier horizontal
Bandes horizontales
Bandes verticales
Recouvrir à partir du haut ←———— (a)
Recouvrir à partir de la droite
Recouvrir à partir de la gauche
Recouvrir à partir du bas
Recouvrir à partir de la droite en haut

Modifier la transition

Vitesse : Lente ←———— (b)

Son : Flèche ←———— (c)

• Sélectionnez *Lente* en (b)
• Sélectionnez *Flèche* en (c)
•
• Testons le résultat sur la première diapositive :
• Cliquez sur la première diapositive

⎡▶ Lecture⎤ Cliquez sur ce bouton dans le volet Office.

Appliquons une transition différente à la dernière diapositive

• Cliquez sur la dernière diapositive, dixième
• En utilisant la même méthode que précédemment, appliquez lui l'effet de transition *Flash d'informations*

Testons le résultat sur cette diapositive :

⎡▶ Lecture⎤ Cliquez sur ce bouton dans le volet Office.

---

❼ POUR TERMINER

• Fermez le volet Office, puis *Affichage/Normal*
• Affichez la première diapositive

💾 Cliquez sur ce bouton dans la barre d'outils *Standard* pour enregistrer à nouveau la présentation.

• *Fichier/Fermer* pour fermer la présentation
• *Fichier/Quitter* pour quitter PowerPoint

CAS 11 : BOUTONS ET LIENS

Un clic sur ce bouton affichera une autre diapositive

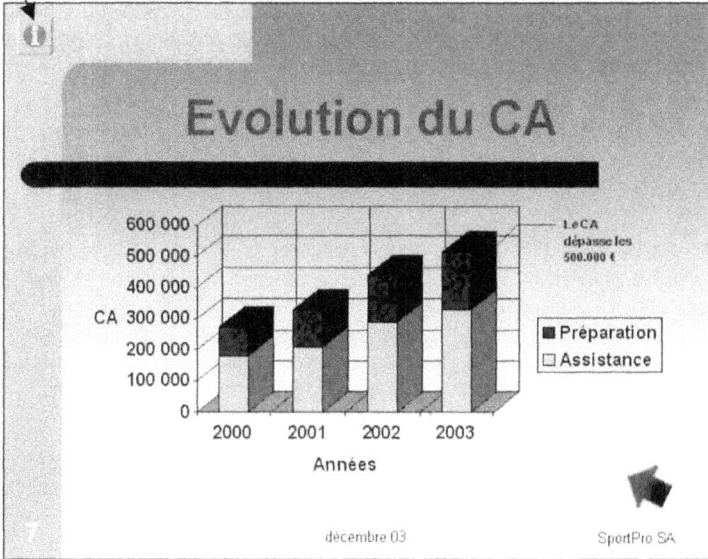

Un clic sur ce bouton affichera la première diapositive

Un clic sur le premier lien affichera une autre présentation, un clic sur le second ouvrira une page Web

Fonctions utilisées

– *Boutons de déplacement*   – *Lien vers une autre présentation*

– *Lien vers une page Web*

10 mn

Nous allons placer sur certaines diapositives des boutons et des liens.

Les boutons permettront d'afficher rapidement une diapositive particulière à partir de la diapositive en cours. Par exemple, à partir de la diapositive présentant le graphique, on peut souhaiter se réserver la possibilité de pouvoir réafficher la diapositive contenant le tableau sur lequel est basé le graphique.

Les liens permettront de lancer à partir de la présentation en cours un autre diaporama dont le sujet est connexe et d'afficher une page Web également liée au sujet de la présentation. On pourra les utiliser comme complément d'information si l'on dispose d'encore un peu de temps à la fin du diaporama.

Lancez PowerPoint et ouvrez le fichier *SportPro11.ppt* qui est la réplique du résultat de l'exercice précédent (il se trouve dans le dossier *C:\Exercices PowerPoint 2003*), puis enregistrez-le sous le nom *SportPro.ppt*.

---

❶ UTILISER LES BOUTONS DE DÉPLACEMENT

Nous placerons sur la dernière diapositive un bouton permettant de réafficher la première diapositive, bouton que l'on pourra utiliser à la fin du diaporama. Nous allons ensuite créer sur la diapositive présentant le graphique un bouton permettant de réafficher la diapositive contenant le tableau sur lequel le graphique est basé.

Passez en mode *Normal* si ce n'est pas le cas :

Cliquez sur ce bouton dans le coin inférieur gauche de la fenêtre.

Créons le bouton sur la dernière diapositive

• Affichez la dernière diapositive

• *Diaporama/Boutons d'action*

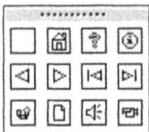

• Cliquez sur le deuxième bouton de la première ligne (*Accueil*)

Le pointeur prend la forme d'une croix.

• Cliquez et faites glisser le pointeur pour dessiner le bouton en haut et à gauche de la diapositive, dans la partie verte

Quand on relâche le bouton de la souris, un dialogue s'affiche.

• Cliquez sur «OK»

Modifions la couleur du bouton :

• Double-cliquez sur le bouton

• Cliquez sur l'onglet *Couleurs et traits*

• <Remplissage/Couleur> : sélectionnez un vert proche de celui présent sur la diapositive

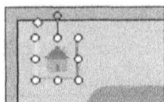

• Cliquez sur «OK»

- Cliquez en dehors du bouton

Cliquez sur ce bouton dans la barre d'outils *Standard* pour enregistrer à nouveau la présentation.

Testons ce bouton :

Cliquez sur ce bouton en bas et à gauche de la fenêtre.

- Une fois la vidéo achevée, cliquez sur le bouton

On constate bien que la première diapositive s'affiche.

- Appuyez sur Echap pour terminer

Créons le bouton sur la diapositive du graphique

- Affichez la septième diapositive
- *Diaporama/Boutons d'action*

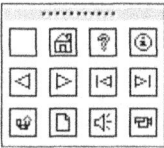

- Cliquez sur le quatrième bouton de la première ligne (*Information*)

Le pointeur prend la forme d'une croix.

- Cliquez et faites glisser le pointeur pour dessiner le bouton, en haut et à gauche de la diapositive, dans la partie verte

Quand on relâche le bouton de la souris, un dialogue s'affiche :

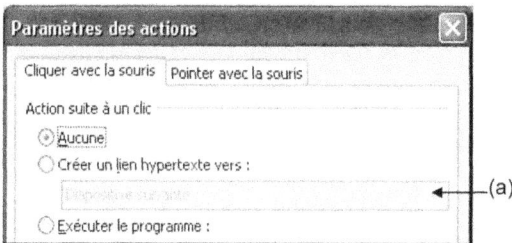

- Cochez ⊙ *Créer un lien hypertexte vers*
- Sélectionnez Diapositive en (a)

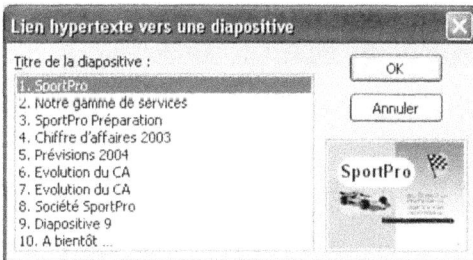

- Sélectionnez *6. Evolution du CA*
- Cliquez sur «OK» deux fois
- Modifions la couleur du bouton :
- Double-cliquez sur le bouton
- Cliquez sur l'onglet *Couleurs et traits*
- <Remplissage/Couleur> : sélectionnez un vert proche de celui présent sur la diapositive
- Cliquez sur «OK»
- Cliquez en dehors du bouton

Cliquez sur ce bouton dans la barre d'outils *Standard* pour enregistrer à nouveau la présentation.

Testons ce lien :

 Cliquez sur ce bouton en bas et à gauche de la fenêtre.

• Cliquez sur le bouton

On constate bien que la sixième diapositive s'affiche.

• Appuyez sur ⌨Echap⌨ pour terminer

---

❷ UTILISER LES LIENS HYPERTEXTE

Un lien hypertexte permet, entre autre, de lancer un autre diaporama ou d'afficher une page Web pendant l'exécution du diaporama. Nous allons les utiliser pour créer sur la dernière diapositive un lien vers une autre présentation (*Locations.ppt*, une courte présentation des véhicules que loue l'entreprise et que l'on pourra lancer si l'on dispose de suffisamment de temps) et un lien vers une page Web (celle du site *www.allsportauto.com*).

Créons un lien vers une autre présentation

• Appuyez sur ⌨Ctrl⌨-⌨Fin⌨ pour afficher la dernière diapositive
• *Insertion/Zone de texte*
• Cliquez en haut et à gauche de la diapositive, dans la partie verte et à droite du bouton d'action
• Tapez le texte du lien : *Véhicules à louer*
• Sélectionnez ce texte
• A l'aide de la barre d'outils *Mise en forme*, activez la taille *14*

 Cliquez sur ce bouton dans la barre d'outils *Standard*, ou *Insertion/Lien hypertexte*, ou appuyez sur ⌨Ctrl⌨-**K**.

 Cliquez sur ce bouton dans la partie gauche du dialogue.

 Cliquez sur ce bouton dans la partie gauche du dialogue.

• Assurez-vous que le dossier dont le contenu est affiché est bien le dossier *C:\Exercices PowerPoint 2003*

• Sélectionnez la présentation *Locations.ppt*
• Cliquez sur «OK»

- Cliquez en dehors de la zone de texte affichant le lien

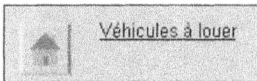

Dès lors, quand vous cliquerez sur ce lien pendant un diaporama, la présentation *Locations.ppt* sera lancée. Le défilement des quatre diapositives de cette présentation se fera manuellement en cliquant ou en appuyant sur la barre d'espace. Une fois le déroulement de ce diaporama terminé, vous reviendrez à la dernière diapositive de la présentation *SportPro.ppt*.

Testons ce lien :

Cliquez sur ce bouton en bas et à gauche de la fenêtre.

- Une fois la vidéo achevée, cliquez sur le lien
- En utilisant la barre d'espace pour passer de diapositive en diapositive, déroulez la présentation branchée jusqu'à revenir à la présentation *SportPro.ppt*
- Appuyez sur [Echap] pour terminer

Créons un lien vers une page Web

- Insertion/Zone de texte
- Cliquez en haut et à gauche de la diapositive, sous le lien que l'on vient de créer
- Tapez le texte du lien : Notre site Web
- Sélectionnez ce texte
- A l'aide de la barre d'outils Mise en forme, activez la taille 14

Cliquez sur ce bouton dans la barre d'outils *Standard*, ou *Insertion/Lien hypertexte*, ou appuyez sur [Ctrl]-**K**.

Fichier ou page Web existant(e)   Cliquez sur ce bouton dans la partie gauche du dialogue.

- \<Adresse\> : tapez *http://www.allsportauto.com*
- Cliquez sur «OK»
- Cliquez en dehors de la zone de texte affichant le lien

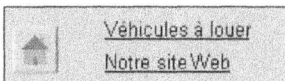 On obtient ceci.

Dès lors, quand vous cliquerez sur ce lien pendant un diaporama, Internet Explorer sera lancé et la page d'accueil du site *Allsportauto.com* sera affichée.

Testons ce lien :

[bouton] Cliquez sur ce bouton en bas et à gauche de la fenêtre.

- Une fois la vidéo achevée, cliquez sur le lien

Internet Explorer est lancé et la page Web s'affiche.

- Refermez la fenêtre d'Internet Explorer
- Appuyez sur [Echap] pour quitter le diaporama
- Affichez la première diapositive

---

❸ POUR TERMINER

[bouton] Cliquez sur ce bouton dans la barre d'outils *Standard* pour enregistrer à nouveau la présentation *SportPro*.

- *Fichier/Fermer* pour fermer la présentation
- *Fichier/Quitter* pour quitter PowerPoint

SportPro
TOUJOURS À LA POINTE DE LA COMPÉTITION AUTOMOBILE

1

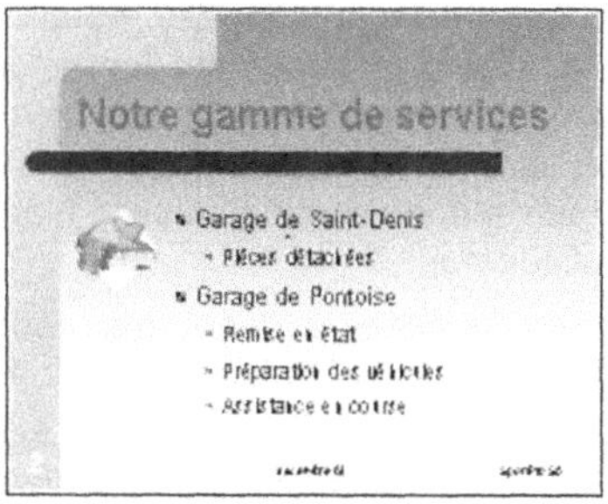
Notre gamme de services
Garage de Saint-Denis
Pièces détachées
Garage de Pontoise
Remise en état
Préparation des véhicules
Assistance en course

2

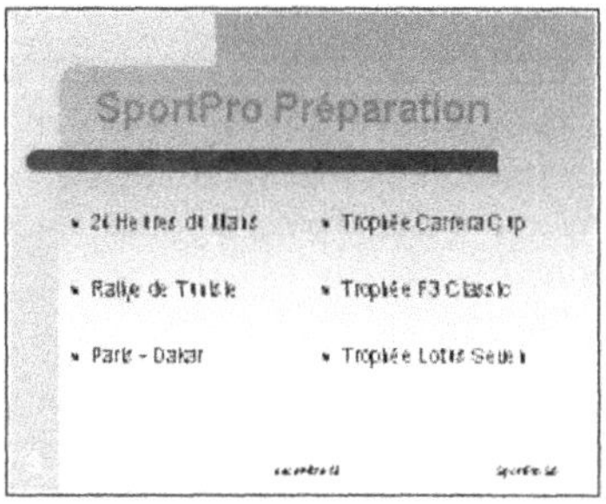
SportPro Préparation
24 Heures du Mans
Rallye de Tunisie
Paris - Dakar
Trophée Carrera Cup
Trophée F3 Classic
Trophée Lotus Seven

3

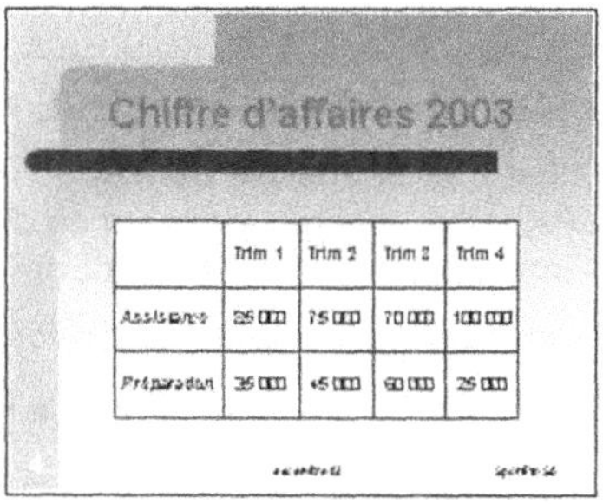
Chiffre d'affaires 2003
Trim 1
Trim 2
Trim 3
Trim 4
Assistance
Préparation

4

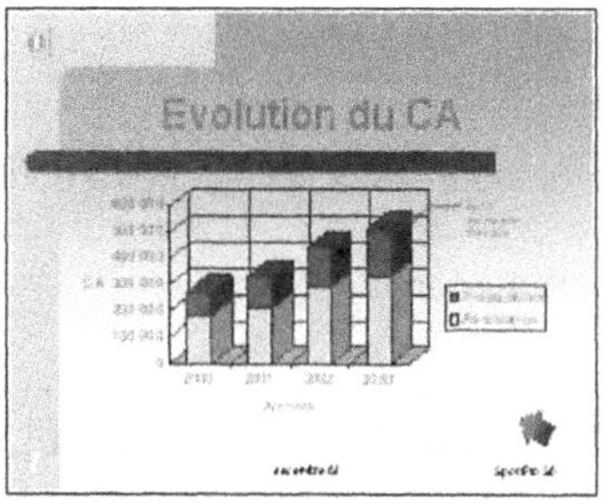
Evolution du CA

7

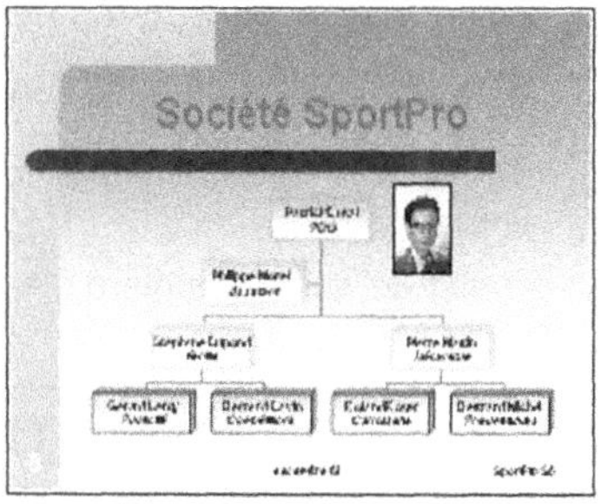
Société SportPro

8

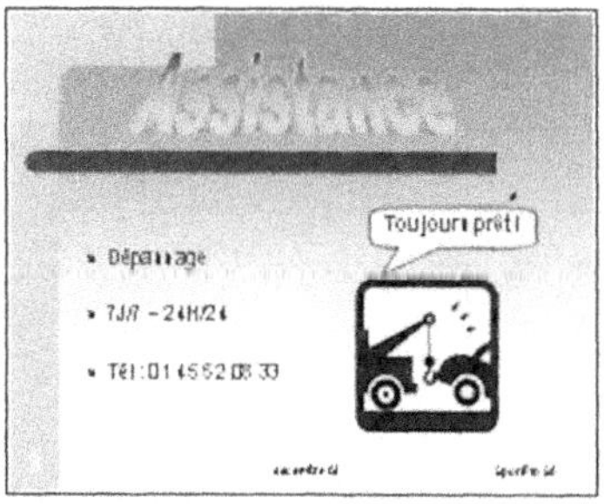
Assistance
Toujours prêt !
Dépannage
7J/7 - 24H/24

9

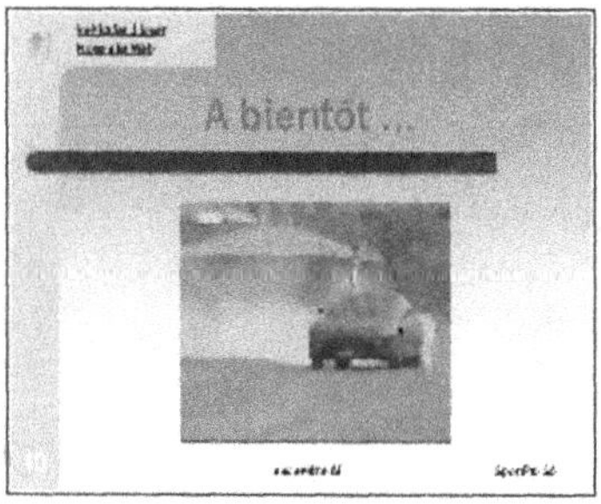
A bientôt ...

10

Notre présentation est achevée. Nous allons maintenant lancer le diaporama, c'est-à-dire l'affichage des diapositives sur l'écran de l'ordinateur. Nous testerons ici l'exécution du diaporama en mode manuel : vous devrez cliquer sur le bouton gauche de la souris ou appuyer sur la barre d'espace pour passer à la diapositive suivante, ainsi que pour passer à l'étape suivante des animations qui n'ont pas été paramétrées pour s'exécuter automatiquement.

Mais avant de lancer le diaporama, nous allons voir comment masquer une diapositive de façon à avoir le choix de l'afficher ou pas.

Lancez PowerPoint et ouvrez le fichier *SportPro12.ppt* qui est la réplique du résultat de l'exercice précédent (il se trouve dans le dossier *C:\Exercices PowerPoint 2003*), puis enregistrez-le sous le nom *SportPro.ppt*.

❶ MASQUER UNE DIAPOSITIVE

Masquer une diapositive permet de l'exclure de la présentation, tout en se réservant la possibilité de l'afficher au cours du diaporama si on le souhaite. Faisons l'essai avec la huitième diapositive, celle comportant l'organigramme.

Passons en mode *Trieuse de diapositives* :

Cliquez sur ce bouton dans le coin inférieur gauche de la fenêtre de PowerPoint.

• Cliquez sur la huitième diapositive

Cliquez sur ce bouton dans la barre d'outils *Trieuse de diapositives*, ou *Diaporama/Masquer la/les diapositive(s)*.

La diapositive apparaît avec son numéro d'ordre barré.

Cliquez sur ce bouton dans la barre d'outils *Standard* pour enregistrer à nouveau la présentation.

• Double-cliquez sur la première diapositive pour l'afficher en mode *Normal*

❷ LANCER ET FAIRE DÉFILER LE DIAPORAMA EN CONTRÔLE MANUEL

Lançons le diaporama

• *Diaporama/Paramètres du diaporama*

• Cochez ⊙ *Manuel* en (a)

Options du diaporama	Défilement des diapositives	
☐ Exécuter en continu jusqu'à ÉCHAP	⊙ Manuel ◄	(a)
☐ Diaporama sans narration	○ Utiliser le minutage existant	
☐ Diaporama sans animation	Plusieurs moniteurs	
	Afficher le diaporama sur	

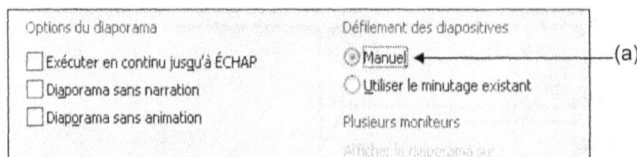

• Cliquez sur «OK»

Lancez le diaporama : cliquez sur ce bouton dans le coin inférieur gauche de la fenêtre, ou *Diaporama/Visionner le diaporama*, ou appuyez sur F5.

Le diaporama démarre en mode défilement manuel. La première diapositive s'affiche avec son effet de transition de haut en bas, et l'on entend le bruit du moteur.

Faisons défiler les diapositives

- Cliquez sur le bouton gauche de la souris ou appuyez sur la barre d'espace pour passer à la seconde diapositive

La diapositive s'affiche avec son effet de transition de haut en bas, l'animation de son titre, et son contenu s'affiche par étape en fonction de l'animation définie :

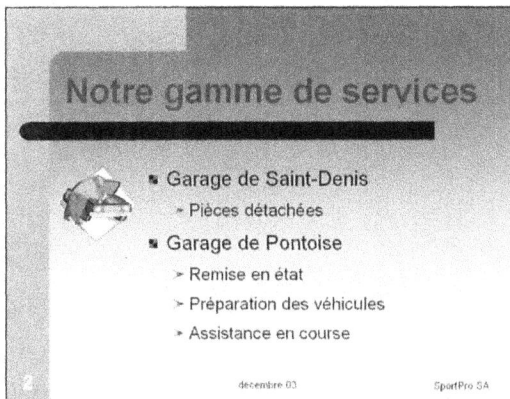

- Une fois la totalité de son contenu affiché, cliquez sur le bouton gauche de la souris ou appuyez sur la barre d'espace pour passer à la troisième diapositive

La diapositive s'affiche avec son effet de transition, l'animation de son titre, et les six éléments textuels s'affichent les uns après les autres en fonction de l'animation définie :

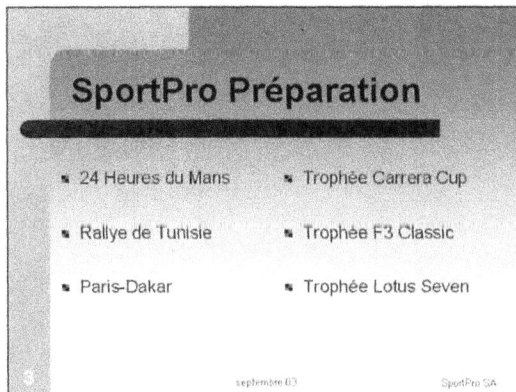

- Procédez de même jusqu'à afficher la dernière diapositive, la dixième

Remarque : sur la diapositive 7, les étapes de l'animation de la flèche n'ont pas été définies comme devant être automatiques : vous devrez dons appuyer sur la barre d'espace pour afficher la flèche et la voir se déplacer.

Une fois la dernière diapositive affichée et la vidéo achevée, n'appuyez pas sur la barre d'espace car cela mettrait fin au diaporama. En effet nous ne devons pas quitter le diaporama pour tester les fonctions suivantes.

Affichons une diapositive particulière

Par exemple, accédons directement à la diapositive n°3.

• Tapez *3* et appuyez sur ⏎

Affichons une diapositive masquée (la diapositive n°8)

• Tapez *8* et appuyez sur ⏎

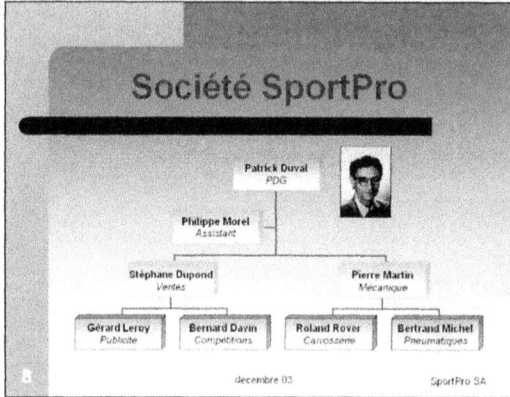

Utilisons le bouton de la diapositive n°10

Commencez par afficher la diapositive comportant le bouton :

• Tapez *10* et appuyez sur ⏎

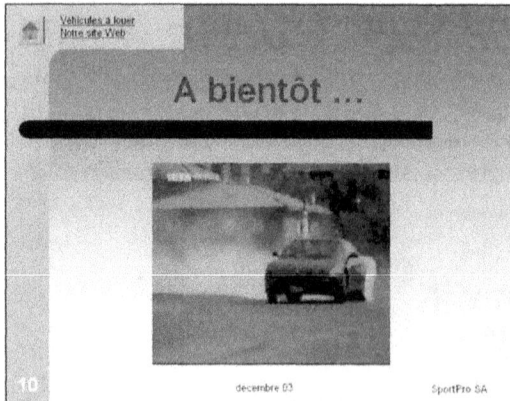

Cliquez sur ce bouton sur la diapositive.

On constate que l'on revient bien à la première diapositive.

Utilisons le bouton de la diapositive n°7

Commencez par afficher la diapositive comportant le bouton :

• Tapez *7* et appuyez sur ⏎

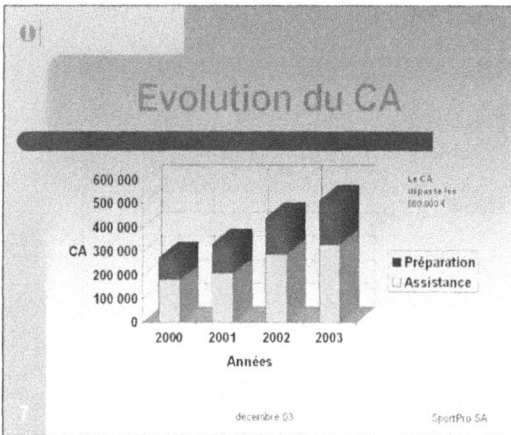

Evolution du CA

600 000
500 000
400 000
CA 300 000
200 000
100 000
0

2000   2001   2002   2003
Années

Le CA
dépasse les
500.000 €

■ Préparation
□ Assistance

decembre 03   SportPro SA

i Cliquez sur ce bouton sur la diapositive.

On constate que l'on revient bien à la diapositive affichant le tableau associé au graphique. Notez qu'il serait judicieux de placer sur cette diapositive un bouton permettant de revenir à la diapositive affichant le graphique, de façon à pouvoir ensuite poursuivre normalement le diaporama.

Lançons le diaporama branché : Locations.ppt

Commencez par afficher la diapositive comportant les liens hypertextes :

- Tapez *10* et appuyez sur ⏎

Véhicules à louer   Cliquez sur ce lien sur la diapositive.

- Faites défiler cette présentation en cliquant sur le bouton de la souris ou en appuyant sur la barre d'espace pour passer de diapositive en diapositive

BMW Z3

Une fois la dernière diapositive de cette présentation affichée, on revient à la dernière diapositive de la présentation *SportPro.ppt*.

Utilisons le lien affichant une page Web

Vous devez bien entendu être connecté à Internet.

Notre site Web   Cliquez sur ce lien sur la diapositive.

Internet Explorer est lancé et la page Web s'affiche :

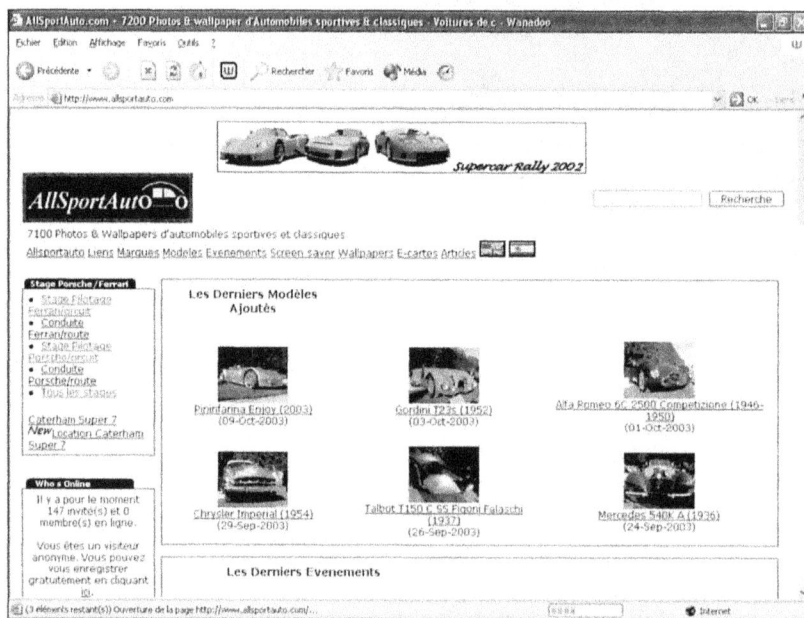

- Fermez Internet Explorer pour revenir à la diapositive

---

❸ **METTRE FIN À LA PRÉSENTATION**

- Appuyez sur [Echap]
- Affichez la première diapositive

Cliquez sur ce bouton dans la barre d'outils *Standard* pour enregistrer à nouveau la présentation.

- *Fichier/Fermer* pour fermer la présentation
- *Fichier/Quitter* pour quitter PowerPoint

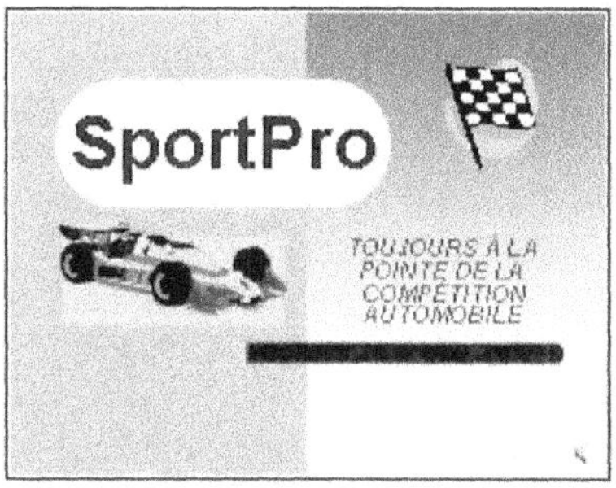

00:13 1

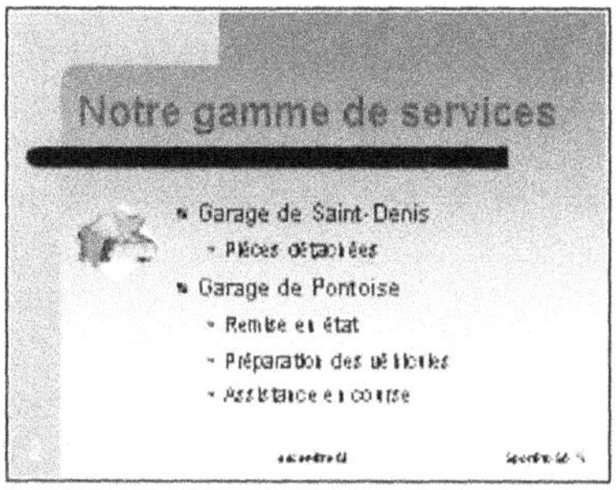

00:17 2

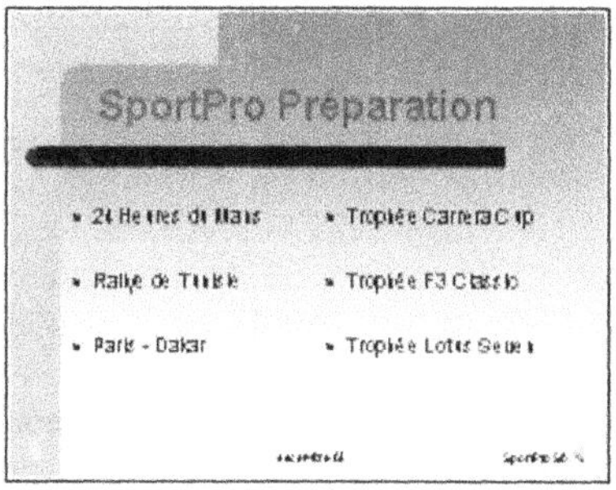

00:24 3

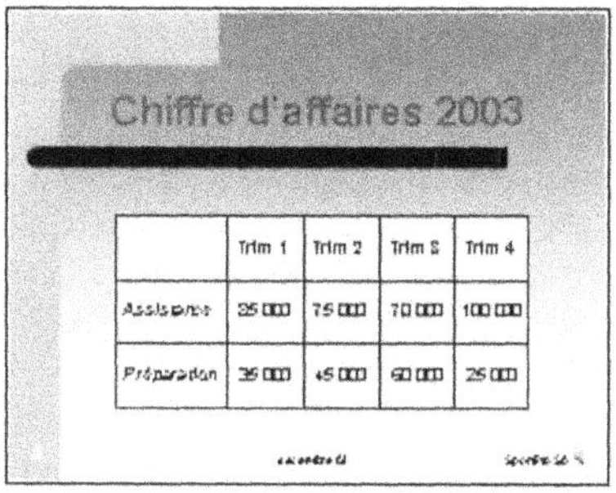

00:08 4

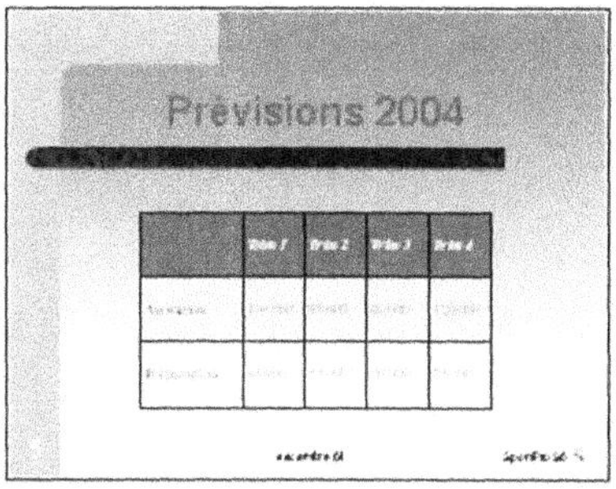

00:06 5

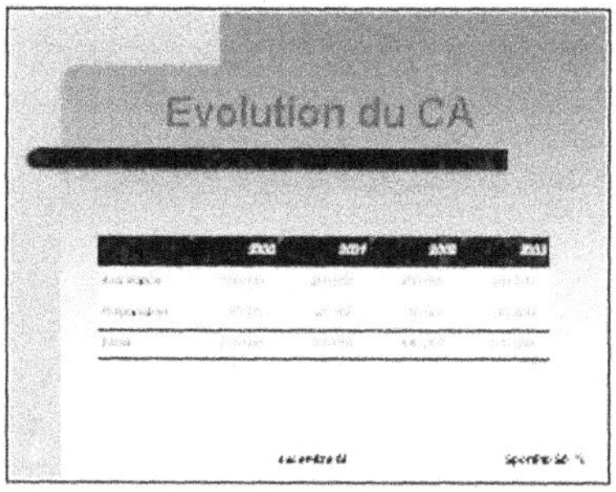

00:08 6

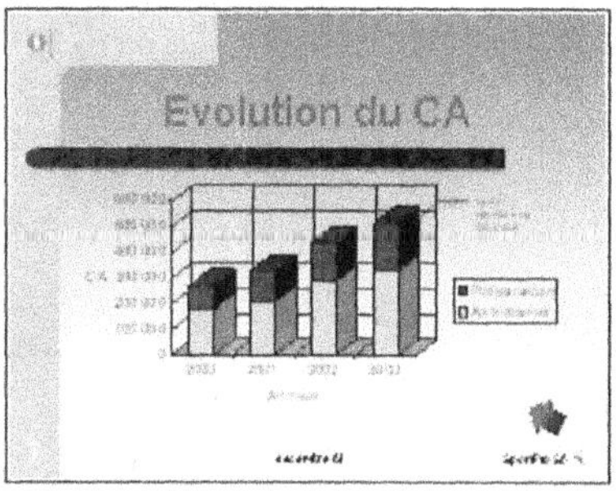

00:13 7

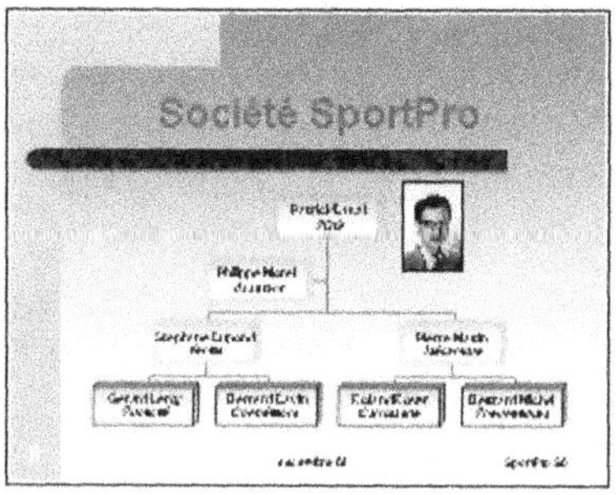

8

Nous souhaitons maintenant créer une version de notre présentation qui se déroule automatiquement et sans notre intervention, selon un minutage que nous aurons défini. Nous allons donc définir une durée d'affichage pour chaque diapositive de la présentation, puis tester l'exécution du diaporama en défilement automatique.

En complément, nous verrons également comment créer une narration, c'est-à-dire enregistrer votre voix qui commente la présentation tout au long de son déroulement. Vous devez pour cela disposer d'un microphone et de haut-parleurs connectés à votre ordinateur.

Lancez PowerPoint et ouvrez le fichier *SportPro13.ppt* qui est la réplique du résultat de l'exercice précédent (il se trouve dans le dossier *C:\Exercices PowerPoint 2003*), puis enregistrez-le sous le nom *SportPro.ppt*.

❶ DÉFINIR UN MINUTAGE POUR LA PRÉSENTATION

Par défaut un diaporama est en mode manuel : c'est au présentateur de réclamer le passage à la diapositive suivante. Une autre possibilité consiste à déterminer à l'avance la durée d'affichage de chaque diapositive. Pour cela, PowerPoint propose une méthode qui consiste à lancer le diaporama, puis à appuyer sur la barre d'espace à chaque fois que l'on souhaite passer à la diapositive suivante ou à l'étape suivante d'une animation. PowerPoint mémorisera la durée d'affichage de chaque diapositive.

Nous allons donc définir un minutage pour les diapositives en affichant chacune environ cinq secondes, sauf celles disposant d'animations et celle comportant une vidéo car leur affichage prend un peu plus de temps.

Remarque : dans un diaporama se déroulant sans l'intervention d'un présentateur, la présence sur certaines diapositives de boutons et de liens n'a plus beaucoup de sens. Vous pourriez les supprimer en cliquant dessus et en appuyant sur [Suppr].

Passons en mode *Normal* si ce n'est pas le cas :

☐ Cliquez sur ce bouton dans le coin inférieur gauche de la fenêtre.

• Appuyez sur [Ctrl]-[π] pour afficher la première diapositive
• *Diaporama/Vérification du minutage*

La première diapositive apparaît, et un chronomètre s'affiche :

Répétition ▼ ✕
➡ ❙❙ 0:00:07 ↺ 0:00:07

• Après environ cinq secondes, cliquez sur le bouton de la souris ou appuyez sur la barre d'espace pour passer à la diapositive suivante
• Procédez de même avec toutes les diapositives suivantes

Une fois la présentation terminée, un message indique la durée totale du diaporama :

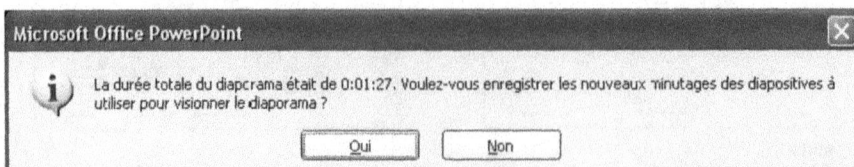

Microsoft Office PowerPoint   ✕

ⓘ La durée totale du diaporama était de 0:01:27. Voulez-vous enregistrer les nouveaux minutages des diapositives à utiliser pour visionner le diaporama ?

[Oui]   [Non]

• Cliquez sur «Oui»

Remarque : si vous avez commis une erreur dans la durée d'affichage, vous pouvez recommencer la procédure autant de fois que vous le souhaitez.

PowerPoint applique le minutage aux diapositives et vous ramène au mode *Trieuse de diapositives*. Le minutage s'affiche sous les diapositives, sauf pour celle qui est masquée :

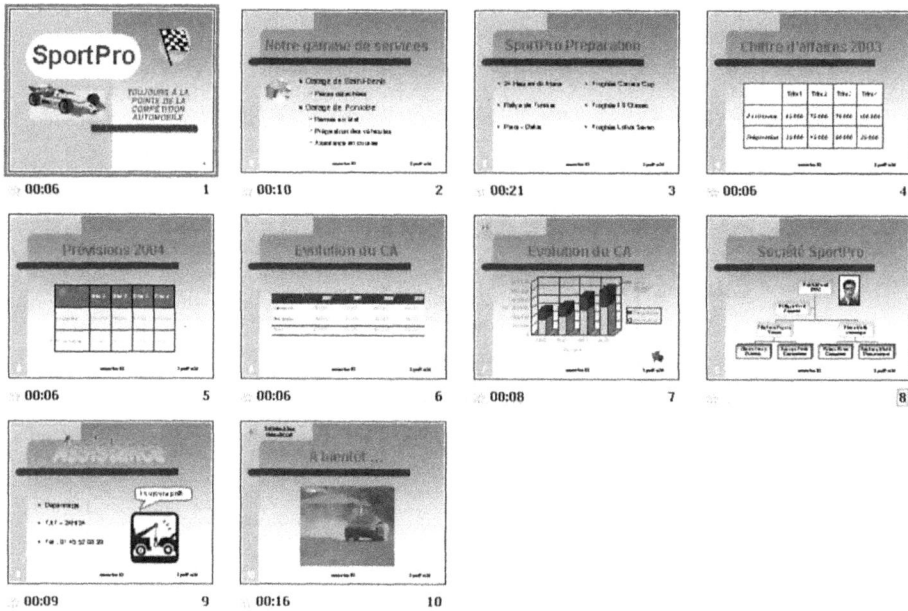

Cliquez sur ce bouton dans la barre d'outils *Standard* pour enregistrer à nouveau la présentation.

---

❷ LANCER LE DIAPORAMA EN MODE DÉFILEMENT AUTOMATIQUE

Nous avons précédemment défini un minutage et allons maintenant l'utiliser pour faire cette fois-ci défiler automatiquement la présentation.

Passons en mode *Normal* :

Cliquez sur ce bouton dans le coin inférieur gauche de la fenêtre.

- Appuyez sur Ctrl-⇱ pour sélectionner la première diapositive
- *Diaporama/Paramètres du diaporama*

- Cochez ⊙ *Utiliser le minutage existant*
- Cochez ⊠*Exécuter en continu* si vous souhaitez que la présentation s'exécute en boucle jusqu'à l'appuie sur la touche Echap
- Cliquez sur «OK»

Lancez le diaporama : cliquez sur ce bouton dans le coin inférieur gauche de la fenêtre, ou *Diaporama/Visionner le diaporama*, ou appuyez sur F5.

Le diaporama démarre en mode automatique. Une fois le diaporama terminé, PowerPoint affiche un écran noir comportant la mention *Fin du diaporama, cliquez pour quitter*.

• Cliquez sur le bouton de la souris ou appuyez sur la barre d'espace

Au cas où vous souhaiteriez modifier le minutage pour une ou plusieurs diapositives :

⊞ Cliquez sur ce bouton dans le coin inférieur gauche de la fenêtre de PowerPoint.

• *Diaporama/Transition*
• Sélectionner la ou les diapositives (Ctrl-clic pour en sélectionner plusieurs)

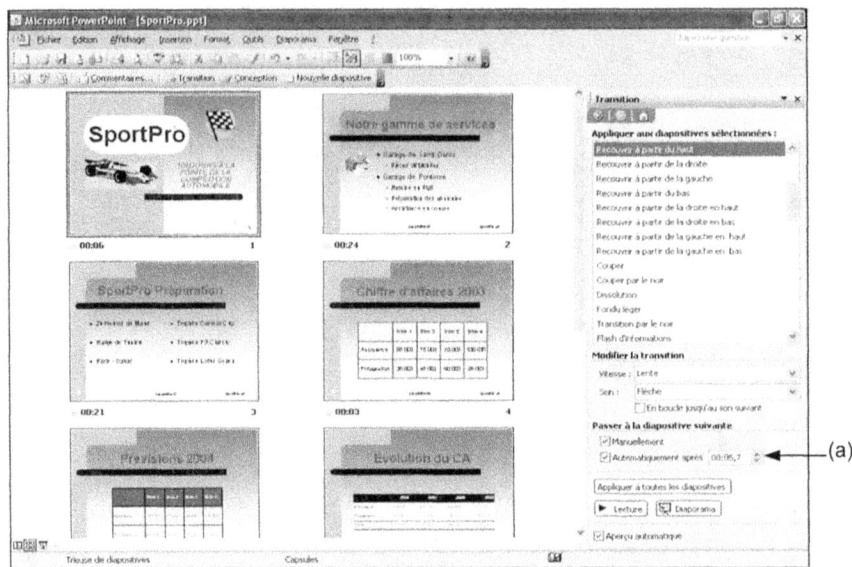

• Modifiez la durée d'affichage en (a)
• Fermez le volet Office

---

❸ AJOUTER UNE NARRATION À LA PRÉSENTATION

Associer une narration à une présentation consiste à enregistrer à l'aide d'un microphone le discours qui doit accompagner une présentation se déroulant automatiquement. Lors du diaporama la présentation sera ainsi automatiquement commentée. Cela nous amènera à refaire le minutage. Le fait de créer une narration augmentera de manière conséquente la taille du fichier PowerPoint. La narration va également masquer partiellement ou totalement les sons que comporte déjà la présentation.

• *Diaporama/Enregistrer la narration*

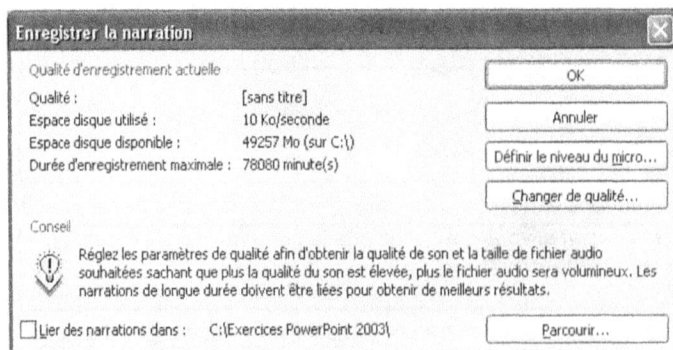

• Cliquez sur «Définir le niveau du micro»

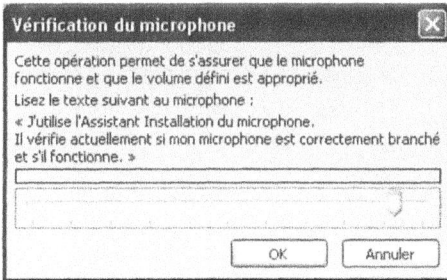

Vérification du microphone

Cette opération permet de s'assurer que le microphone fonctionne et que le volume défini est approprié.

Lisez le texte suivant au microphone :

« J'utilise l'Assistant Installation du microphone.
Il vérifie actuellement si mon microphone est correctement branché et s'il fonctionne. »

OK   Annuler

- Vérifiez son bon fonctionnement en lisant le texte affiché par le dialogue
- Cliquez sur «OK»
- Cliquez sur «Changer de qualité»

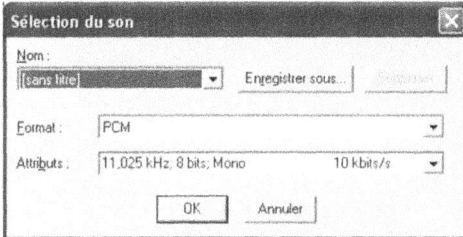

Sélection du son

Nom :
[sans titre]   Enregistrer sous...

Format :   PCM

Attributs :   11,025 kHz; 8 bits; Mono   10 kbits/s

OK   Annuler

- Sélectionnez une qualité audio
- Cliquez sur «OK» deux fois : la présentation démarre.
- Parlez dans le microphone et faites défiler les diapositives et les animations jusqu'à la fin en cliquant sur le bouton gauche de la souris ou en appuyant sur la barre d'espace

Une fois le diaporama terminé, PowerPoint affiche un écran noir comportant la mention *Fin du diaporama, cliquez pour quitter.*

- Cliquez sur le bouton de la souris ou appuyez sur la barre d'espace

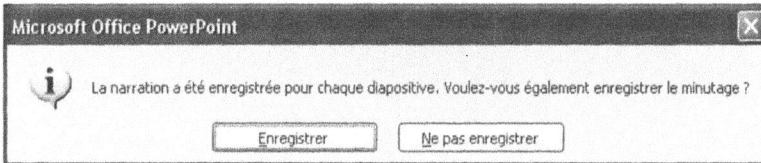

Microsoft Office PowerPoint

La narration a été enregistrée pour chaque diapositive. Voulez-vous également enregistrer le minutage ?

Enregistrer   Ne pas enregistrer

- Cliquez sur «Enregistrer»

On constate qu'une petite icône en forme de haut-parleurs apparaît maintenant en bas et à droite sur chaque diapositive pour rappeler la présence d'une narration.

Testons le diaporama automatique avec sa narration

Passons en mode *Normal* :

⊞ Cliquez sur ce bouton dans le coin inférieur gauche de la fenêtre.

- Appuyez sur Ctrl - ← pour afficher la première diapositive

⊡ Lancez le diaporama : cliquez sur ce bouton dans le coin inférieur gauche de la fenêtre, ou *Diaporama/Visionner le diaporama*, ou appuyez sur F5.

- Une fois le diaporama achevé, s'il tourne en boucle, appuyez sur Echap pour y mettre fin

Remarque : vous pouvez par la suite lancer ce diaporama avec ou sans la narration, en cochant ou non la case ⊠*Diaporama sans narration* dans le dialogue amené par la commande *Diaporama/Paramètres du diaporama*.

❹ POUR TERMINER

Cliquez sur ce bouton dans la barre d'outils *Standard* pour enregistrer à nouveau la présentation.

- *Fichier/Fermer* pour fermer la présentation
- *Fichier/Quitter* pour quitter PowerPoint

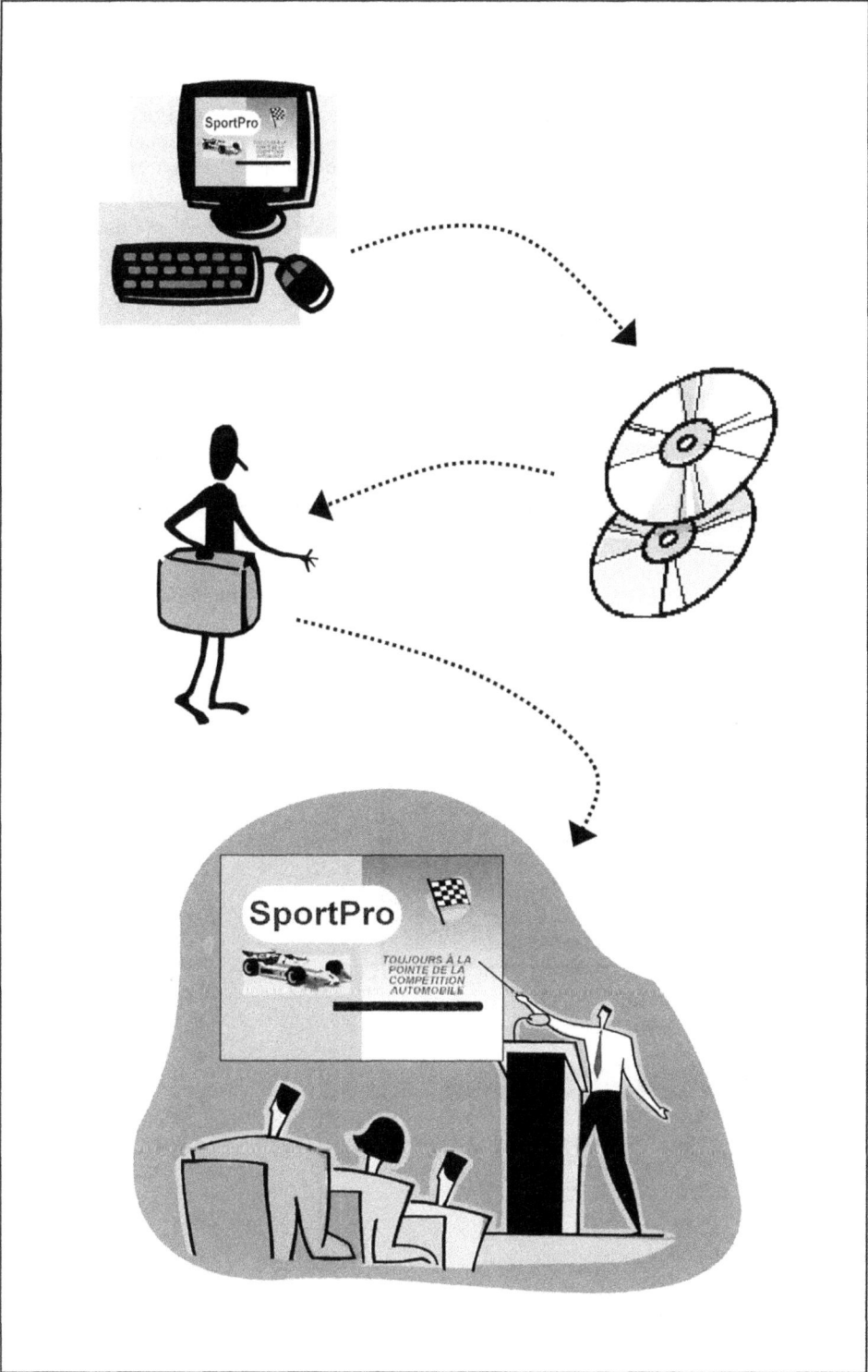

Fonctions utilisées

– *Graver une présentation sur un CD-ROM*

– *Lancer une présentation sur CD-ROM*

10 mn

Nous allons graver notre présentation sur un CD-ROM ou un CD-RW (CD réinscriptible), puis voir comment lancer le diaporama sur un autre poste, même si PowerPoint n'y est pas installé. C'est la méthode à utiliser pour transporter et présenter un diaporama chez un client par exemple. Votre ordinateur doit disposer d'un graveur de CD-ROM et son système d'exploitation doit impérativement être Windows XP.

Ouvrez le fichier *SportPro14.ppt*, résultat de l'exercice précédent (il se trouve dans le dossier *C:\Exercices PowerPoint 2003*), puis enregistrez-le sous le nom *SportPro.ppt*. Ouvrez ensuite la présentation *SportPro.ppt.*

❶ GRAVER LA PRÉSENTATION SUR UN CD-ROM

La procédure suivante n'est possible que sous Windows XP car les versions antérieures de Windows ne gèrent pas directement le gravage de CD-ROM. Si vous utilisez un CD-R, il sera clôturé et il ne sera donc plus possible d'écrire dessus par la suite. Si vous utilisez un CD-RW, son contenu sera effacé.

Les fichiers liés à la présentation (dans notre cas la présentation *Locations.ppt* et la vidéo *Ferrari.wmv* qui ne sont pas enregistrés dans le fichier *ppt*) seront automatiquement copiés sur le CD.

• Insérez un CD-ROM vierge ou un CD-RW dans le graveur de votre poste

• *Fichier/Package pour CD-ROM*

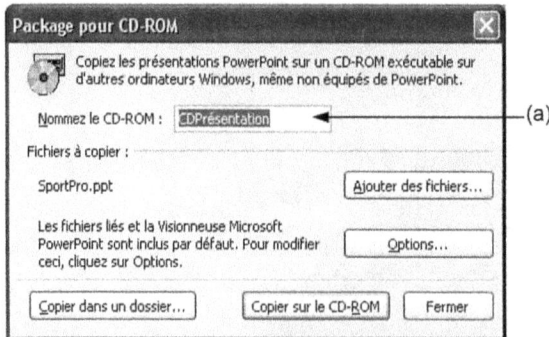

• Tapez *SportPro* en (a)
• Cliquez sur «Options»

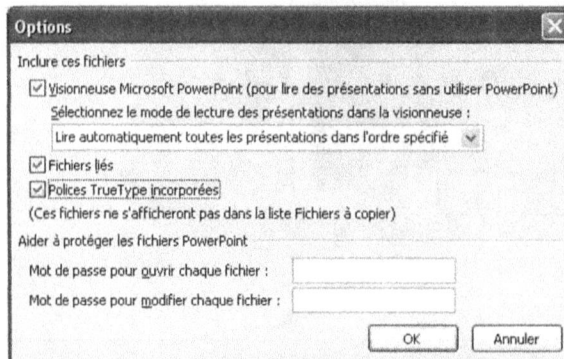

- Cochez ☒*Visionneuse Microsoft PowerPoint*
- Cochez ☒*Fichiers liés*
- Cochez ☒*Polices TrueType incorporées*
- Cliquez sur «OK»
- Cliquez sur «Copier sur le CD-ROM»

Le gravage démarre :

A la fin de la copie le CD-ROM est éjecté et le message suivant s'affiche :

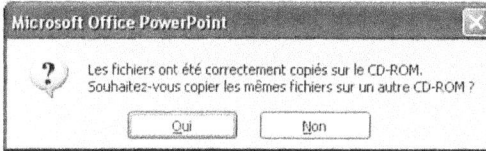

- Cliquez sur «Non»
- Cliquez sur «Fermer»

---

❷ LANCER LA PRÉSENTATION SUR UN AUTRE POSTE

Nous allons lancer la présentation à partir du CD-ROM. Si vous avez la possibilité de le faire sur un autre ordinateur, faites-le, sinon vous pouvez le faire sur le même ordinateur, la procédure reste identique.

- Si *PowerPoint* est lancé, fermez le programme
- Introduisez le CD-ROM dans le lecteur de CD-ROM de l'ordinateur

Le diaporama démarre.

Il se peut qu'avant le lancement du diaporama le dialogue suivant s'affiche :

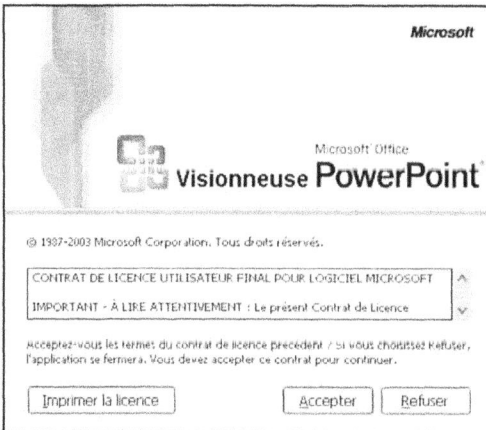

- Dans ce cas, cliquez sur «Accepter»

Si après l'introduction du CD-ROM rien ne se passe, lancez le Poste de travail ou l'Explorateur Windows, affichez le contenu du CD-ROM, faites un double-clic sur le fichier *pptview.exe*, sélectionnez la présentation *SportPro.ppt* et cliquez sur «Ouvrir».

Une fois le diaporama terminé, PowerPoint affiche un écran noir comportant la mention *Fin du diaporama, cliquez pour quitter.*

Fin du diaporama, cliquez pour quitter.

• Cliquez sur le bouton gauche de la souris ou appuyez sur la barre d'espace pour mettre fin au diaporama

INDEX

Dépôt légal : juin 2004